鹿児島県奄美加計呂麻島の浜下り。カツオの模擬釣りが行われている（2005. 5. 1, 著者撮影）

ものと人間の文化史

127

カツオ漁

川島秀一

法政大学出版局

目次

雇用契約 121

船上の組織 127

オヒマチ 132

初釣りと初乗り 139

シロワケ 150

第五章　船上の生活　159

第六章　大漁を願う　233

はじめに――方法としての港町

山本鹿州の遺稿

四国は梅雨あけの美しい空が待っていた。田の緑も木の蔭も、あざやかに夏の光に照らし出されている窓の景色に目を奪われながら、電車は徳島県の牟岐《むぎ》駅に到着した。

ときは大暑である。出羽《てば》島に渡る船を待つあいだ、八幡神社の大木に身を寄せて、「なんでここまで来てしまったのだろう」と、旅が始まるときの、いつもの逡巡に心が捉われる。

そもそもの機縁は、釜石の郷土史家、山本鹿州《ろくしゅう》の遺稿を『釜石郷土文化資料』の第六集（一九五四年）に見いだしたときから始まっていた。山本鹿州は明治六年（一八七三）に石川県の七尾で生まれ、昭和二十一年（一九四六）に岩手県の釜石で亡くなっているが、柳田国男や佐々木喜善とも親交のあった人物である。数奇な職歴を経て、大正十二年（一九二三）からは、釜石の尾崎神社の宮司を勤めていた。その遺稿には、こんなことが記されている。

> 阿波の出羽島の㋻蛭子丸の船主から面白い話を聞いた。其方の話では、私の壮年の頃のことですから今では行はれなくなつたかも知れませんが、土佐の清水地方の習慣では、船霊様の御機嫌が悪くなつて不漁が続いた場合には娘を船に乗せる。無論其時には船頭も船子も不残下船して娘等だけを乗せる。娘等は船霊様の前で前部をまくり「見やったかノーシ〳〵」と云ふのだそうです。この話を聞い

た翌日土佐から迎ひが来た。御祈禱をすませた後に沖の様子などからお船霊の話をすゝめ、大夫さんの手で御機嫌和はしくない場合は如何するのかと尋ねて見た。親爺と覚しきがエヘンとくすぐったい微笑を漏らしながら、ただ拝むんやノウシと答える。余はすかさず此の辺では娘を乗せますかとカマをかけて見た。するとわきの方に横になつて居た先てが、エーそれや土佐でもやるがのしと大笑。それから毎年清水から来る天神丸の船主の桝一さんといふ方は快活な面白い方で、時々神社へも見えられる。其方を呼び止めて実否をたゞして見ると、それはほんの事やノーシ気直と云ひます。清水ばかりでなく津呂、室戸辺でもやりますやろ。

不漁がつゞいて如何とも仕様のないことがある。そういふ時にはナオシと称し大勢女が集まり牡丹餅を作り、御酒を用意してにぎ〳〵しく船に乗り込み船員を鼓舞する御馳走がすむと、船員等は皆上陸し、女四五人あとへ残り船玉の前で内股を一寸見せ、大漁させて下さるれば最見せますといふのだといひます。室戸辺では牡丹餅の代りに小豆飯のお握なりと。〔山本、四四―四五頁〕

まず、この遺稿に記されている伝承現場は異様である。岩手県の釜石で、阿波（徳島県）の漁師から、土佐（高知県）の話を聞いているのである。さらに、翌日やその後に、その話の内容を土佐の漁師に確認しているわけである。

伝承内容の、不漁時の対処方法は、私も、土佐清水市のジョン万次郎の故郷、中浜《なかのはま》の漁師さんから聞いたことがある。中浜の今津一雄氏（昭和五年生まれ）によると、不漁が続いた船では、船主の夫人が、足摺岬の近くの臼碆《うすばえ》にある竜王様の前に立って、裾をはだけて見せると、漁が好転するといい、競って出かけたものだという。その話を聞いた翌日、竜王様の祀られている臼碆に行ってみた。北西の風が強い日で、白い三角波が散乱する紺青の海原の向こうに、沖の島が傾くように浮かんでいたのが思い出される。

山本鹿州の調査方法

さて、問題は、この山本鹿州の調査方法である。阿波の船から聞いた土佐の情報を、尾崎神社にお祓いに来た土佐の漁師に、漫才の太夫よろしく尋ね直しているのである。これは、まさしく意識的な「聞き書き調査」の原点でもある。

この遺稿の他の箇所、たとえば「船幽霊」の資料では、「土佐清水生まれの人紀州引本の第六蓬来丸乗込船員の話、十四五年前のことなり、同じ清水天神丸の船主枡一氏の談話も畧同じ」とか、「由岐戎丸船主浜脇氏談」などと記されている〔山本、四八―四九頁〕。「引本《ひきもと》」は三重県海山《みやま》町、「由岐」は徳島県の由《ゆ》岐《き》町の地名である。つまり、これらは直接に漁師から聞いた、鹿州の語彙では「談話」をして得た事例だったわけである。鹿州は当時、遠洋漁船が集まる港町の宮司という立場を最大限に活用して、釜石に寄港した各地の漁船が、お祓いや大漁祈願に神社に来たときに「談話」をとっていたと思われる。

表1は船材の一部である「船にありて綱を巻く杙《くい》」・「檣《ほばしら》の袴木《はかまぎ》」・「艫端《ともばた》即ち舵の床木に取附けたる門形の木」の呼称を、「四国・紀州・豆相（伊豆と相州）・房総・三陸」に鹿州が分けて、表にしたものである〔山本、二九頁〕。先の二つの箇所は、オフナダマ（お船霊）が込められている地方もある場所、三つ目は船員が潜り抜けることが禁じられている場所、それぞれ船の舳先・中央・船尾に位置して、心を配らなければならない神聖な場所でもある。

大正末期から昭和初期にかけて、漁船の動力化とともに、西南日本の漁船が三陸の漁場に進出してくるわけであるが、鹿州はそれらの漁船の船頭や船員から「談話」を取ることで、居ながらにして太平洋沿岸の漁船の習俗を収集しているのである。

このことは、昭和十年代当時、柳田国男を中心とする「民間伝承の会」を一種のセンターとして、全国

表1　山本鹿州作成の表（「山本鹿州遺稿㈠」・1954）

<table>
<tr><th>船材</th><th>名称</th><th>地方</th><th>備考</th></tr>
<tr><td rowspan="5">船にありて綱を巻く杙</td><td>『サダ』又は『タツ』或は『ツナトリ』</td><td>四国</td><td rowspan="5">三陸船は大抵此の杙に船玉を封祀す一本一材逆木を使用すと云ふ棟梁によつてはミヨシ筒舵の三逆木なりとも云ふ</td></tr>
<tr><td>ヂゾウ</td><td>紀州</td></tr>
<tr><td>ツナドリ又は坊主</td><td>豆相</td></tr>
<tr><td>タツ又は坊主</td><td>房総</td></tr>
<tr><td>タツ或はツナトリ</td><td>三陸</td></tr>
<tr><td rowspan="5">檣の袴木</td><td>ツヽ又はサダツ</td><td>四国</td><td rowspan="5">昔はこのお筒に船玉を封祀せりといふ今も此の筒に封祀するもの少からず</td></tr>
<tr><td>『シャダツ』『オツヽ』</td><td>紀州</td></tr>
<tr><td>シャダツ</td><td>豆相</td></tr>
<tr><td>ツヽノカタ</td><td>房総</td></tr>
<tr><td>ツヽ</td><td>三陸</td></tr>
<tr><td rowspan="5">艫端即ち舵の床木に取附けたる門形の木</td><td>ヨニカミ又はヤリ</td><td>四国</td><td rowspan="5">銚子船には艫部に『シヤダツ』を現存すれども柱と柱の広がりせまいものである艫にあるもの最も大にして艫中軸と三を備ふ</td></tr>
<tr><td>舵バサミ</td><td>紀州</td></tr>
<tr><td>カンダチ</td><td>豆相</td></tr>
<tr><td>シャダツ</td><td>房総</td></tr>
<tr><td>サダヂ又はヤリ車</td><td>三陸</td></tr>
</table>

各地の地域から、その土地の民俗事象を集めることをめざしていた民俗学の動向からすれば、かなり特異なことだったと思われる。

たとえば、昭和十二年（一九三七）に守随一が「陸前漁村見聞記」で試みようとしたのは「機械船以前の所謂和船時代の鰹漁その他に於て漁夫の抱いてゐた習俗的な心理とその現はれの二三を聞いた儘に」［守隋、三六頁］記すことであった。しかし、この時期は、三陸沿岸のカツオ船の機械船化が完了したころに当たっており、「鰹漁の漁場が著しく遠くなったこと」［守隋、三六頁］を述べている。つまり、民俗調査が主に農村や漁村を中心にして行なわれ始めたこの時期の漁業は、すでに沿岸地先の海から沖合・遠洋へと進出していたのであり、沖船の民俗まで方法的に追いつけなかったときに、山本鹿州のような調査が逆にできたわけであった。

私は、この鹿州の方法をもう少し意識化して、数多くの港町や漁村に応用しながら、多面的な、あるいは相互主観的な認識を得たいと思っている。そのためには、鹿州に話を聞かせた「阿波の出羽島の㋻蛭子丸の船主」は、戦前において、どのような漁を求めて三陸まで出かけてきたのかを、まず問うていかなければならない。

出羽島に渡る大きな理由であった。

出羽島へ渡る

出羽島へは、大成丸という小さな船で、十五分で渡れる。日傘を持ったお婆さんなど数人の乗客であった（写1）。牟岐町漁協出羽支所へは、島へ渡る理由を事前にお話していたが、蛭子《えびす》丸の子孫と、その船に乗っていた漁師さんがいることを教えられていた。

船着場のすぐそばにある出羽支所を訪ねると、蛭子丸の子孫、田中史郎翁（大正十二年生まれ）と田中兼一翁（大正八年生まれ）に連絡して、支所に来ていただくことになった（写2）。

お二人の話では、戦前に釜石に寄港した船は、第八蛭子丸という約二〇トンのカツオ船で、餌イワシを買うために釜石に寄ったものだという。釜石の山本鹿州に話をした「蛭子丸の船主」とは史郎翁の父親の田中寅三郎であることも判明した。寅三郎翁は木頭《きとう》村という山村の出身であったが、漁の上手な人だったという。

出羽島は今でこそ、お年寄りたちが小型船で漁に出ているだけだが、戦前には七艘のカツオ船があり、島でカツオ節も製造していた。五月二日の八十八夜に初出漁してからは、近海を操業、七月になると、い

写1　出羽島からは無人島の津島と大島を望める（2000.7.22）

写2　出羽島の蛭子丸に乗船した田中兼一翁（左）と船主の子孫の田中史郎翁（右）（2000.7.22）

きなり三陸沖へ行き、盆には切り上げて戻ってきたという。三陸沖はジンベエザメが多く、サメツキのカツオで大漁することが多いから、というのが兼一翁の説明であった。

出羽島のカツオ船は、十一月から翌年の五月まではマグロの延縄《はえなわ》に切り替えて操業を続け、三浦半島の三崎まで出かけている。土佐に間近い、この近辺で、どこよりもカツオ船が多かった理由は、一つにはエサになるイワシ網が島にあったこと、それからカツオの漁場にも近かったことが挙げられる。タイショウ（大正）と呼ばれる瀬まで、当時で約四時間もかければ着き、そこはカツオが集まる場所であった。

兼一翁は第八蛭子丸の次の船、第十一蛭子丸にも乗ったが、この船は戦争が始まると徴用船になり、徳島の港で空襲にあって沈んでしまった。大半のカツオ船が出羽島に戻らなかったために、戦後のカツオ漁は自然に止めていったという。

『小泉の民俗』から

釜石の山本鹿州に、多くの漁船の習俗を伝えたのが、出羽島や由岐、土佐清水、紀伊の引本などのカツオ船の船頭や船員であったことがわかったが、もうすこし新しい資料から、カツオ船による伝承について明らかにしておきたい。

昔話研究の泰斗である野村純一は『昔話の森』（一九九八年）の中で、「昔話の資料集を読むのは面白い。それはあたかも時刻表を読み取るときの楽しみにも似て、意外な事実の偶成を急に突付けられることがよくある」〔野村、二二六頁〕と記している。そのような昔話の資料集は、隙のない分類を施した専門家による資料集よりも、むしろ素人の方が、幅広く話を集めていて興味が尽きない。

たとえば、昭和五十六年（一九八一）に、東洋大学民俗研究会の学生たちが行なった民俗調査の記録、『小泉の民俗――宮城県本吉郡本吉町旧小泉村』（一九八二年）がある。その中の「世間話」の項には、次のような話が採録されている。

〔モウレ〕　松島の南側で七色の音が聞こえてくる辺りにモウレが出て、「柄長のヒシャクを貸せ」という。底を抜いて貸さないと船に水を入れられ沈められてしまう。

〔漁に出られなくなった船の話〕　尾鷲のイナドリで、出漁直後の船が水死体を見つけ、水死体に、「大漁にさせてくれれば引き上げる」と約束した。船は大漁だったが、約束を忘れて港に戻ってしまったので、それ以降その船は漁に出られなくなった。

〔波切不動尊〕　浪花から江戸への運送船にシントウのような者が江戸まで同乗させてほしいと頼んだ。シントウを船に乗せるとよくないといわれていたので、若衆は反対したが、船頭が承知した。途中、大時化に遭い、若衆は反対したが、シントウが祈禱すると時化がおさまり、無事江戸へ着いた。上陸

写3　宮城県本吉町今朝磯の斉藤久之助翁．翁はカツオ船の上で聞いた多くの世間話を耳に留めた（1989.12.3）

の時シントウは、「おかげさまで江戸に着けた。もし時化に遭ったら波切不動尊と唱えれば時化は切り抜けられ、無事に着くことができる」といった。〔東洋大学民俗研究会、四一二頁〕

この三つの世間話は皆、本吉町今朝磯《けさいそ》の斉藤久之助翁（明治三十三年生まれ）からの採録である。これらの話は、もし民俗誌作成のプロフェショナルだったならば、おそらくは採録しなかった話であると思われる。『小泉の民俗』には、「松島」や「尾鷲《おわせ》」、「浪花」や「江戸」の話は必要ないからである。

しかし、私には「尾鷲」（三重県）という地名にひらめき、次の瞬間には、もしかしたら斉藤久之助翁は、カツオ船の漁師だったことがあり、この話は船上で聞いたのではないかと推定してみた。とにかく久之助翁に会うのが先決と、今朝磯に車を飛ばしてみたのである。

カツオ船と世間話

斉藤久之助翁は、当時、八十九歳という高齢であったが、受け答えのしっかりとした方であった（写3）。前述した世間話もその伝承経路とともに覚えておられて、「漁に出られなくなった船の話」と「波切不動尊」の話は、私の推定どおり、気仙沼のカツオ船に同乗していた尾鷲の漁師さんから聞いた話であった。

カツオ船には四方から漁師が集まるために、特に世間話の花が咲くわけであるが、どのようなときに話が出るかというと、漁のないときとか、仕事を終えて入港するとき、または夜に船で寝る前とかの退屈な時間帯であり、主に年高の漁師が語ったものだという。

尾鷲の漁師からではないが、「モウレ」（亡霊）という船幽霊の話もカツオ船で聞いたという。本当かどうかわからない話として、久之助翁は「ボヤケ話」と呼んでいた。「ヒシャクを貸せ」という船幽霊の話も、水死体を上げれば大漁をするという俗信も、全国的に聞かれる話であるが、久之助翁の話の場合は、それが特定の地名と結びつけられていることと、その伝承がカツオ船を通して行なわれていることが特異な点であった。

むしろ、特定の港の地名と結びつけて話すことこそが、カツオ船などで太平洋沿岸を広く行動する漁師たちの特色であったと考えられはしまいか。遠い土地の話は、カツオ船の上で喜ばれただけでなく、それが、そのまま故郷の浜への土産話にもなったからである。

『小泉の民俗』という民俗誌は、東洋大学の学生たちが短期間に人海戦術で即戦力を発揮したものであったために、きめ細やかさや洗練さには欠けるが、あらゆる口承の世界を吸収した点では評価される報告書である。

多くの昔話集では、特に地域ということに執着して、先代に他の土地から移ってきた者は対象としないというような不合理な調査方針がしばしば立てられ、動いている人間の伝承は抜け落ちがちだった。昔話や世間話は、いろりの傍だけでなく、海の道を動いているカツオ船の上でも語られていた。陸《オカ》で土地や家系などにしがみついている生活だけでなく、動いているほうが当たり前である生活もあったのである。

漁師の目で歩くこと

戦前の山本鹿州の遺稿と、戦後の『小泉の民俗』という二つの民俗誌における、伝承資料の編集のありかたを見てきた。さまざまな土地の伝承を吸収している、カツオ船などの遠洋漁船の漁師は、鹿州が作成した、表1のような、地方ごとの呼び名などは、頭の中に入っている。つまり、自分の故郷と他の土地との言葉や習俗の同質性や異質性を常に見極めている。このことが、遠洋漁船の漁師、あるいは、彼らが停泊する港町の特質を生んでいるのかと思われる。

この特質は、物事を相対化する力、異文化を異文化のままに受け入れる懐の深さ、または、縁起の良いものはなんでも試すという積極性にも通じている。

今、遠洋漁船では、出港する日を選ぶときに十三日の金曜日を避けている。宮城県の唐桑《からくわ》町は、遠洋漁業の乗組員を大勢輩出しているが、同町大沢の穀田周一氏（昭和十四年生まれ）は「十三日・金曜日・仏滅」を「三悪日」と呼んでいる。船に十三人を乗せることも嫌い、どうしてもこの人数を変更できないときは、船に人形を持っていったという。むろん、この例などは、新しい習俗として、逆に採集されにくい事項であるが、三重県の答志島では「マグロ船やカツオ船は金曜日には出漁しない」［鳥羽市史編さん室、九二九頁］という俗信が伝えられ、遠洋漁船の習俗として特定できるようである。おそらく、この習俗も遠洋漁船が諸外国へ行って仕入れてきたにちがいなく、良いとされるものはなんでも取り入れ、悪いとされているものはなんでも避けるという、漁師の特性が現れている。彼らにとって、異質の文化との遭遇は国内にとどまらず、七つの海にも広がっているのである。

漁師たちは、自身が船出をした故郷を外から捉えなおす力をもっている点で、陸《オカ》にしばられ続けている郷土史家よりも、優れた視点を得ていると思われる。その漁師の目でもって、もう一度、カツオ漁の盛んな太平洋沿岸を歩いてみること、それは、私がいつのまにか身につけてしまった方法の一つである。

柳田国男は『国史と民俗学』の中で、「郷土研究」という語について、「郷土を研究しようとしたのでなく、郷土であるものを研究しようとしていたのであった」［柳田、四八六頁］と記している。つまり、「〈対象〉としての郷土」の物知りになるのではなく、「〈方法〉としての郷土」を常に使いこなしていかなければならないことを、それは物語っている。

「方法としての港町」の視点を常にもっている、遠洋漁船の漁師の目をはずすことなく、その目で捉えられたモノと、漁師の言葉だけを用いて、日本のカツオ漁の民俗にどれだけ迫ることができうるか。本書は、その、たどたどしい航跡だけを遺すことになるだろうが、この旅船に共に乗っていただけるならば、望外の喜びである。

本書で扱った近海カツオ漁船の主要根拠地と水揚地

根拠地 △
水揚地 ▲
根拠地・水揚地
大船渡市(三陸町)
気仙沼市・唐桑町
石巻市
女川町
塩竈市
いわき市(江名・中之作)
いわき市小名浜
ひたちなか市(那珂湊)
勝浦市
焼津市
沼津市
戸田村・賀茂村(宇久須・安良里)
西伊豆町田子・松崎町(岩地)
御前崎市
大王町波切・志摩町和具
浜島町・南勢町田曽浦
南島町・紀伊長島町・海山町(引本・白浦)
尾鷲市(須賀利・三木浦・古江)
高知市
奈半利町
加領郷
城辺町深浦
土佐市宇佐
中土佐町久礼
佐賀町
土佐清水市
日南市
大堂津
南郷町(日井津・栄松・外浦)
坊津町
枕崎市
山川町
名瀬市大熊
本部町
慶良間諸島
伊良部島・池間島
波照間島

第一章　カツオ船と漁場

カツオ船

色のカツ船

三陸沿岸に伝わる民謡の中で、「色のカツ（鰹）船　辛苦のナガシ（流し網）　身様《みさま》やつしのナメタ船」と歌われる歌詞がある。この歌詞は、朝夕に船を洗って、宗教的にも清めたのがカツオ船（カツオ一本釣り漁船）であったことを物語っている。また、同時に、カツオ船に乗ることは、一昔前の漁師にとって花形であったことも知ることができる。しかも、カツオ船は階層の明確な漁労組織を組むわけであるから、子どもの修業のために、カツオ船に乗せる親たちも多かったという。

宮城県唐桑《からくわ》町上鮪立《かみしびたち》の小松勝三郎翁（明治四十三年生まれ）によると、昭和初年のカツオ船は当時の花形で、親たちは、十四、五歳の息子を一人前にしてもらいたいために、船頭のもとに乗船を頼み込んだものだという。勝三郎翁は、今の言葉で語れば「社会教育」のようなものとまで語っていたが、彼がカツオ船の船頭をしているときに、若い者に向かって、「おまえたちは、金を取りながら修行をしている者なのだ」と、よく励ましの言葉をかけたものだという。

カツオ船では「カシキ船頭、ドウマワリ親父」と呼ばれ、年少者のカシキ（炊事係）は船頭が面倒をみて、ドウマワリという甲板の雑事を手伝う少年は船のオヤジが世話をするものだという［小山、七六頁］。勝三郎翁によると、さらに、船のトモ（船尾）に年かさの者と年少者が常に暮らしていたといい、当時の船頭であった鈴木吉三郎翁（明治三十一年生まれ）などは、若い者へ講談本に節をつけて読んであげたという。そのなかには『キング』という雑誌に載っていた「船の遭難の話」などもあり、教訓になるような話もあったそうである。同県雄勝町名振《なぶり》の和泉久吾翁（大正十三年生まれ）も、「カツ船に乗んねと一人前になんね」と言われていた時代なので、同町分浜《わけはま》や水浜のカツオ船に乗船したという。

しかし、カツオ船が漁業の花形であることを、まったく別な意味で語る漁師さんもいる。岩手県大船渡市三陸町根白《こんぱく》の寺沢三郎翁（大正二年生まれ）の父親、助太郎翁（明治十六年生まれ）は、十六歳でカツオ船の船頭になった人であるが、よく「カツ（鰹）船に乗ると一生やめられね」と語っていたという。それは、カツオ一本釣りの様子が、はなやかであったばかりでなく、漁の時間は三十分にも満たない集中的な一瞬であり、それ以外は船上で、ゆったりと暮らすことができるためだという。

この「カツオ船に乗ると一生やめられない」という言葉は、各地の漁師から聞く言葉である。この言葉を語る、それぞれの意味するところや、その内実に迫っていくことが、本書の大きな課題でもある。

帆船から発動機船へ

前述した唐桑町上鮪立の小松勝三郎翁は、鮪立から大島瀬戸を通るカツオ船の音の変遷を、船の馬力数とともに記憶されている。大正初めのころは五〜六馬力の発動機船でポンポンと音を立てた。昭和初めからは五十馬力の、気筒が二台ある船で、ドコドコドコと音を立てたという。昭和七〜八年ころからは百

〜百五十馬力のディーゼルエンジンの時代が始まり、ジャカジャカと音がした。昭和四十五年ころからの千馬力ではゴンゴンと唸る音を立てている。鮪立のカツオ船は、昭和七〜八年ころの百馬力から、漁期初めには房総の勝浦まで行って操業できるようになったという。

それ以前の三陸地方の帆船時代は、漁船の大きさをいうのに、トン数ではなく、その船に用いるゴザ帆のゴザの数で何枚船という数えかたをした。ゴザを六枚かける船を「六枚船」というように、九枚船・十二枚船・十四枚船・十六枚船・二十枚船・二十五枚船・三十枚船・三十三枚船・三十六枚船・四十枚船・四十九枚船まであった（図1・表1）。四十九枚船を特に「大七反」とか「七《しち》反《たん》船《ぶね》」（ゴザの数七×七枚）と言って、三陸地方では最大の船であった。七反船は、主にカツオ一本釣りに用いられ、ゴダイギとも呼ばれた（写1・図2）。

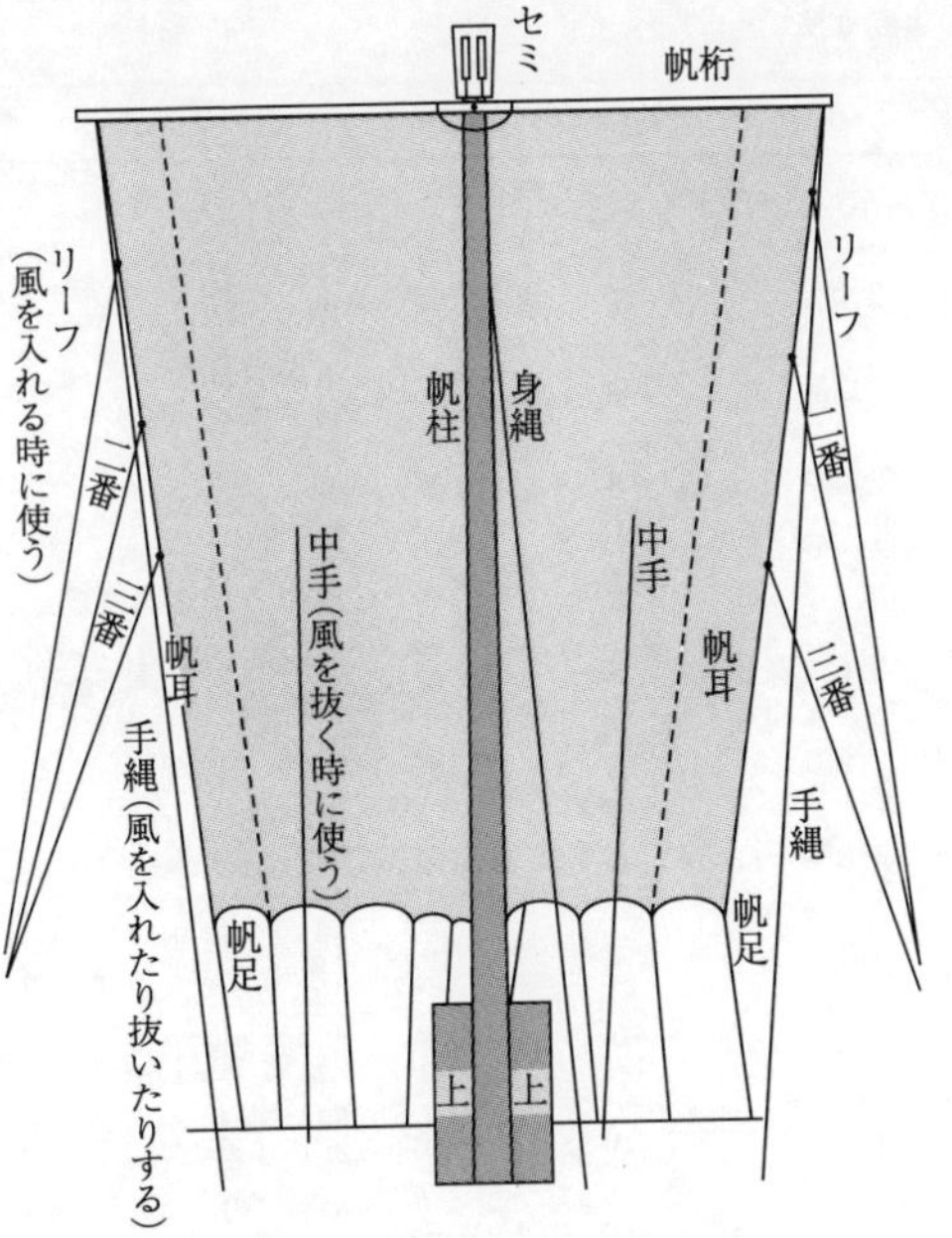

図1　和船の帆図（唐桑町鮪立・浜田徳之作成）

ゴザは長さ六尺、幅三尺で、これを用いて帆を作るには、四方を三寸から四寸折り、筋糸を入れて縫い合わせるので、実際の長さは四尺二寸、幅は二尺四寸くらいであった。ゴザ帆は、三陸地方では明治二十年代まであったそうだが、明治三十年代には帆布が出回ったので、四十年ころには白帆一

表1　宮城県唐桑町の和型漁船の重要寸法

ゴザの枚数	敷長	幅	深さ	艪数	乗員	用途
6枚舟	16尺5寸	5尺2寸	1尺8寸	1丁	1～2人	
9枚舟	17.5	5.5	2.0	2	2	エドコ捕り 岸のイカ釣
12枚舟	18.5	5.8	2.2	2～3	3	ドンコ縄 メダカ縄（春）
14枚舟	20.5	6.0	2.4	3～4	4	同　上
16枚舟	22.0	6.3	2.5	4	4～5	同　上 沿岸カツオ釣（夏）
20枚舟	23.0	6.5	2.6	8	7～8	カツオ釣（夏） メヌケ・メダカ縄（冬）
25枚舟	26.0	7.5	2.85	8	8	同　上
30枚舟	27.0	8.0	3.0	8	8～9	同　上
33枚舟	28.0	8.5	3.1	8	9～10	同　上 「永山つぶし」(50マイル)
36枚舟	30.0	9.0	3.3	8	12～13	同　上 「五葉つぶし」(70マイル)
42枚舟	32.0	9.5	3.5	10	14～15	同　上 冬は上架・休船
49枚舟	33.0	10.5	3.7	10	15～16	同　上 冬は上架・休船

以上は標準寸法で棟梁または船主の注文により長短の差がある．
帆の大きさも船頭により，また性能により多少の差があった．
帆柱の長さは敷長と同じくらいか，それより長かった．
（以上は唐桑町中の鈴木善右衛門棟梁の記録による）

色になった。

帆柱は二十枚船以上の船は、三本ずつ積んでいた。大柱・小柱・弥《や》帆《ほ》柱とあり、大柱は船のシキ長より少し長く、小柱は風が強くなったときに大柱と取り替える柱のことで、大柱より二割くらい短く、細い柱だった。弥帆柱は、大柱を立てていても安全な風の日に船首の近くに立てる帆のことで、小柱より短く、細い柱であった。そして、大正時代になると、弥帆の前の方に、ズブも張るようになったという［川島、六四頁］。

このような和船の構造上の理由のために、カツオ漁の最盛期に、三陸沖で最大の海難事故が起こった。弘化四年（一八四七）六月十七日の夜から十八日の未明にかけ

写1　和船時代のカツオ船（ゴダイギ）明神丸の船下ろし（宮城県気仙沼市崎浜・1900）

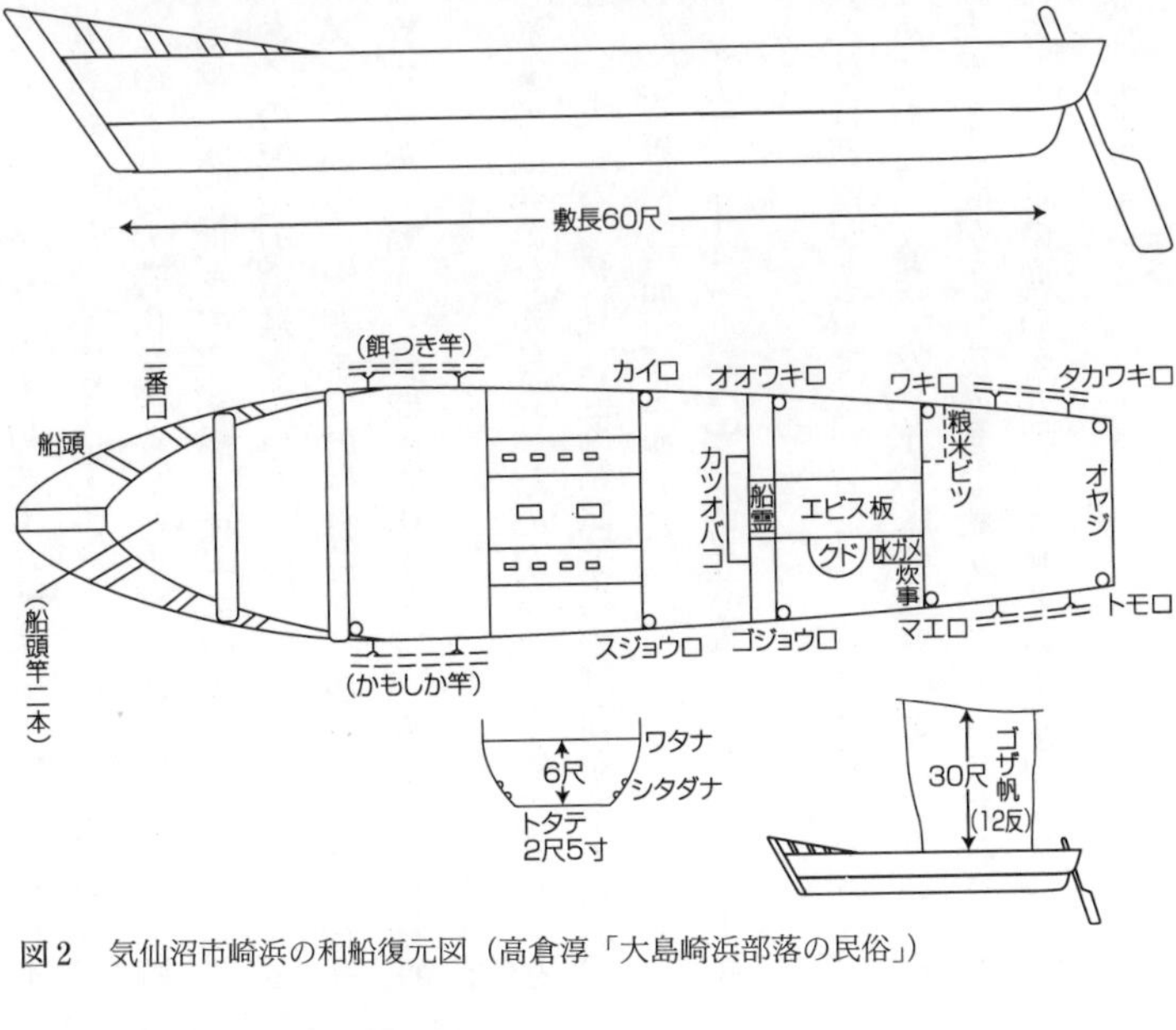

図2　気仙沼市崎浜の和船復元図（高倉淳「大島崎浜部落の民俗」）

ての大時化で、「大小船七十五艘漂蕩シ漁夫三百三十五名溺没シ」（『楽山公治家記録』）という記録がある。このときの大時化を調査した小野寺正人によると、結局は「水密性を欠く和船と夜半の時化であったことが多くの鰹船の遭難を招いたもの」［小野寺、四〇頁］と述べている。現在までの供養碑などからの調査からは、宮古の鍬ヶ崎から牡鹿の新山《にいやま》浜まで、五三三人の犠牲者が数えられている（写2）。

写2　弘化4年（1847）に建立された「難船溺死者有因無縁者霊」（88×40）の供養塔（岩手県宮古市蛸ノ浜，2004.8.23）

　このような帆船から、漁船の動力化によって沖合漁業の開発の先頭に立ったのが、カツオ船であり、なかでも静岡県の焼津の漁船であった。明治三十九年（一九〇六）には、静岡県試験場の試験船富士丸が、石油発動機を付けてのカツオ釣り操業試験に成功した［二野瓶、一四三―一四九頁］。

　前述した唐桑町の鮪立では、ガスエンジン八馬力が大正二年（一九一三）、池貝式焼玉エンジン二十馬力は翌三年（一九一四）の暮れのことであった。

　以上のように、カツオ一本釣り船が大型化していくには理由があった。一つには、大きな船でないと、釣鉤からはずれたカツオがまた海に落ちてしまうためである。また、カツオ一本釣りは、数十分という短い時間に集中して釣る漁であるために、できるだけ大勢の人間が乗れる大きな船が必要とされたわけである。さらに、活餌《いきえ》を入れておく場所も必要になったことも、この漁船を大型化させていく原因となった。

漁場と漁期

山がカツオを呼ぶ

カツオは黒潮と共に移動する回遊魚である。この黒潮のことを、宮城県唐桑町の鮪立《しびたち》では「桔梗水《ききょうみず》」と呼んだ。旧暦の七月から八月にかけての、桔梗色の澄んだ水にカツオがいたからである。また、一方で「玉水《たまみず》」とも呼んだ。夏の暖流に沿い、海の中できらきらと光る水のことで、ここに、カツオやマグロがいた。実際はクラゲが光っているのではないかと漁師たちは言うが、「一つ玉」・「つなぎ玉」・「厚玉水」と、その厚さを使い分けて形容した。「水」とは潮や海流のことでもあり、昔は手で水温をはかり、人に会えば「なずな（どのような）水でござすた?」と、語り合ったものだという（浜田徳之〈明治三十四年生まれ〉談）。この塩分の濃い太平洋の、濁りのない黒潮に沿いながら、さらに山陰《やまかげ》を求めて移動する魚がカツオであった。山陰の海は山からの清水を集め、そこはプランクトンや小魚が棲む海でもあった。

静岡県西伊豆町の田子《たご》は、昔から周囲の漁村に比べてカツオ漁が盛んであった。田子の椿智欣氏（昭和十年生まれ）の話では、海際まで山がせりだしている田子の地形がカツオの群れを呼び込んだそうである。田子漁協には、昭和五十年（一九七五）にカツオ漁に従事した漁師たちの声を録音したテープが保存されている。録音テープは、山本久雄氏が採録したもので、テープの中で、昔のカツオ漁のことを話している漁師は山本篤平・福田久四郎・山本栄二の各氏で、皆、故人になっておられる。

録音テープでの漁師の話の中にも、昔から、魚が付かなくなるから山の松を伐るなと言われていたそうである。三陸沿岸において、初めて紀州からカツオの「溜め釣り」の漁法を定着させた唐桑町の鮪立も同じような地形である。人間や技術の移動をもたらしたのが、カツオ自体の移動を基礎としていることを確認しておきたい。カツオは特にリアス式海岸を求めて動く魚でもあった。

岩手県大船渡市三陸町綾里《りょうり》の山下徳蔵翁（明治四十年生まれ）によると、翁の小さいころまでは、綾里埼などの山の見えるところまでカツオが来ていたという。同町根白の寺沢三郎翁（大正二年生まれ）によると、八月から九月ころは、三陸町の吉浜湾も水温が二〇度くらいになり、ソーダガツオ（フクライガツオ）も捕れたという。またカツオが山陰やモノの影を求めて移動するという性格と関わるような、次のような伝承もある。

片目のカツオ

柳田国男の「一目小僧」（一九一七年）の「補遺」に、次のような記述がある。

鰹魚のすきな田村三治君が、かつて東海岸のある漁師から聞かれたところでは、鰹魚は南の方からだんだん上ってきて奥州金華山の御灯明の火を拝んで始めて目は二つになるので、一同これまでは必ずやってくるといった。これは同じ方向にばかり続けて泳ぐので、光線の加減か何かで一方の目に異状を呈するのであろうと、今までは思っておられたそうである。［柳田、六六頁］

宮城県の気仙沼地方でも、同じような話があり、カツオは春には暖流に乗って北へ向かうために、右目が陽にさらされて、かすんでいるが、これを「ヒナタ目」と呼んだという。そのために、カツオは見える左目の日陰へ寄る性質があるので、マッツポイ（まぶしい）方へは船を進めずに、ヒジタ（日下）へと船を流したという（気仙沼市本浜町・高野武男〈明治三十三年生まれ〉談）。

気仙沼地方の、延宝三年（一六七五）の鈴木家文書には、「鰹猟前代春夏釣申義此方之猟師不存所ニ」

〔宇野、一八〇頁〕とあることから、三陸沿岸では、沿岸近くの海底を南下する、秋の戻りガツオだけを捕っていたものらしい。そのために、上りガツオに対する、神秘的な思いも生じたと思われるのだが、カツオに「ヒナタ目」と、もしそう言ってよければ「ヒカゲ目」があったということは興味を起こさせる。

三重県南勢町田曽浦の郡義典氏（昭和二年生まれ）によると、カツオを大漁すると、カツオのヘソ（心臓）を抜き取ってフナダマ（船霊）へ上げ、そのカツオの目玉をくりぬいて、船頭が調味料を付けずに、そのまま食べたという。カツオの目を食べると、カツオの群れが良く見えるためだという。

カツオの目そのものに、呪力を感じていたわけであろうが、三陸沿岸を北上するカツオの「ヒナタ目」や「ヒカゲ目」にも、カツオの目に注意しなければならなかった理由が、何かあったものと思われる。

ニオボシを求めて

ところで、片目のカツオが参詣する金華山は、昔のカツオ船では、陸《オカ》を離れて漁場へ向かうときに、船の位置を確かめる重要な役割を果たしていた。金華山の三分の一が水平線に没したところが二ノゴテン、二分の一が没したところが三ノゴテン、金華山の山頂（四四四・九メートル）が水平線にわずかに望まれる状態をニオボシと呼んだ。

このニオボシとは、星のことではなく、稲刈りが終わったあとに田に立つ「ニオ（稲積）干し」の形にたとえて呼んだものと思われる。気仙沼の羽田《はだ》山が、沖へ行くにつれて、水平線上に平たく広がるために、沖で「羽田の畔《くろ》」と呼んでいることと同様に、できるだけ陸《オカ》を思い起こされる呼称で語り合うのが、山バカリの呼称の特徴であったからである。

宮城県雄勝町大浜の千葉嘉平翁（明治四十一年生まれ）は、十六歳のころに、雄勝町立浜の末永氏の経

写3　宮城県雄勝町大須の朝．右端に円錐形の金華山が見える（1990.6.17）

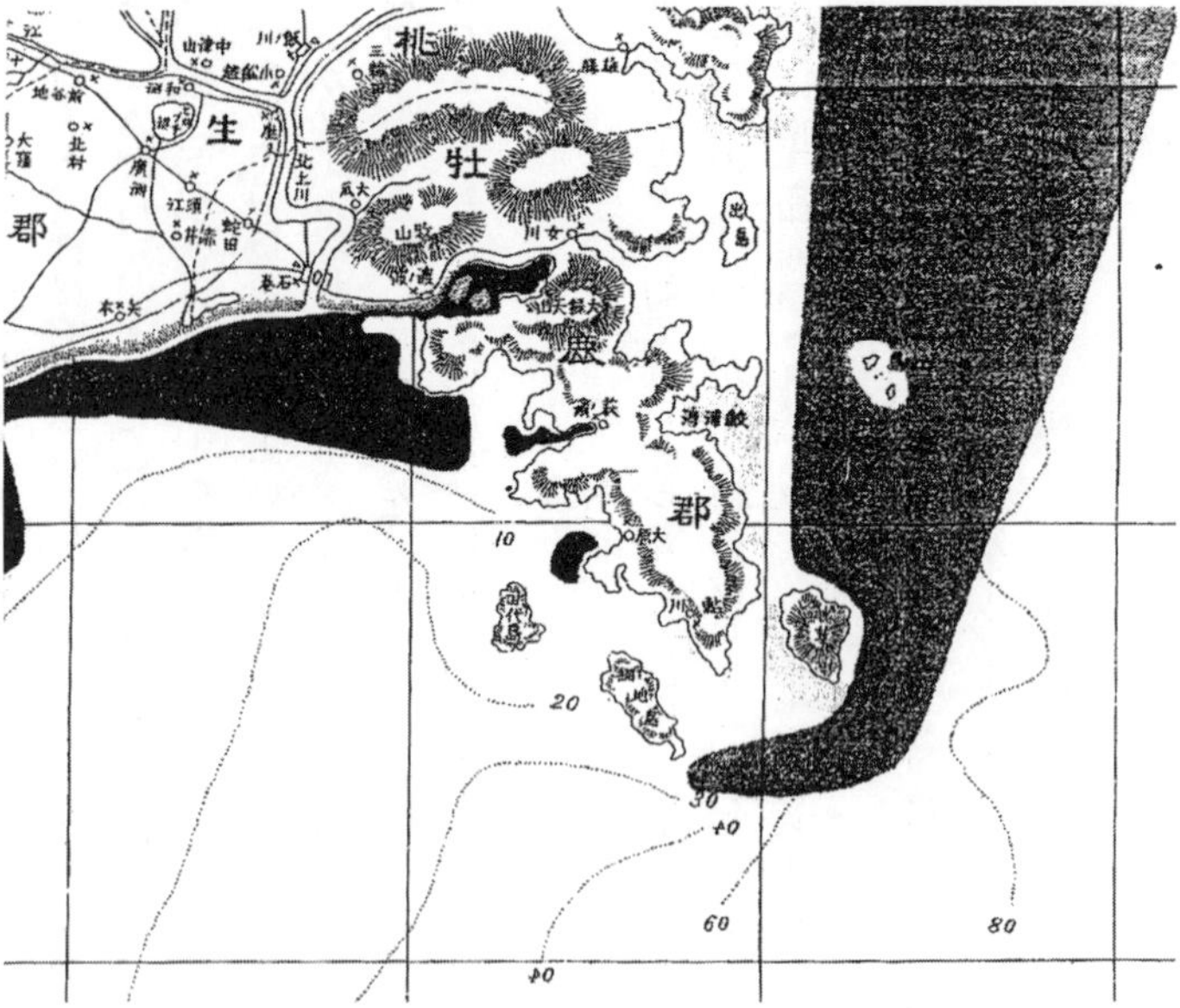

図3　明治42年（1909）の「宮城県漁場図」（『宮城県漁業基本調査』）．金華山のすぐそばの黒い部分が「赤魚漁場」で，その沖が「鰹漁場」と記されている．

営する八竜丸という動力船のカツオ船に乗った漁師である。この船では、福島沖から銚子沖まで行った。海上から山が沈む位置を覚えておいて、「一山なし・二山なし・三山なし……」などと、沖へ行くにつれて山が一つずつ水平線から消えて行く状態を記憶しておき、雄勝沖で金華山が沈む「四山なし」は陸《オカ》から四〇〜四五マイルであった。最後の金華山の先が沈むと、「ニオボシ見えなくなった」と言い合い、ここからが本格的なカツオの漁場であったという（写3・図3）。

三重県尾鷲市三木浦《みきうら》の大門弥之助翁（明治三十七年生まれ）も、若いころにカツオ船で三陸沖に何度も出かけたカツオ漁師である。三陸の「地山いっぱい」（沖から見て山が沈む距離）は、五葉山《ごようさん》が七〇マイル、金華山が三〇マイルであることを、そらんじているくらい、三陸の海のことを、よく知っている。これらの山々が沈む海域が、カツオの好漁場であったからである。

カツオ船は帰路も、金華山を目当てにして、まっすぐに向かってくる。動力船になっても、ニオボシを見たときの安堵感はひとしおであったと伝えられている。金華山信仰の信者層に、カツオ漁に従事している人が多かった理由の一つである［宮田、二六九―二七〇頁］。

「五葉つぶし」の漁場

宮城県気仙沼市の大島のカツオ船では、モンドウ・ヤヂ・コムツ・ムツ・オオムツ・ヤタガツなどのさまざまな大きさのカツオを釣った。その漁場は、大島が沈む「島山つぶし」で約二五マイル、羽田山（宮城県）が沈む「羽田山つぶし」で約三五マイル、五葉山（岩手県）が水面に沈んで見える「五葉つぶし」まで約七〇マイルの距離で、ここまでが、当時のカツオの好漁場であったという（村上清太郎〈明治二十六年生まれ〉談）。

里見藤右衛門の『封内土産考』（一七九八年）にも、「檜山《ひやま》」（五葉山）について、次のように記している。

南部領に跨る高岳なり。山中悉く檜と栂となり。封内凡の蜑士（あま・漁師）太洋に出て、鰹・鱒・赤魚等の漁を謂て、檜山を乗ると唱るもの、気仙にて檜山を計て、大仲に船を乗り出すより言ふ言葉なり。〔里見、四四六頁〕

ここで「檜山を乗る」とは「五葉つぶし」や「大檜山つぶし」のことを指し、「檜山を計て」とは「山ばかり」のことを意味している。帆と八丁櫓だけのカツオ船の時代には、「五葉つぶし」の海域までいったことは、漁師としての勇敢さを誇ってもよいこととされていた。実際にその海域は、カツオの漁場としても好漁場であった。山バカリの民俗語彙で、「小檜山」とは氷上山《ひかみさん》（八七五メートル）のことで、この山が沈むところを「小檜山つぶし」と言って約五〇マイルの沖合、五葉山（一三四一メートル）が沈む沖合のことを「大檜山つぶし」と言い、約七〇マイルの沖合であることは、他の伝承と等しい。

岩手県大船渡市三陸町根白の寺沢三郎翁（大正二年生まれ）も、カツオの漁場は十五時間くらい走った「山なし真っ向」と呼ばれるところで、五葉山が水面に沈んでしまうあたりを好漁場としたことを、語っている。山が水平線に沈むことを「山に乗る」とも表現していたのである。

同町綾里の館下金太郎翁（明治四十年生まれ）によると、赤崎町蛸ノ浦のカツオ船の場合は、その漁場は綾里沖から金華山沖までのあいだで、カツオは「五葉つぶし」と言って、五葉山が沖から見て沈む付近（山つぶし）にその姿を見せたという。金華山には出船前にお参りし、五葉山にも乗組員全員が登って参詣をした。船によっては、五葉山とヒノカミサン（氷上山）を登ることもあり、船乗り全員が一泊して、二つの峰の登山をしたという（綾里・村上栄之助〈明治四十年生まれ〉談）。カツオの漁場を画する沖からのランドマークが、漁師にとっては自分たちを見守ってくれる聖地ともなりえたのである。

カツオの境界性

さて、三陸沖の片目のカツオは、「ヒナタ目」と「ヒカゲ目」を持っていたが、それは、右目が太陽と沖を見、左目が日陰と陸を見ているということを象徴させるものであった。カツオの好漁場が、陸が沈んで海原だけになる、海と陸の境界の海域であったことを考えると、カツオも境界性を象徴する魚の一つであったにちがいなく、二種類の目を持つカツオの伝承は、それを背景に生まれたものと思われる。

そのカツオが、沖から寄り上がってくるという、次のような、神奈川県鎌倉市腰越の伝承がある。

一月から五月はカツオが一尾も泳いでない時期である。その頃に相模湾のどこかに必ず一尾カツオが打ちあげられている。これをオブリといい、見つけた人にはよいことがあるというが、中中出会うことではない。生きていることもあり、死んでいても今浜で死んだ許りという新しいものである。この魚は神様につかえるために、沖からまっすぐに海岸へかけつけてくるのだ。こういう不思議にあった時は、決して身につけてはならぬ。海で死魚を拾った時も同じで、身につけるとロクなことがないからだ。

オブリは鎌倉の八幡様にもっていく。神主は祝詞をあげて半分に切り半分をお札と一緒に返してくれるが、大てい神棚にあげて食べないでしまう。[土屋、六頁]

カツオは神様に仕えるために、沖からまっすぐに海岸にかけつけてくるのだともいうが、これは、金華山へ向かって、片目のカツオが参詣する伝承とも通じている。

屋久島のカツオ船では、「目抜き」と呼ばれる、釣り上手の達人が乗船することがあった。釣れば釣るほど自分の釣果が増えるために、釣ったばかりのカツオの片目をくり抜いて目印としたという（町頭幸内「鰹群を追って」二二）。三陸の片目のカツオも、神の所有物であることを示す目印であったかもしれない。

宮城県唐桑町神の倉の千葉勝郎翁（明治四十二年生まれ）は、カツオは「神様のお使い」であり、そのために神社やオカミサン（巫女）に水揚げしたばかりのカツオを二本持っていくのだと語っている。この、神などに上げる魚のことをネノヨウ（贄《にえ》の魚）という。カツオも「寄り物」の一種であり、現世と異界や他界を結びつける使者でもあり、それを拾うものには幸せも与える魚であった。カツオ漁の民俗が、なぜに、ひときわ信仰的な世界に関わることが多いのか。それは、ひとえに、カツオという魚の境界性にあったものと思われる。

祭りで始まるカツオ漁

前述したように、岩手県大船渡市三陸町綾里の館下金太郎翁（明治四十年生まれ）が乗った、同市赤崎町蛸ノ浦の天狗丸という名のカツオ船では、漁場は綾里沖から金華山のあいだで、金華山には出船前にお参りし、五葉山にも乗組員全員が登った。漁期は旧暦の五月から九月十九日のあいだで、旧五月に船頭が野形《のがた》のお不動様の参詣をすることに始まって、九月十九日の、赤崎の尾崎神社の参詣で終えた。カツオの漁場や漁期を限るのが、信仰の聖地や寺社の縁日であったことが注意される。

たとえば、愛媛県の深浦（城辺町）では、昭和二十八年（一九五三）ころには、一九トン・焼玉二十五馬力のカツオ一本釣り船が四十三艘もあった。この深浦の例では、二十人前後の乗組員数で、四月三日の春の節句（子供節句）からお盆のころまでが、カツオの漁期であったという。「子供節句」とは、子供たちが山にフライ旗（大漁旗）を立てて、小屋を作り、そこで生活をする行事で、今でも行なわれている。ノリクミ（乗り組み）と呼ばれる船員の祝いも、そのころの大安吉日に船主の家で行なわれた。その前には、船頭が琴平の金毘羅神社や宇和島の和霊《われい》神社などに参詣に行くのが習わしであったという（浜田伊佐夫〈昭和十二年生まれ〉談）。

また、高知県佐賀町には、佐賀明神丸や勝丸という名のカツオ船が十隻ほどあるが、三月三日の金毘羅神社の春の祭典を終えてから漁期が始まり、漁を終えてから秋の祭典があったという（喜多初吉〈昭和六年生まれ〉談）。

徳島県宍喰《ししくい》町の竹ヶ島は、陸から一〇〇メートルも離れていない地の島であり、昔は泳いで渡ったというが、昭和三十六年（一九六一）に橋がかかった。この島は、平成二年（一九九〇）まではカツオ漁の島であり、勝丸・新政丸・末広丸の二十人乗りのカツオ船が三艘あった。竹島神社の祭礼は旧暦の四月十六日で、これが過ぎると、昔はカツオ漁が始まったという。若い者はどこに行っていても、この日には必ず帰ってくる。遠くは勝浦・銚子や塩竈・気仙沼の問屋も来ることがあり、竹ヶ島が沈むくらいの人が集まるといわれたという（島崎正男〈大正十二年生まれ〉談）。

これらの漁港は、その土地の年中行事や神社の祭礼がカツオ漁の始まりであった例であるが、漁期の終了を祭礼で終えているところも多い。特に、旅漁の場合は、故郷の神社の祭礼までに帰港する船が多かった。

たとえば、気仙沼市大島のカツオ船の漁期は、旧暦の五月五日の、入梅が始まったころから、旧暦九月十五日の、大島神社の祭典のころまでであった（村上清太郎〈明治二十六年生まれ〉談）。

高知県奈半利《なはり》町加領郷《かりようごう》のカツオ船は、漁期は三月から十月までで、五月末からは房総の野島沖へ移動し、それから三陸まで北上する。旧暦九月二十五日の信守《のぶもり》神社の祭日までには帰郷した（谷岡泰一〈昭和三年生まれ〉談）。

また、三重県尾鷲市古江のカツオ船では、「乗り組み祝い」は正月一日で、この日に船上の役割を決めた。漁期は、十一月三日までに終えたもので、この日は小学校の運動会であった（大川広務翁〈大正十五年生まれ〉談）。

尾鷲市の三木浦のカツオ船でも、十一月三日が小学校と町民運動会であり、それまでに「上がり祝い」をして、餡の入った餅を食べた。漁期が延びてからは、十二月ころが最後の航海になり、南方で捕れた最後のカツオを塩ガツオにして、カケノウオ（正月用の魚）に作った。

三重県のカツオ船の場合は、秋の小学校の運動会までに帰港する船が多かった。船員たちは、帰郷してから、自分の子どもらが走る姿を見て、心から安堵したものと思われる。

カツオは表作

漁村や漁港にとって、年間の漁業暦における、他の漁業に対するカツオ漁の位置付けは、さまざまである。

たとえば、宮城県唐桑町鮪立を例にとると、カツオは農事にたとえると「表作《おもて》」だという。メヌケやメダカなどの延縄漁は「裏作」で、ドンコやイカ釣りなどは「間作」だという。

唐桑町では、カツオは旧暦六月の入梅時期から始まるが、最初はアレシケ（荒れ時化）が多く、二十六枚船などの大型船を用い始めるのは、七月の半夏《はんげ》を過ぎてからである。八月は、カツオ船の天王山の月で、「やるも八月、取るも八月」という、失敗も成功も八月にかかっているという意味のことわざもあった。九月の彼岸を過ぎてからは、ナライ風（西北風）が吹き始め、十月二十日の「土用の中日」、唐桑で「麦まき土用」と呼ばれる日には切り上げをしたという。

カツオは、その大きさにより、モンドウ（二〇〇匁～三〇〇匁）・ヤヂ（四〇〇匁）・コムツ（五〇〇匁）・

表2　宮城県唐桑町の近海漁業暦

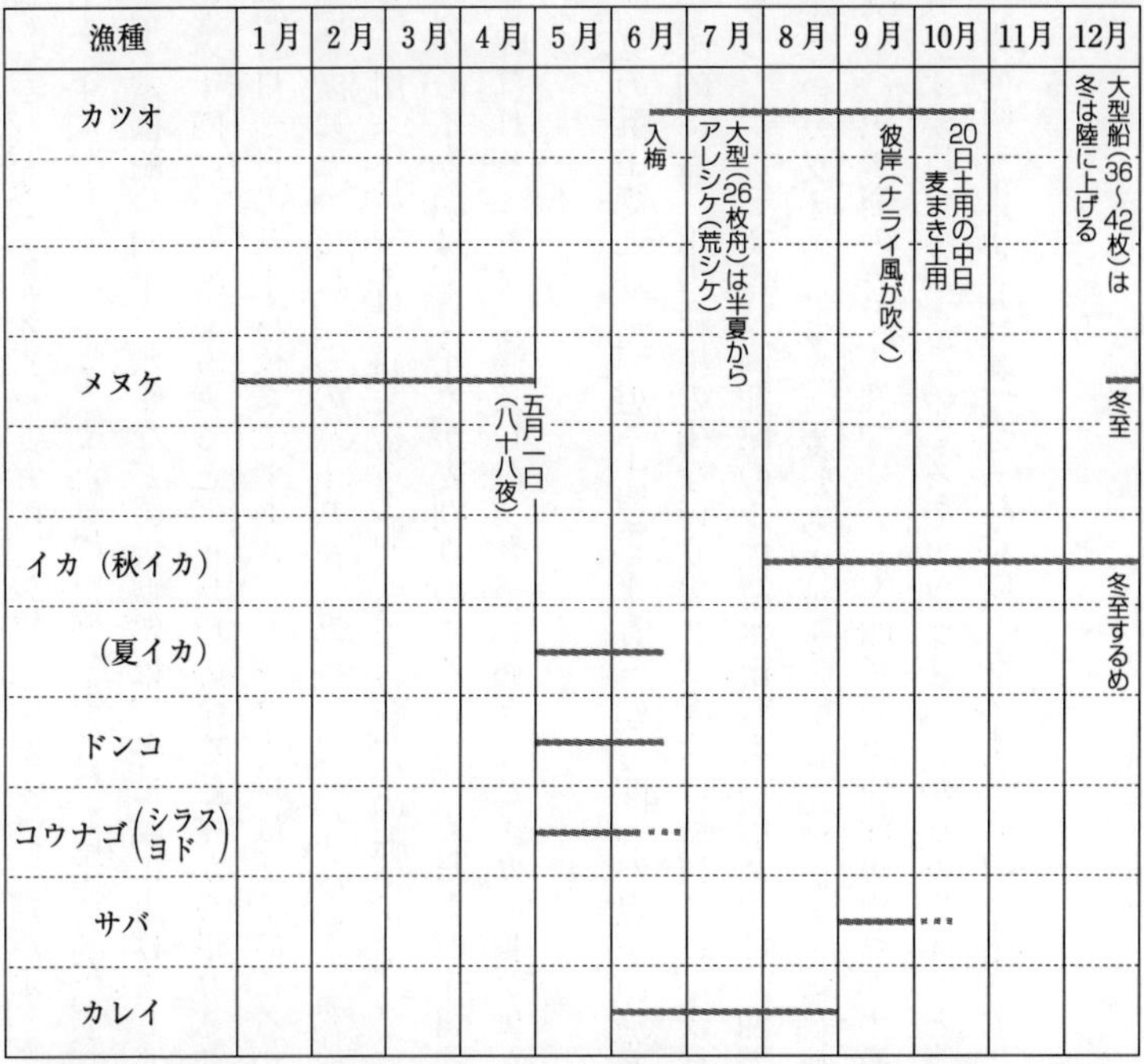

唐桑町の漁業暦では，5月1日（八十八夜）と10月20日（麦まき土用・土用の中日）が漁種・漁法を変える転換日になる．

ムツ（六〇〇匁）・オオムツ（六〇〇匁以上）・ヤタ（一貫以上）と呼んでいた。気仙沼・唐桑地方では、大正十二年（一九二三）ごろまで鮮魚の取り引きは一尾売りだったからである。

三十六枚船や四十二枚船などの大型船は、冬に陸《オカ》に上げてしまうが、裏作のメヌケナワは冬至から始まった。年内に一航海でも乗ると、正月用の金を船主から借りることができたという。メヌケナワは翌年の旧暦五月一日の八十八夜までである。ドンコナワは、このころから始まって入梅で終える。

漁業暦にとっては、この八十八夜（五月一日）がナワ船（裏作）からカツオ船（表作）への転換点で、麦まき土用（十月二十日）がカツオ船からナワ船への転換点のメヤスとした。

間作のイカ漁は、夏イカが麦刈りのころから一カ月か四十日くらい行なわれ、秋イカを経て、冬至スルメと呼ばれるころまで操業した。冬至を過ぎるとイカの脂が少なくなり、スルメにもっとも適当になるという。

鮪立《しびたち》の浜田徳之翁（明治三十四年生まれ）から聞いた以上の漁業暦をまとめたのが表2である。

全国的にも、田の耕地の少ないリアス式海岸の漁村では、麦作はカツオの状態を指す言葉にも用いられたりした。たとえば、高知県の土佐清水市の言い伝えでは、沖縄やトカラで、フカツキの一～一・五キロの小さいカツオのことを「麦わらカツオ」と呼んでいる（植杉豊〈昭和十四年生まれ〉談）。また、三重県南勢町の田曽浦のカツオ漁では、三～四月の土佐沖からカツオ漁を操業し始め、やがては、大王崎のそばにカツオが近づくが、このころのカツオを「麦からカツオ」と言い、日帰りの漁ができたという（北村徳蔵〈明治四十年生まれ〉談）。これらは、カツオが麦わら（麦から）のように小さく数多く現れる状態を指している。

第二章　カツオ一本釣り

擬似餌のはじまり

漁具から教えられること

宮城県の気仙沼地方の漁師さんを訪ねて、昔の漁の話などを聞いているうちに、何度か次のような諺を耳にしたことがある。それは、「人《ひと》山師でも、道具山師でねえ」という言葉であり、意味するところは、「偽《にせ》の漁師であっても、道具さえ使えば漁をすることができる」ということである。転じて、人は裏切ることがあっても、道具は裏切らないことをも指し、漁師の道具に対する深い信頼感と一体感を十分に言い表わしていると思われる。

今でも大漁をしてくれれば、船に祀られているオフナダマ（お船霊）様へお神酒《みき》を上げた後に、船上の道具から機械に至るまで、お神酒をかけて歩く漁師さんもいる。昔は正月に網やナワなどの漁具を縁側に置き、そのそばに「これ、道具の分！」と言って、お膳を上げさえした。出船のときにも、網やアバ（浮き）にお神酒をかけたそうである。それらの漁具を作ったり手入れをしたときにも、お神酒を上げた（写1）。

写1　網を作り終えてから，お神酒を注ぐ（宮城県気仙沼市小々汐，1988.5.1）

ほかに〈山師〉という言葉の出てくる諺に、道具ばかり作って漁をしない漁師を指して、「山師漁師だ」という言い方もある。つまり、漁具をたくさん作っても、漁をしなければ、それは「道具」とは言えないのであり、それを用いて生活することで初めて道具との一体感も生まれたわけである。

このことは、とかく「民具採集」の名のもとに、漁具をたんなる物質としてのみ捉え、その背景の生活を考えない者に対する警告となりうるだろう。「民俗文化」などという言葉を振りかざして、漁具の減少を憂う前に、それでは、なぜ漁具が残らないかということを冷静に考えてみるならば、はたして、それは憂うべき問題であるかどうかも、あやしくなるのである。

まず、漁具はあまりに日常性のある道具であるために、残りにくいことが挙げられる。逆に、日常使われないようなものが、意識して伝承される傾向がある。日常的な漁具は、そのために身の回りに雑然と置かれることが多いのだが、使用するときには、そのほうが便利なのである。以前に、ある漁師さんが、「百姓や漁師の家がきれいに片づいているのは恥ずかしいことだ。それは十分に働いていないことを示しているからだ」というようなことを話してくれたことがある。町屋では逆に調度品などを朝夕となく磨いて、こぎれいにしておくことを心がけるが、はたしてこれも、どちらが道具を自分の肉体の一部として大切にしているのかは、簡単に答えることはできないのである。本来の道具は見世物とは違うからである。

また、現在でも昔の漁具が漁師さんの手で実際に作られていることにも注意してみたい。たとえば、船外機などの機器類は多くの漁師にとって喜んで受け入れられたに違いないのだが、実際の磯漁においての細かな操作などには、昔の櫂でなければ役に立たないために必ず船に入れて漁に出ている。つまり、漁具は使われなくなったから残らないというだけでなく、現在でも使われているからこそ残そうとしないのだということも考慮しなければならない。

漁具が、特に弓矢や鉄砲などの狩猟の道具と違う点は、獲物を捕獲した瞬間から、それを水から切りはなすまでのあいだ、捕るものと捕られるものの間に何か連絡を保たれねばならないことである。それゆえにこそ、漁具を通して、人間と道具との本来の関係を考える機会が得られるわけである。

昔は、気仙沼湾内でも、カツオのエサにするイワシ網が曳かれ、数多くの大漁をめぐる話も伝わっている。船端から覗いたイワシの大群は、海の底から白い腹を光らせて湧き上がってきたという。まるで雪の降る日に天を仰いだときのようだったと、浜々の漁師たちは語り伝えた。その表現に勝る言葉は持ちえないが、網や釣竿を握る手に魚群を感じたときの喜びや、その網や釣竿に染み込んだ汗などを、漁具を通して漁具に語らせたいと願っている。

この章では、主にカツオ漁の漁具と漁法、それらの技術伝播について展開していきたい。

カツオは釣るもの

神奈川県三浦市三崎の漁業についてまとめた、内海延吉の『海鳥のなげき』（一九六〇年）には、次のようなことが記されている。

カツオは釣る魚でこれを銛で捕ってはならぬという一種の掟《おきて》のようなものが、昔はあったのであろうか。三崎に遺っている話に「長井の漁師が舟についたカツオを銛で突いたら、肩がくさる病気になって死んだ」というのがある。因果応報の話であろう〔内海、二八頁〕。

同じように「カツオを銛で突いてはいけない」という禁忌は、宮城県唐桑町大沢の穀田周一氏（昭和十四年生まれ）からも聞いた。気仙沼地方では、次のような話も聞くことができた。

ジンベイ様（ジンベエザメ）にカツオ付いてだっつぁ。そのカツオを見たから、ある船が、「釣りコ（釣り道具）ねえか？　イワシもいだから、イワシもすくえや」と言ったけんとも、銛しか持ってねから、釣りようもなにもねんだって。ただクサレ（古い）釣り一本見っけだから、ぬたばって（横になって）米つきザルでイワシコ五、六匹すくって、そして、そいづを釣りコさ引っかけて、引っぱったけんとも食《か》んねんだ。モズラコグラって動くけんともね。ふんで、こんで、ナマス（刺身）も食れねぇから、「ジンベエさん〳〵、ナマスナばりも下はらせ。ごめんなはれせ」って、そして、銛を持って突いたのっさ。そしたら、大きなカツオを当たったっつぁ。二本突いだんで、「また突け！」って言われたが、「あとだめだ。止めろ」ということで、カツオを突くことができたんだって。（一九八八年七月十八日、気仙沼市小々汐・尾形栄七翁〈明治四十一年生まれ〉より採録）

包丁や銛などの刃物を嫌うはずのジンベエザメに対して、カツオを少しでもいいから捕らせてほしいことを願ったところ、カツオを二本、銛で捕獲したという世間話の一つである。常にはカツオを「釣る」はずの漁が、漁具がなかったばかりに、カツオを「突く」ことができたという異常な事態を、ジンベエザメの呪力によって説明をしているといえる。しかも、さらに突いてカツオを捕ろうとしたことを制されていることから、「突く」ことがカツオの漁法の禁忌としてあったことが、うかがわれる。

この例とは逆に、常には銛で突いていて、釣針にかかるはずのない魚が釣れることがあり、これは三浦半島の方では一大凶兆としていた。腰越や三崎では、「マンボウを釣ると家が絶える」といい、次のような世間話も伝わっている。


大正の半ば三崎の和船が続々動力化された頃、そのトップを切ってよく漁をした舟があった。この船のマグロ延縄に、どうしたことか一匹の大きなマンボウがかかったことがあった。それを見た乗組の一人が「ああこの盛《さか》っている船ももう長いことはあるまい」と、傍らの男に小声でささやいたそうだ。果たしてその言葉の通りこの家の主人は急死して、その舟をしまったのはそれから間もないことであった。〔内海、二四―二五頁〕

家の盛衰の変化が激しい港町にあって、このような話が、その説明体系として利用されていたことがわかるが、「突く」ことで捕獲する魚が「釣れる」ことに、異常なものを感じとっていたものらしい。それは、前述した話の中で、「釣る」ことで捕獲するカツオが「突く」ことができたのを、ジンベイザメの異常な力に帰していることと同様であった。

カツオはそもそも「釣る魚」として認識されていたものらしい。

カツオの語源

さて、そのカツオという魚名の起源が、「堅魚」という製品名の特質から生じたらしいことは、ほぼ定着しつつある。「堅魚」つまり、カツオ節のことである。

この語源説に振り回されると、『徒然草』に記されたように、カツオの「頭は下部もくはず、捨て侍りし物なりき」と、生カツオは食べていなかったという説も出回ることになる。東日本を中心に、縄文遺跡からカツオの遺骨が発掘されているが、はたして、どのようにカツオを食べていたのだろうか。

「高橋氏文」によると、景行天皇が上総国に行幸のとき、ムツカリノミコトがカツオを「古は毒ありとて食せず専ら干し堅めて食せり」と語って、天皇にカツオの刺身を献上したところ、おいしく召し上がり、ミコトは宮中の大膳職の長に命じられたという。

似たような伝承は、口承の世界でも聞くことができる。たとえば、気仙沼市小々汐の尾形栄七翁（明治四十二年生まれ）は、次のようなカツオの命名譚を語っている。

カツオは神魚と言って、神様の魚なんだって。人が食んねもんだったたっつ。人が食うと腹さあたんだっつ。それを神功皇后様、戦に勝って帰って来っとき、その船さ飛び込んだっつ。そしたれば、「ああ吉相な魚だ。俺が勝って凱旋する船さ飛び込んだから、オメを〈勝つ魚《うお》〉とする」と言った。そしたらば、腹さあたんねで食れだっつ。それから、カツオって言うんだっつ。（一九八九年十二月三日採録）

カツオの生食の起源は「高橋氏文」では景行天皇、尾形翁の語りでは神功皇后になっている。和歌山県串本町の大島の南に「通夜島」という無人島があるが、ここは昔、神宮皇后が戦争の帰途、この島に立ち寄ったとき、島の人々が一晩中寝ないで通夜をして皇后をお守りしたことに由来するという。大島の水門神社の祭典には、かつては、ここに当船が着岸して祭祀をしたのち、帰りはカツオ一本釣りの物まねをして大島港へ戻ったという。

おそらくこれも、祭りの通夜が先にあって、神功皇后の伝説は後から付会されたものと思われるが、カツオ漁の盛んであった紀伊大島で、尾形翁の語りと同様の起源譚を祭礼化しているのは興味深い。

カツオではないが、瀬戸内の能地《のうじ》（広島県三原市）の家船《えぶね》が伝える「浮鯛系図」という巻物は、土地に定住しない家船漁民にタイを捕ることを神功皇后が許可するという内容である。この巻物を分析した河岡武春は、「おそらくこの基は、供御人的な淵源をもつ魚介の供進のおもかげが幽かながら残っていると見ることもできる」［河岡、八七頁］と述べている。

供御人《くごにん》とは朝廷に貢納する役割の者を指すが、カツオもまた延喜式に「堅魚」としてあり、神々や朝廷に奉る贄《にえ》としては「生堅魚」が貢納されていた。気仙沼地方の近世文書で「根魚」と書かれ、今でも神社などに奉納する魚をネノヨウ（贄《にえ》の魚《よう》）と呼んでいる言葉の語源である。大漁をするごとにネノヨウを上げるのは、カツオ船に多かった。

角釣りの起源

前述した景行天皇の伝説には、もう一つの伝説がある。天皇が安房の浮島に船で戻られるとき、船尾をたくさんの魚が追いかけてきた。試みに弓の角弭《つのはず》をその群れの中に差し入れると、たちまちに食いついてきたという。角弭とは、弓の端に弦を付ける部分で、先端の鹿の角の部分が爪型になっている。鹿の角でカツオを釣るようになったのは、このような由来によるという［宮下、一一七頁］。

一方で「三島大明神」（三島大社）の縁起にも、類似した神話が載っている。三島大明神が丹波の海から船出して、船首にいたときに、あやまって「法華経八の巻」を落としてしまった。それを弓弭（角弭）でかきよせて取り上げようとしたら、その角弭にカツオが食いついてきたので船中に投げ込んだという。初めのうちは大明神しか、そのような方法でカツオを釣ることができなかったが、後ほど人々にその力を与えるときには、鹿の角に金を細く伸ばして曲げ入れ、麻糸の先に結びつけることを教えたという。

いわゆる、カツオの角釣りの起源譚であるが、同型の話は口頭伝承として、どのように伝わっているだろうか。

たとえば、神奈川県鎌倉市腰越での伝承では、擬餌鉤は濡れてから色の変わるものが良いとされ、山で使う駄馬が傷めている血の混じった蹄が良いとされた。小田原に昔からよいツノ（蹄）が見つかったという、次のような由来譚が伝承されている。


昔小田原の殿様の馬にイチジロという栗毛の馬がいた。四つ足の一本だけ毛並みがまっ白で、とてもよい馬であった。馬方が川へ連れて洗ってやると魚が沢山集まって来て殊に白い足の処についた。ふと通りかかった腰越の漁師がそれをみて隙をうかがって斧でその足を切り落して走った。漁師はその蹄からツノを作った。それは意外によいツノで他の漁師が釣をやめて取りまいて見たほどであった。その漁師はその事を誰にも話さずにいた。一つの蹄から、三つほどのツノしかとれぬ。処がこのツノは大変魚の喰いがいいのでどうしても魚にとられ、とうとう最後の一つになった。それで極めて大切にしていたがそれもとられる時が来た。その時漁師は思わず大きな声で「ああ、イチジロをとられてしまった」と叫んだ。そのために彼がした事が知れてお仕置きになった。以来腰越の漁師の間では、格別大切にしているよいツノを、これは俺のイチジロだという。［土屋、七〜八頁］

擬似餌のはじまり

この腰越の伝承に似た話は、岩手県大船渡市三陸町根白の寺沢三郎翁（大正二年生まれ）が、父親の助太郎翁（明治十六年生まれ）から、次のように伝えられている。

昔の話では、こういうふうに親父から聞いたんだけんとね。船頭というものは、「段の上」という、船の舳先で一段高くなっているところにいるもんですよ。こっから見はりつけると、必ずカツオが見やすいもんだから、沖で漁が終わって、大漁して、いよいよ港に入るときでなければ、この段の上から降りねんですよ。

そして、あるどきデキヨウ釣り（底にいるカツオを水面に上げる釣り方）をやってだわけ。ドウマワリ（小使い役）が、生きた餌を一本ずつ撒いて、そしてカツオが集まってくんの待ってるどき、これをやってるときは、船頭が仕事ねえわけだ。そのどきは、鏡のような、きれいなナギだっらしいんですね。そして、船頭の後ろにカツオが来てポツンポツンと跳ねるという状態があったらしいんですね。何か変だと感じた人があったらしいですね。「何して船頭の前ではなくて後ろの方でばかり跳ねるんだか、ちょっと感じがわかんね」っていうごとでね、漁師の人たちが不思議に思ってたわけ。そしたらね、その船頭がドウラン（煙草入れ）が落ちねえように、帯のとこにヒッパサミでふりおさえで、はさんでだったらしい。ヒッパサミは、鹿の角さ穴をつけたものだが、ナギがいいもんだから、鏡のように海がおだやかだったわけだから、船頭がヒッパサミ、はさんでた姿というの、海さすっかり映ってるわけ、その映ってる姿にカツオの好きな角が見えたわけなんだ。それのために飛びついでるわけだった。それが土台でね、カモシカの角を使ったというわけ。（二〇〇一年一月二十七日採録）

この話では、天皇が発見するのではなく、船頭の尻に下げていたヒッパサミの角にカツオが集まったことが機縁となったようである。このような擬似餌ではなく、活餌を計画的に用いた新しい方法は、中世以後に紀州で生み出されたものである。その「溜め釣り」という漁法は、カツオを大量に捕獲する上で飛躍的に前進させた。

先の景行天皇の伝承の方では、活餌より擬似餌が先に開発されたという伝承であるが、東南アジアのマルク海（インドネシア近海）のカツオ漁伝承をまとめた北窓時男によると、この海域でも一本釣り旧法（少人数で擬餌鉤を使用）から一本釣り新法（十数人で活餌と撒水を併用する）への転換の歴史があったことを述べている［北窓、二八八頁］。このことは、カツオという魚名が「堅魚」、つまり鰹節を指す製品名から生まれたということと共に、常識をくつがえすような逆説的な出来事である。いかにこの魚が当初から、人間が作り出した文化と深く関わってきているかが理解されうる。

また、三島大明神も昔話の中の船頭も、ミヨシ（舳先）に居たことが共通しているが、一段高くなっている場所は、和船時代には「エビス棚」と呼ばれる神聖な空間であった。今でもここにタツと呼ばれる小柱があり、船出や参詣、船下ろしのときには、アラシオと呼ばれる海水をかける慣わしがある。また、そこに立ってカツオを探す船頭自体も神格化されていたと思われる。

さらに、以上のような由来譚をもつ擬似餌についても神聖化された伝承がある。あるカツオ船が遭難したときに、生き残る可能性のあるカシキに、船頭がツノ（擬似餌）を与え、家族に渡してくれと頼んだ話もある。サモアでは、カツオの疑似餌は、他人に見せることさえいやがり、父から子へ漁業が受け継がれたとき、譲られた物の中で最も貴重視されるという［ホーネル、一一六頁］。寺沢翁も貴重な話として、父親からこの「疑似餌のはじまり」を教えられている。

カモシカの角

天明六年（一七八六）七月二十日、菅江真澄《すがえますみ》は大島の大向《おおむかい》家から気仙沼へ戻るときに、沖へ向かう何艘ものカツオ船とすれ違い、次のような記録を残している。

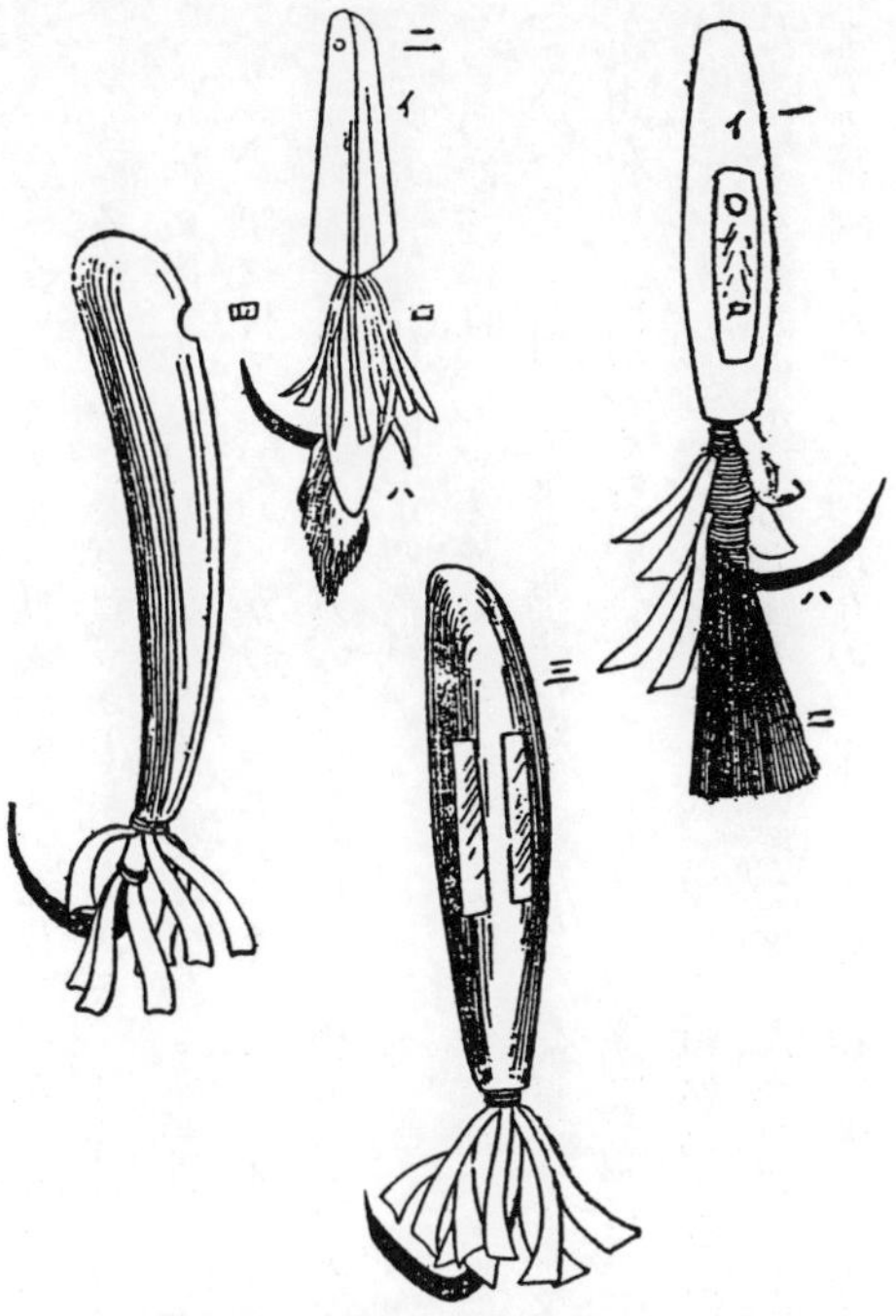

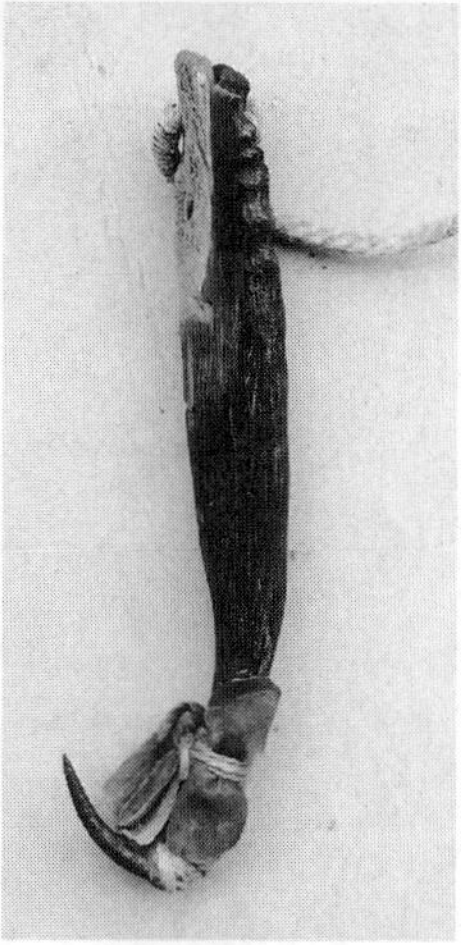

写2　気仙沼市大島の
バケ（擬餌鉤）

一：薩摩国にて使用のもの
　イ：錫，ロ：青貝入，ハ：釣鉤
二：越中国射水郡にて使用のもの
　イ：鹿角，ロ：魚皮，ハ：羽毛
三：磐城国にて使用のもの，牛角青貝入
四：陸前国牡鹿郡にて使用のもの，牛角

図1　カツオ釣り擬似餌図（農商務省水産局編『日本水産捕採誌』水産書院，1926）

こゝをいでんとて、此家の軒より舟出す。かつうををつる船、いくらともなく沖をさしてこぎ行、かゝる舟にてのしわざは、かもしゝの角を、はりにすりてふくめの皮を、ちのもとにつきて、はるけき沖に出て、三尺四尺のいとをくだす、是を「角かけ」といふ、又くろかねのはりに、いわしをさして、竿に付てくだし、かひへらといふものにて、水をうちかけ〳〵、雨このむ魚なれば、あめやふると思けん。ゑをかぐはしみ、すみやかにより来て、とびかゝるを、左の手して、いだきかゝへけるといへり。［菅江、四七—四八頁］

この記述には、カツオ漁の「角かけ」（角釣り）で用いる擬餌鉤で釣る方法やイワシの活餌で釣る方法、「かひへら」を用いて水を海面に撒く方法が具体的に描かれている。

「角かけ」に用いる擬餌鉤は、カモシカの角を釣鉤型にして、それにフグの皮を血とともに付けて作成するものであったというから、ほとんど現代の擬餌鉤と変わりはない（写2・図1）。釣る人間の影を隠すために水を海面にかける方法も、竹の節で使ったヘラゴを右手に持って水をかける時代から現在の撒水器まで受け継がれている。現在のカツオ一本釣り漁で使われる漁法がすべてそろっていたと言える。

一方で、大正九年（一九二〇）の八月十七日に、気仙沼に到来した柳田国男も、第一印象を、次のような記述で始めている。

此辺一帯に今鰹漁の盛り。気仙沼の町では方々に鰹節を製造して居る。又鰹釣の釣針を作つて売る店もあつた。材料はトナカイ（馴鹿）の角だといふ。［柳田、二五四頁］

先に引用した、菅江真澄の「はしわのわかば続」は、柳田没後の翌年、昭和三十八年（一九六三）に松前の氏家家から発見されることになるから、この時点で柳田は真澄の気仙沼の記録を読んでいない。しかし、大正九年の東北の旅を、真澄翁を模範として歩こうとしていた柳田は、期せずして真澄と同じ「鰹釣の釣針」という対象を記録していたわけだが、本人は知るよしもなかった。

擬餌鉤の譲渡

真澄や柳田が記すことになったカツオの擬餌鉤は、漁師さんたちの言葉でツノと呼ばれるものであった。その擬餌鉤の原料となる角は、頭が付いたままのカモシカや牛の角を売りにきた人から求めたという。主に牛の角で、手の平の幅くらいの長さのものを作り、飾りのようにモガ（メアカフグ）の皮を付けた。これはマフグとも呼び、皮が丈夫で、真っ白く、水に入れると柔らかくなるものであった。この擬似餌を用いて、海面に「∞」や「い」の字を書いてイワシの泳ぐ姿に似せ、カツオをおびきよせたものだ。この行為のことを、サクリとかサクルと言う（気仙沼市本浜町・高野武男〈明治三十三年生まれ〉談）。

岩手県大船渡市三陸町根白の寺沢三郎翁（大正二年生まれ）によると、カツオのツノは、鹿や牛の角・馬やクジラの骨・マッコウクジラの牙などで作られた。特に、鹿の角には「落ち角」と「生き角」があった。落ち角は、鹿が春になってバッケ（ふきのとう）を食べるころになると自然に落ちる角のことを指し、生き角とは猟師が撃った鹿の角のことを指している。特に後者は、鹿の血がのぼせて角の中に入っていると言われ、カツオが一番捕れるツノになるという。

カモシカの角には癖があり、右ききと左ききがあり、右ききの角の方が良いツノになった。船頭とオヤジ（舵《かじ》取り）は船では夫婦のような絆を保たなければならないために、良いツノは船頭が使い、オヤジは悪いツノを用いたという。良いツノは白い筋が多く、水の中に入れると変わるものを言うが、カツオ船の船頭が特に優良品を用いるものであった。

雄勝町の大浜では「角釣り」のツノは、カモシカや牛の角で作るが、必ず二番口が作るものときまっていたらしい〔千葉嘉平〈明治四十一年生まれ〉談〕。水面に「い」の字を書くように扱うと、水中でイワシのように見えるらしいが、餌イワシよりも食いが良い場合もあったという。ツノは命に代わるものであり、二〜三個は必ず「ツノ箱」に入れて乗船するものであった。高知県の土佐清水でも、「船頭だけが使うツノは貴重品であり、これを大事に収納する道具入れをツノ箱といった」［西川、二〇五頁］という。

この船頭のツノは他の者には譲らないものであり、それはカツオを永きにわたって釣り続けてきたために、なかば神聖化されたものであった。逆に、船頭やオヤジのツノの質が悪いと、カツオの付きが悪く、船全体の面汚しと言われるので、カモシカやサイなどの高価な角を共同で買い求めることもあったという［小山、五五頁］。宮城県唐桑町小鯖の小山亀蔵翁〔明治三十三年生まれ〕の手記にも、「船頭モ又親父モ、サクリノ角ヲピタントタタキ神々ヲ念ジ乍ラ角ヲカク」とあり、漁の多寡は船頭の腕だけでなく、船頭のカミへの信心の強さや擬似餌の呪力にも大きく関わるものと考えられていたものらしい。

ホーネルの『漁撈文化人類学』によると、サモアのカツオ漁でも「漁師の若干は、西洋杉の箱の容器を別に用意していて、その中でそうした擬似餌を注意深くフランネルで巻き包んでいる」［ホーネル、一一六頁］という。日本のカツオ漁師にとっても「ツノ箱」は、他人に渡すことのない神聖な箱であった。

そして、この擬餌鉤や擬似餌の呪術性を思い起こさせてくれたものの一つが、宮城県で盆の門付《かどつ》けにくる鹿踊であり、鹿踊で演じられる「カツオ釣り」という芸能であった。

鹿踊の「カツオ釣り」

宮城県気仙沼市早稲谷《わせや》の菅原亀治郎翁〔大正四年生まれ〕から、かつて聞いた話では、鹿踊《ししおどり》の巡業は、旧暦七月十五日から八月初めまでの旧盆のころであったという。一軒に付き、踊りが二十分から三十分は

写3　早稲谷鹿踊の「カツオ釣り」踊り（03・7・27）

かかったというが、遠くは唐桑や大谷《おおや》の浜まで十二、三人で出かけた。途中の宿はシンルイやエンルイを頼っての巡業であった。

そのような浜に行ったときに、よく演じることがあったのが「カツオ釣り」という演目であった。鹿が背負うササラをカツオの釣竿に見立てた踊りで、一列に並んだササラがいっせいに地面をたたくばかりに、前にしなう様子が、船上のカツオ釣りに近似している芸能である（写3）。そのときに歌った唄は、次のようなものであった。

　鹿と付ければ頭を振る　ウサギと付けにゃ三人跳ね候　三人跳ね候

　一跳ね跳ねればキリギリス　続けや続け天の釣り舟　天の釣り舟

　さすかさに縞のロクロに駒かけて　押しつ押されつ駒の折り膝　駒の折り膝

それは、鹿踊に対する、現代のおざなりな美辞麗句を吹き飛ばすくらいの、芸能そのものがもっている力を伝える演目である。門付《かどつ》け芸が本来もっていた呪的な力といってもよいだろう。それは「民俗芸能」というレッテルをはられることで、ともすれば失いがちな力であった。

鹿踊は岩手県の「鬼剣舞《おにけんばい》」とともに、踊念仏の系統を組んだ「供養」の踊りである。鹿踊の「カツオ釣り」は、盆中の門付けで、唐桑などの漁家の庭先で踊られたものだった。盆中の門付けは、主に新仏の家を回ったもので、灯籠拝みのときに、高灯籠の上げ下ろしをするのは、鹿踊の「化け坊主」と呼ばれる道化の役割だったという。

盆のころのカツオ漁は、ちょうど、これから秋のデキヨウに入る時期であった。つまり、カツオがそれまでより深い海底を移動するために、活餌を撒いて、水面近くにおびき寄せなければならなくなる季節である。このことをデキヨウと呼んだ。「跳ねる」とか「天の釣り舟」などの、カツオのデキヨウ釣りを思い起こさせる縁起の良い言葉を入れた唄を選んで歌ったようである。

その秋のカツオ漁を前にして、盆に踊られる「カツオ釣り」は、一種の予祝芸にも相当するものであった。つまり、その後の大漁を招く踊りである。さらに、それと同時に、その時期までのカツオに対する供養の踊りであったことも考えられる。鹿踊そのものが、人間と生物の供養の踊りであったからである。盆中の、しかもカツオの盛漁期の予祝行事として全国的にも珍しい習俗である。

岩手県大船渡市のカツオ船では、出船前のお参りに金華山や五葉山に行ったときに、カシキがそれら聖地にいる鹿に食べさせるためのオニギリを作って、「鹿ーっ!、鹿ーっ!」と言いながら、参詣の折に鹿を呼び集めて食べさせたという(綾里・館下金太郎〈明治四十年生まれ〉談)。高知県土佐市宇佐のカツオ船でも、伊予の嘉島《かしま》(宇和島市)に船が近づくと、鹿が角とぎに来るからと言われ、カシキに鍋蓋を持たせて、踊りをさせたという(浜口徳吉〈大正十二年生まれ〉談)。今では、擬餌鉤や鹿踊を通した、カツオ漁と鹿との関わりも、たぐりよせることが難しい時代を迎えている。

擬似餌のいろいろ

カツオ船では、カツオが釣れ始めると先にバケ（擬似餌）を用い、釣れなくなると活餌を用いる。各地の擬似餌の材料や作り方を一覧してみると、まず、鹿児島県の枕崎では、バケは錫に動物（鹿・牛）の骨や貝殻類（夜光貝・アワビ）・角類（鹿・牛）・猫やシイラの皮・こうもり傘の骨などを鋳型《いがた》に入れた。角や骨は微妙な飴色になるのが望ましいとされた。それに、赤い毛や胡麻毛を付ける。バケによってはタマズメ（夕方）がいいのもあり、作り方によって微妙に違ったという（立石利治〈昭和十五年生まれ〉談）。

同県の坊津《ぼうのつ》では、カツオ漁の鉤はサメのヒレで磨き、バケは錫に鶏や薩摩鳥などの毛・ヒイヨ（シイラ）の皮・アワビ・巻貝の貝殻などを付けて作ったという（市之瀬昰《まさし》〈昭和十四年生まれ〉談）。

宮崎県日南市の大堂津では、ツノは一ヒロカタキもない長さのサオに使う擬餌鉤のことで、豚の骨・クジラの歯・鹿の角などを用い、別名ブタンゲとも呼ばれた。ツノにアワビを用いて目玉のように付け、海に入れるとカツオがエサと間違って、食いがいいともいう（金川寛〈昭和二年生まれ〉談）。

同県南郷町の栄松《さかえまつ》では、擬餌鉤のことは、シャモと呼ばれ、マエという鹿の角や牛の角に錫と鉛とを合わせ、それに鳥（鶏）の毛を付けたという（玉田和男〈昭和三年生まれ〉談）。

土佐のカブラ

高知県土佐清水市では、バケ（擬餌鉤）は猫の脚の骨を用いた。猫が死ぬと浜に埋《い》けるものであったが、その両足の骨を後で掘り返して手に入れた。そして、タバコの長さに二つか三つに切り、バケに用いる。他にも鳥の脚やキジ、タヌキも使うことがあった。土佐ではバケのことをカブラともいう。ツノは鹿の角のことであり、船頭しか使うことができない特権的なものだった。昭和六年（一九三一）に三重県の方か

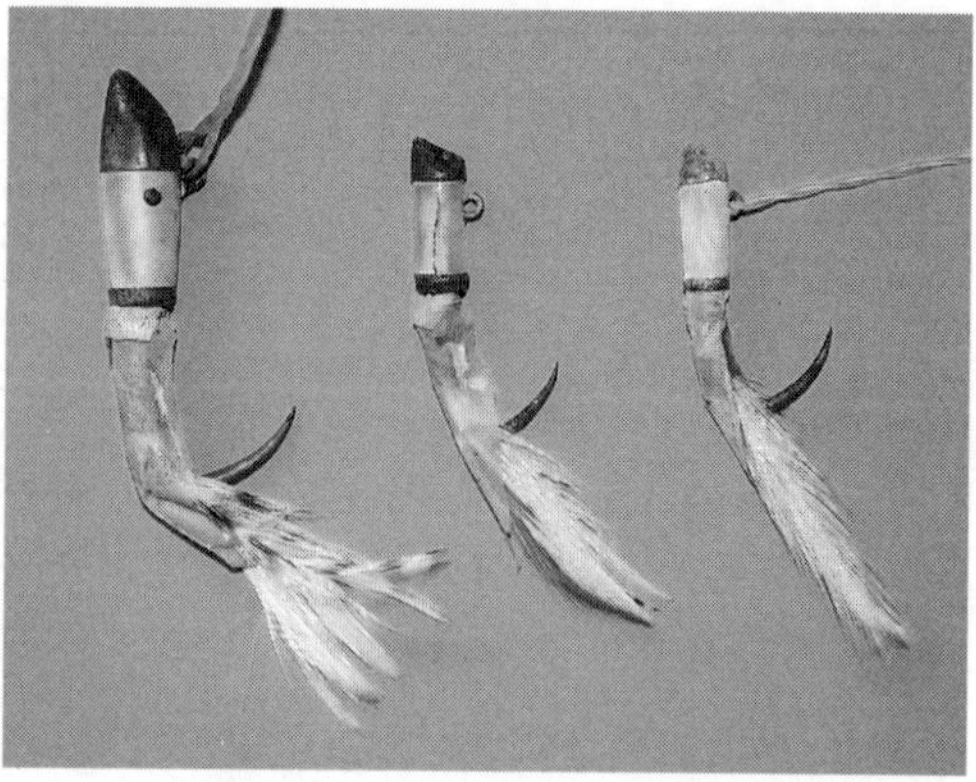

写4　バケ（擬餌鉤）（高知県土佐清水，2002.9.16）

ら伝わったという擬餌鉤は、ビコビコ動かすので「ビコ」とも呼ばれた（西川恵与市〈明治四十五年生まれ〉談、写4）。

同県奈半利町加領郷では、専門のエサ投げが「今こそ釣っちょれ！」などと言ってイワシを放り投げるが、釣る者はカブラ（擬似餌）で釣る。カブラには鹿の角・牛の角・山羊の角・猫の脚・カメの上顎・象牙などで作る。猫の脚は、死んでいる猫を河原などへ探しに行き、生臭く、油のあるのが良く、骨だけにして、きれいに干しておく。シイラの色が出て、カツオが好むという。雨の日は骨類、曇りの日は角類、日和の日は貝類（アワビ・アコヤ貝）が良く、どの天候の日でもよいのがクロムメッキで、鉛と錫を混ぜ入れ、それに鳥毛とハゲ（ウマヅラハギ）の皮を付けて、蛍光塗料を塗ったという（安岡重敏〈昭和三年生まれ〉談）。

同県東洋町甲浦《かんのうら》では、カブラは自分で作ったもので、砥石をノミで彫って鋳型を作ったという。それに鳥の毛を付け、さらにイノシシやシイラ・ハゲの皮を巻きつけた。猫の脚・クジラの歯・牛や鹿の角を用いるときもある。それらは、海に漬けると光ったり、色を変えたりするので、カツオを誘うことができた（竹林保〈大正九年生まれ〉談）。

徳島県の竹ヶ島（宍喰町）は、高知県に接するところにある島だから、土佐の漁師についての情報も多い。土佐では、カツオの疑似餌を作るために、猫を殺したという。殺した猫を赤土の中に埋めておき、骨ばかりになったときに取り出す。その骨は黄色に染まり、疑似餌として、エサイワシよりカツオが食うときがある。そのために、土佐には猫がいないとも言われたという（島崎正男〈昭和三年生まれ〉談）。

チンチョウとチッチ

紀伊半島に入ると、和歌山県の田辺市芳養《はや》では、擬餌鉤のことをチッチと呼んで、錫に鳥の毛だけを付けて用いた。三重県ではパイプと呼んでいたという（浜中十吉〈大正十一年生まれ〉談）。

カツオ漁では、先に活餌を投げるが、三重県尾鷲市古江のカツオ船でも、エサ投げはエサホリとも呼ばれ、イワシを上手に飼いつけた。「ヨイショ、ヨイショ！」とか、「そら待った、そら待った！」と言いながらエサを撒いた。釣り手が「食った！」と叫ぶと、チンチョウとチッチと呼ばれる疑似餌に替えて用いた。チンチョウとはクロムに鳥の毛とフグの皮を付けた疑似餌で、水面を引っぱるもので、チッチは錫に鳥の毛とフグの皮を付けた疑似餌で、水面を引っぱらずに踊らすものである。カツオが賢くなって食いが悪くなると、コヅノを用いる。コヅノは錫に角を付け、シャモの毛などを飾った疑似餌で、ヘノリがずっと所持している漁具である。それでも食いが悪いと、再び活餌に切り替えた（三重県熊野市二木島・浜戸楢夫〈昭和六年生まれ〉談）。古江では、擬餌鉤のことを、カツオコーチとかコーチとも言うが、これはクロムでメッキしたもので、それにトンビの羽根やコチョウガイや白鳥貝などの貝類、カバや水牛の牙、マッコウクジラの牙などを付けたものだという（大川広務〈大正十五年生まれ〉談）。

尾鷲市の須賀利《すがり》では、バケ（擬似餌）には、コツノとチンチョウがあった。コツノは、牛の角や鹿の角

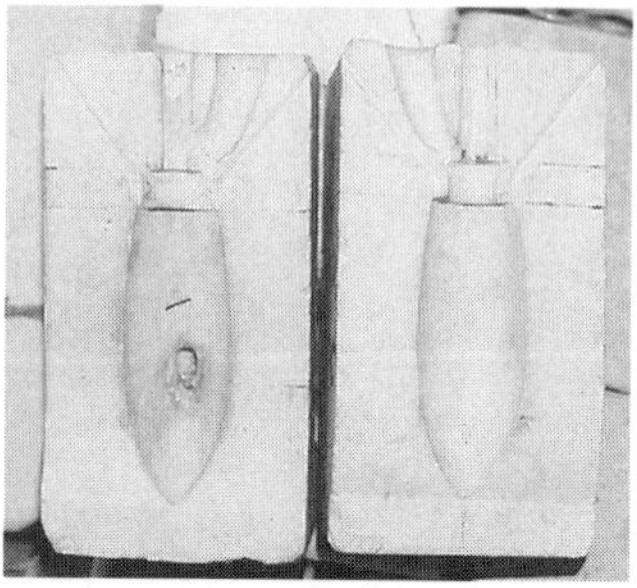

写5　擬似餌の鋳型（静岡県西伊豆町田子，2003.11.24）

にアワビの貝を入れ、その角にトンビの羽根の軸をかぶせて、ニワトリの毛を付けて用いた。チンチョウは、クロムメッキ（鉛と錫）に猫の皮やカワハギ・フグの皮を付けたものである。賢いカツオにはコツノを用いたが、コツノはヘノリが用い、ドウ（船の中央）の者たちは活餌を用いた。コツノは水面に「い」の字を書いて、カツオを誘い込んだ。エツキが良く、たくさん釣れるときは、チンチョウを使用する（浜正幸〈昭和六年生まれ〉談）。

南島町の慥柄《たしから》浦では、擬餌鉤は水牛の角や、マッコウクジラの歯を用いて自分で作った。クジラは宮城県の鮎川で手に入れた。水に入れると光が出てキラキラしてくるが、これを「ええ目が出る」と言ったという（小林俊一〈大正十一年生まれ〉談）。

静岡県の焼津地方では、鳥毛の擬餌鉤のことをシャグマと言った。この鳥の毛に、赤や桃色のメリンスのつぎ、フグやギッバギ（ギハギ）の皮などを用いた。これらの魚の皮は、水に漬かると透き通ったという（鈴木進〈大正二年生まれ〉・岩本熊太郎〈大正三年生まれ〉談）。

擬似餌はどこでも、鋳型を作って、それに金属を流して作るものである（写5）。静岡県西伊豆町の田子では、毛にはニワトリの首の回りの赤や白や茶色の毛を用い、メジなどの大きな魚を釣るときには赤い毛を多く用い、カツオに対しては白い毛を用いたという（山本佐一郎〈昭和五年生まれ〉談）。

カツオ漁の釣鉤は返しが付いていないことが特色であるが、それは短い時間に集中して数多くのカツオを捕らなければならないために、はずしやすくしているのが第一の理由である。

漁師の道具箱

三重県尾鷲市三木浦や静岡県の焼津地方では、個人が持つ道具箱や釣り道具箱、いわゆる「釣り箱」のことをチゲと呼び、このチゲの中には、ワッパ・カイベラ・コヅノ（擬餌鉤）などを入れた。海面を掻くカイベラは一人ずつ持ったが、カシキだけは大ベラで掻いた。コヅノにはジク（鳥の毛）が用いられたという（大門弥之助〈明治三十七年生まれ〉談）。

宮城県の大島（気仙沼市）では、カツオ船に持って行く物としては、瀬戸の御飯茶碗とオツユ（味噌汁）を入れる曲げワッパとお箸、個人が持つ漁具としてハヨウ（櫓にかける綱）とヘラゴ（水をかける道具）などがあった。他に、サオ竹二本、サクリ一つ、それから釣糸で、これは自分で麻をよって使用した。他に、蓑・ワッパ・赤椀・汁椀を持ち、ワッパにはタクワンや味噌を入れて乗り込み、下船時には、それにカツ団子などを入れて家に戻った。これらの諸道具は、入れられるものは皆、それぞれのカツフネ箱（写6）に入れて、乗船したという（村上清太郎〈明治二十六年生まれ〉談）。

写6　宮城県気仙沼市大島のカツフネ箱（大島開発総合センター，1993.11.5）

同県の唐桑町でも、カツオ船に乗るときに自分で用意する物は、カッパなどの上着にカツザオ、釣糸も麻をよって柿渋を引き、山糸を作って持っていった。他には、梅干・ナンバンミソ・香煎《こうせん》・豆炒《い》りなどの自分用の菓子も持ったという（気仙沼市松崎大萱・千葉章次郎〈大正十四年生まれ〉談）。

カツフネ箱は海箱とも呼ばれるが、裁縫箱も入れておいた。船では、擬餌鉤が失くなった悪夢をよく見るくらいに、これを使うことがあるために、必ず針と糸を用いて十個から二十個は擬餌鉤を作って海箱に入れておいたものだという（唐桑町中井・小山利喜男〈昭和五年生まれ〉談）。岩手県大船渡市三陸町や山田町では、この箱のことを「浜箱」とも言った。

すさみ・串本のカツオ曳き縄漁

カツオ一本釣りとともに伝統的な漁法は、曳き縄の漁法であり、この漁法でも疑似餌が活躍する。俗称ケンケン船は、和歌山県串本町田並の人がハワイで開発した漁法の一つであるという。隣町のすさみ町でも盛んで、毛鉤による曳き縄漁のことを指している。すさみでは、擬餌鉤に名古屋コーチンの毛と白鳥貝とを付けたものを用いている。コーチンの毛には、シングロ・フリムース・白毛などの多彩な色の毛を交えて用いた（写7）。

すさみ町平松の中村繁治翁（大正十年生まれ）によると、二月まではこの漁法でヨコワ・クロマグロ・ビンチョウなどを捕った後、それから五月まではカツオを捕っているという。

すさみ町にも帆船時代には、カツオの一本釣り漁があり、第二次大戦後の数年も機械船でカツオ一本釣り漁をしていた。繁治翁は七歳のときに、すさみ港の竣工式のお祝いに、ヒノキで作ったカツオを用いて、一本釣りの真似をしているのを見たことがあり、そのころが最盛期であったと思われる。道の脇で、そのような木のカツオを用いて実際の漁に備えての練習をしている光景も見たことがあるという。その後は個人の小さな船で曳き縄を用いて捕ることが多くなった。室戸沖の大正瀬が主なる漁場で、今では遠州灘に面した浜名湖入口の新居や舞阪が、その水揚げ漁港の東の果てである。

繁治翁は昭和三十年代後半の、四十三歳のころから十三年ほど、ケンケン（曳き縄船）でカツオを捕り

写9　カツオ曳き縄船でカツオの頭をたたく木槌（和歌山県串本町，2001.2.12）

写7　カツオの曳き縄漁に用いられる，名古屋コーチンの擬餌鉤（和歌山県すさみ町，2003.10.13）

写8　カツオの曳き縄船．操業のときは2本のケンケンザオが両舷に開く（和歌山県すさみ町，2003.10.13）

続けた人である。一人乗りの舟（写8）で秋には千葉や福島沖へ行き、銚子・久慈浜（茨城県）・小名浜・鮎川・大船渡まで港を歩いたが、五十五歳で県外への漁を止めている。

ナムラとの出会いは、一本釣り船と同様で、木ツキの場合には、その木の周りをカツオとともにケンケンも回って曳き縄を流した。カツオが釣れると、尾や頬ッパリをつかんで甲板にたたいて殺した。このことを「シメル」という。

繁治翁は、船に乗るときには必ず「オフナダマさん、大漁させてくれよ！」とか、「ツヤ！　大漁させてくれよ！」とか言いながら、乗船している。船の陰で積みっぱなしになっている魚を見つけたときにも、塩を振って清め、「ツヤ！　フナダマさん」と言いながら水で洗うこともしている。

同県の串本町も、串本節に「わしのしょらさん岬の沖で　浜にゆられてカツオ釣る」という歌詞があるように、以前には何艘かのカツオ一本釣り船があった。しかし、現在ではハネ釣り（一本釣り）を止めて、曳き縄漁を主としており、四・九トンクラスが十艘ある。費用は家一軒分かかるという。

串本町大島の東《ひがし》昇一氏（昭和四年生まれ）によると、ハネ釣りを止めたのは、エサ代が高くつくためだったという。三月から五月まで、今でも五〜六トンくらいの船に一人乗って、カツオの曳き縄漁をしている。カツオがナムラになるのは、五〜六月ころである。八〜九月までは、本マグロの仔を捕っている。

カツオは八ノット、シビ（マグロ）は五〜六ノットで動くが、釣糸もカツオ一〇メートル、シビ三〇メートルと長さが違う。それを船の両脇から出ている一〇メートルくらいの竿に、左右それぞれ三本の釣糸に疑似餌を付けて流す漁を続ける。疑似餌は牛の頭（角）や海松《みる》・真珠貝などで、イカのかたちに作るが、大漁を続けていると、「いいアタマ（牛の角）持っている」と言われて、その疑似餌を盗まれることがある。カツオの頭を木槌でたたく理由は、甲板で暴れて魚体を傷付ける前に殺すためだという（写9）。

銚子のカツオ曳き縄漁

太平洋岸でも千葉県の千倉《ちくら》町を過ぎると、茨城県の那珂湊《なかみなと》（ひたちなか市）までは、茨城県の波崎町などを除くと、カツオ一本釣り船の少ない地域である。一つの理由は、黒潮が八丈島から三宅島を通り銚子沖に出るが、犬吠埼の沖に潮目の壁があり、北上したカツオが北東の方へ曲ってしまうためだという。また、この沖は、イワシは捕れるが、海底が浅く、エサを活けて置くところがなく、生簀《いけす》ができない点も挙げられる。そのために、この地域は底曳き、巻網が発達した。

銚子市外川《とかわ》の田村勝夫氏（昭和六年生まれ）によると、カツオの曳き縄漁は、一〇トンのカツオ船を用いて家族が三〜四人乗って操業しているという。カツオが北上する二〜三月ころから六月までと、下りガツオの到来する十月からがその漁期で、いずれも日帰りの漁である。昔から疑似餌を使い、鳥の毛を用いた。銚子沖はナダとオキとに分かれ、ナダでは小型船の曳き縄漁、オキでは大型船の一本釣り漁が行なわれている。このナダの潮目に入ってくるカツオを捕っていたのが銚子の曳き縄漁である。

カツオ船の両脇に、一〇メートルくらいの竿（昔はモウソウダケ）を出し、左右それぞれに一五メートル・一二メートル・一〇メートルの、疑似餌を付けた釣糸を流し、船のトモからも三〜五メートルの釣糸を流して操業している。

カツオの群れは、トリムレとスナムラが八対二くらいの割合で発見できた。ハネムレとは、カツオが跳ねている群れのことを指している。ジンベエツキやクジラツキにも出会い、木の鍋蓋やシートなどの流れものに付く木ツキでも漁をしたという。群れの先端に行くほどカツオの食いがよいという。

同じ外川の田辺勝雄氏（昭和八年生まれ）も、カツオの群れの上にいるカツオドリなどの鳥を探したという。これらの鳥のことをツボドリとも言う。これらの群れの先頭で待っており、鶏やキジの羽根、赤いシャモの毛で作った擬餌鉤で捕った。

千葉県天津小湊《あまつこみなと》町天津の片山繁夫氏（昭和十八年生まれ）の場合は、擬餌鉤はアワビの殻・鼈甲亀・タカセガイ・ミミガイなどで作ったという。鹿の角や牛の角も用いたが、牛の場合は屠殺場へ行き、生きているうちに角を一本七百円で得てきた。一つのサイ（角）からは、二十個できるが、一年間に百個作って、釣れる擬餌鉤が一個でもあれば、良いほうであったという。

釣竿

竿竹を求めて

鹿児島県枕崎市のカツオ船では、釣竿はコサンダケやモウソウダケを用い、十月や十一月に伐ったものを売りに来た業者がいた。コサンダケはモト（根元）を使用するが、モウソウダケはウラ（末）の方を用いた。モウソウダケは、ウラの方だけでも丈夫で、ビンチョウマグロを釣るときにも用いている。買った竹竿は、シラスで磨いて油抜きをした後、縁の先に半年くらい置いておき、水分を抜かせたという（立石利治〈昭和十五年生まれ〉談）。この枕崎地方では、節と節の間の短い、主にコサンダケの方が用いられたが、大正初めころのサオの長さは三ヒロ五寸くらいであった。時代とともに、釣竿の長さは短めになっていったという（町頭幸内「鰹群を追って」一九）。

同県の坊津でも、竿竹は、中山や津貫《つぬき》（加世田市）などの農村地帯から坊泊へ専門に竹を十月ころに売りに来たという。その地方の竹は日当たりのよいところに育っているために節が短く、値段は物干し竿よりも高かった。その竹に白い電線テープを巻いて丈夫な竹竿に加工した。昔は木綿の白糸で巻いたこともあったという（市之瀬是〈昭和十四年生まれ〉談）。

愛媛県城辺町の深浦では、昭和五十年（一九七五）ころまでは、漁が終わり、勘定後の「切り上げ」の祝いもすむと、「トンネル掘り」などの「出働き」に行った。この出働きに行くまでに、船員が全員で竹藪に入り、一人十五本ずつ、およそ三百本ほどの竹を一日かけて伐ってきて、それを来年のカツオ漁の釣竿に用いたという（浜田伊佐夫〈昭和十二年生まれ〉談）。

高知県奈半利町加領郷では、サオは業者から買い、ハチクの三年ものを十本ずつ分けた。近在の竹藪からモウソウダケを伐って、個人で持つ者もいたという（安岡重敏〈昭和三年生まれ〉談）。

静岡県西伊豆町の田子では、十～十一月ころに、竹屋に頼んで、仁科や松崎の山の中から、一艘につき五百本くらい伐ってもらっておいた。その竹を馬車に積んできて、船主の倉庫に入れておき、出港前の冬の寒い日に、三本ずつ三カ所を強くしばっておき、一人十五本ずつ持って乗船した。マタケを十本、モウソウダケを十本用意したが、モウソウダケはメジなどの大きな魚を捕るときに使用した。釣竿のことをハネと呼ぶが、竹の弾力性を利用してカツオを釣るものであったという（山本佐一郎〈昭和五年生まれ〉談）。

写10　三重県のカツオ一本釣り漁師が釣竿に用いた宮城県気仙沼市滝の入大明神の竹藪（2002.3.25）

宮城県雄勝町の立浜では、「サオは自分持ち」と言われ、カツオ船には十本くらいを、自分の夜具・カッパ・長靴・トッパ（鉤）と共に用意した。サオは、船主の隣のカゴ屋で買い求めた。そのカゴ屋はカツオ船の「竿竹見のいい人」と言われ、町内の竹藪から伐ってきて、こしらえてから、一本五十円から百円で売った。それを、さらに漁師たちが沖で、火を入れて温めて熨《の》してから、こしらえ直したという（末永俊二郎〈大正十五年生まれ〉談）。

また、気仙沼市古町の「滝の入大明神」にある竹藪には、三重県のカツオ漁師が来て、唐竹を十五〜十六本伐り、物置きに一年間乾かしておいた。翌年に取りに来て、それを釣竿にしたが、ここの竹藪のことを三重県の漁師に教えてくれたのは、気仙沼の太田と呼ばれる歓楽街の姐さんたちであったという。彼女らが信仰して通った「滝の入大明神」に良い竹藪を発見したためである（鈴木佐夫〈大正四年生まれ〉談、写10）。唐桑町でも、タケノコの出る前の二月か八月に竹を伐っておくものとされ、日陰に一年くらい枯らしておくと、固さがちょうどよくなり、それを船の煙突の煙でためて、自分で作ったものだという（小山昭治郎〈昭和二年生まれ〉談）。

釣竿の種類

高知県室戸市奈良師のカツオ船では、最低五本の釣竿を持っていき、それは奈良師の浜や河原の広いところで、自分で作ったという。長サオは、①三ヒロ一尺・一本、②二ヒロ矢引き・二本、③二ヒロ半バ・一本持って乗船する。①はエサイワシを刺してゆっくりと釣るとき、②はケバリを用いてどんどん釣るとき（「矢引き」の長さは一ヒロの三分の二）、③はトンボなどカツオ以外の大きな魚を二人で釣るときなどに用いた。カツオは八百目（一貫＝三・五〜四キロ）のカツオが一番釣れるという。カツオ釣りを、丸太を用いて練習するときも、そのくらいの重さにした（川辺貞彦〈昭和四年生まれ〉談）。三陸沖の「仙台ガツオ」のことを「八百目カツオ」という言い方が土佐清水にも伝えられている（西川恵与市〈明治四十五年生まれ〉談）。

また、和歌山県那智勝浦町の宇久井の付近には竹藪が多く、田曽（三重県南勢町）からは毎年、ハネ（釣竿）にするためのモウソウダケやハチクを取りにきたことがあった。そのような機会などに少年たちが誘われて、三重県のカツオ船に乗ることが多かったという。モウソウダケはビンチョウに用い、ハチクはすんなりして節が短く、丈夫な上、弾力性があったために、カツオ漁に用いられたという（丸本正〈昭和四年生まれ〉談）。

写11　上：釣竿を並べたカツオ船（三重県志摩町和具の第二源吉丸，山本憲造氏所蔵）
下：カツオ船の上の釣竿（宮崎県日南市の第五十八恵漁丸，気仙沼港にて，2004.9.13）

三重県南島町阿曽浦のカツオ船では、サオ作りは自分たちで作り、一人で十二〜十三本を一週間くらいかけて作った。節の付いている竹に火をかざしてまっすぐにした後、テドコ（手で握るところ）にキレを巻いて、すべらないようにした。カツオが食いのいいときは一ヒロ半くらいの短いサオを使い、食わないときはエサを直接に付けた、三ヒロくらいの長いサオを用いたという（尾鷲市梶賀・小川司〈昭和九年生まれ〉談）。

同県海山《みやま》町の白浦《しろうら》では、サオはトンボ用のモウソウダケは四国から、カツオ用のハチクダケは鹿児島から取り寄せたという。ハチクダケはバネが強く、細くても力があり、別名ゴサンダケとも言った（広瀬鉄次〈昭和五年生まれ〉談）。

宮城県唐桑町の鮪立では、サオとコザオの二本を用い、サオの長さは四ヒロ一尺、コザオの長さは三ヒロあって、同時に使って上げたという（鈴木政蔵〈明治二十九年生まれ〉談）。

これらのサオを船内に並べておき、ナムラを見つけたら、すぐに手に取れるようにしておいた（写11）。

活餌を求めて

エサを捕る

沖縄県の伊良部《いらぶ》島佐良浜《さらはま》の南方カツオ漁を開いた第一世代の一人である武富金一翁（明治四十三年生まれ）によると、佐良浜沖では、カツオは面白いように釣れたという。この沖でのカツオの餌は、アカジャコやムギァと呼ばれる稚魚で、潜って網に追い込んで捕ったというから、沖縄のウミンチュ（海人）の伝統が生きている。

南方での餌はクロイワシで、餌の質が良いために、漁は楽であったという。昭和四十年代から始まったソロモン諸島のカツオ漁では、餌はキビナゴで、夜には松明を燃やしただけで集まってきた。流木にカツオが付くことは南方も同じで、「流木は宝物」と語られたという。

沖縄県座間味《ざまみ》島のカツオ漁は二月から九月のあいだ、海神祭はカツオの漁期が終わってから行なわれていた。沖縄のカツオ漁で最も困難を極めることはカツオの餌で、キビナゴやシラスを自分たちで捕ってからカツオの漁場へ向かわなければならなかったことである。

鶏がココロコーと鳴く午前四時ころに、カツオ船は出発して、座間味島の前の海に潜り、網に追い込んでザコ（餌）を捕り、それから発動機船で五〜六時間をかけて、カツオの付くソネまで行く。渡嘉敷《とかしき》島でも、カツオ船には朝の三時ころに起きて乗り、夜明けころに餌場の漁場に付き、バカジャコやキビナゴなどを、追い込み漁でサバニという磯舟に捕ってから、粟国《あぐに》島と久米島の間のカツオ漁場へと出かけた。

座間味島で昭和四十九年（一九七四）にカツオ漁を止めたのは、やはり餌の問題であったらしい。慶良《けら》間《ま》諸島の海を渡る船が多くなったせいか、餌魚がいなくなった。「ザコにのみ集まる白いカモメが一匹もいなくなった」ともいう。また、観光客のダイバーたちが珊瑚礁をすっかり壊してしまい、そこにザコが集まらなくなったからだと語る漁師もいる。

座間味島は今、マリンスポーツの島として観光開発をしようとしている。本来は座間味の漁師たちが潜り、カツオの餌になる魚を追い込んでいたのが、今は都会の若者たちが潜る海に変貌したのである。

エサ買い

以前は本州のカツオ船も、奄美や沖縄のカツオ船のように、自らエサを捕って漁場へ向かっていたが、

写12　イワシのイケスカゴ（宮城県気仙沼市大浦，1993.5.30）

近世にはカツオ漁とエサイワシ漁とに分かれ、エサ買いが生まれた。

三重県南勢町の田曽浦では、エサ買いは二人いて、船頭の親類などカツオ漁のベテランが当たったという。

三重県のカツオ船のエサ場としては、房総の館山などを基地としたが、エサ買いは腹巻に紙幣をいっぱい詰め込んで街中を闊歩していたために、館山の男の子たちは、皆、大きくなったらエサ買いになりたいと言っていたという（南島町阿曽浦・橋本吉平《よしひら》〈大正十年生まれ〉談）。

三陸沿岸もエサイワシの宝庫であったが、宮城県の気仙沼湾内で昭和初期まで二艘の船曳網で捕れていたイワシは、高さ四尺五～六寸くらいのイケスカゴに入れて活かしておいた（写12）。捕ったばかりのイワシをイケタデ、一週間くらいイケスカゴに入れておいたイワシをイケシメという。イケタデは生きのよいイワシであるが傷みやすく、イケシメより安かった。一カゴには七タモくらいのイワシが入るが、イケシメでも七タモのうち四タモは死んでしまうという。カツオ船は一艘につき五カゴくらい買っていくが、日帰りのカツオ漁ではイケタデを選び、三～四日かかるカツオ漁ではイケシメの方を持っていった。イワシ網ではタモトリという役の者が出てイワシを売り、カツオ船ではカゴヒキという役の者がそれを買ったという（気仙沼市小々汐・尾形栄七〈明治四十一年生まれ〉談）。

高知県でも、捕ったばかりのイワシのことを「粗イワシ」と呼び、最初はやはりイケス網に突き当たり、鼻づらをケガして、その部分が白く傷ができるという。この傷が快癒するまで五日くらいかかり、この傷が治ると、イワシ全体が生き生きしてくるという［西川、一八五頁］。

このカツオ船のエサ買いをおよそ三十年くらい担当していた、宮城県唐桑町欠浜の小山昭次郎氏（昭和二年生まれ）によると、イワシには、ドブイワシ・ヒライワシ・セゴと種類があり、ドブイワシは三匁以上の大きなイワシで、ビンチョウマグロの餌に、ヒライワシは一匁半から二匁までで、カツオに適したという。金華山沖では、この大きさのイワシがカツオに好まれたが、時期によって微妙に大きさが違った。三陸では数軒の仲買いを通してエサを買うが、館山から南では、エサ買いが直接に買い取る。また、三陸では「船ばかり」と言って船員が一等バケツでイワシを掬うが、バケツ一杯で五千円、南では餌屋（網主）がイワシを掬うために、バケツ一杯が三千円であった。イワシはバケツに海水も入れなければすぐ死んでしまうので、自分たちで掬う場合は、海水四分とイワシ六分の割合であり、網主が掬う場合は、海水七分とイワシ三分の割合であったという。エサ買いは生簀《いけす》を借りて、自分のカツオ船が戻るまでイワシを育てることも多く、化学餌料を毎朝一俵くらいずつ、バケツ八百杯分のイワシに与えた。体力のないエサイワシは赤道を越えると死んでしまうためである。イワシは生簀の中を回りながら、いっせいに顎を開いて白くなって食餌するので、水の中に花が咲いたように美しかったという。「エサ買い」は「エサ飼《か》い」でもあったのである。大漁になるかどうかは、活きが良く、船上で元気のよいイワシを買い求めるエサ買いにも責任があり、不漁のときは、エサ買いが陸《オカ》の神様の参詣を頼まれたりしたという。エサ買いは、同じ「漁師」と言っても背広を着て、大金を所有して全国を飛び回る気楽な仕事のように思われるが、実は非常に神経を使う、孤独な生業であった。

エサを撒く

宮崎県南郷町栄松では、エサ買いは長老、エサ投げは若い衆で、「投げちょけ！」と言われると、上手にイワシを投げたという（玉田和男〈昭和三年生まれ〉談）。同県日南市の大堂津では、エサ投げは手が大きく、エサを切らさない上手な人が多く、分け前は一・二人前もらったという（金川寛〈昭和二年生まれ〉談）。高知県土佐市宇佐では、船頭上がりの者がエサ投げをすることになっていた（浜口徳吉〈大正十二年生まれ〉談、写13）。

三重県南島町阿曽浦のカツオ船では、エサカイ（エサホリ）は、枕崎出身の人が上手であった。「ホラホラ〳〵！」と言いながら、タマを回しながら放る様子が美しかったという。エサカイ専門のお年よりの人が多く、下手な釣り方をすると、逆におこられたという（尾鷲市梶賀・小川司〈昭和九年生まれ〉談）。エサカイのカイとは「飼う」を意味している。東京都の神津《こうづ》島では、カツオのナムラを発見すると、船頭は「エサ飼え！　エサ飼え！」とエサを撒くことを促すという（前田吉郎〈大正十年生まれ〉談）。活餌を自由に扱う状態を捉えた言葉と思われる。イワシを「飼う」という、人間と自然との交わりの深い状態を通して、カツオの群れという自然そのものにぶつかっていくわけである。

同町礫浦《さざらうら》のカツオ船では、エサ投げはオモテ・ドウ・トモの三カ所で投げられる。オモテはカシキ上がりなどの若い衆、真ん中のドウでは役付きのベテランが、トモでは年寄りが投げた。サメツキの場合はオモテだけで投げて、ナムラを止めるのが上手とされた（福田仁郎〈大正八年生まれ〉談）。

静岡県賀茂村の安良里では、エサ投げのことをエサクレとも言った。エサになる活《い》きヨウ（魚）は一週間から十日をかけて竹籠で慣らし、中で丸く円を描くように泳ぐようになったものを用いた。エサを投げて、カツオの食いクチ（食べる様子）を見ることを「ヨフウ（魚風）を見る」と言い、元気のないカツオ

写13　上：エサ投げ（高知県土佐市宇佐・浜口徳吉氏所蔵，1969）．下：エサ桶

のことを「ヨフウの鈍いカツオ」とか「口《くち》がないカツオ」と称した。逆に食いの良いカツオのことを「口のあるカツオ」と呼んでいた（高木豊作〈明治三十一年生まれ〉談）。

岩手県大船渡市三陸町根白のカツオ船では、船頭がエサを撒くことがあったようで、カシキがイワシを入れたハチを船頭様へ持っていくと、船頭はそれを手で掬い、イワシの目だけをこすり落として投げた。カツオが食いやすいようにするためであるという（寺沢三郎〈大正二年生まれ〉談）。

なお、カツオ一本釣り用のエサ桶については、気仙沼市神山の桶大工、吉田雪治郎翁（明治三十七年生まれ）によると、大きめの桶は、直径一尺六寸に高さ五寸五分でタガを二本回したという（写13）。小さな方は、直径一尺一寸に高さは四寸五分であった。大正八〜九年ころのエサ桶の値段は、大で三十五銭、小で二十五銭したという。

このエサ桶は、船頭の顔を洗うことにも用い、それには朝早く、カシキが溶けた氷水をためておいたものだった。船頭が歯ブラシを口にくわえながら起きてくると、その手前に「どうぞ」と言ってさし出すのがカシキの仕事であった。褌を洗う桶には印を付けておき、これらと区別をしておいたという（唐桑町上小鯖の鈴木忠雄〈昭和十二年生まれ〉・気仙沼市北沢の熊谷光夫〈昭和六年生まれ〉談）。

餌声

カツオ船でエサイワシを撒くときに、エサナゲが出す声のことを「餌声《えごえ》」という。宮城県女川町出島《いづしま》の阿部勝治翁（明治四十年生まれ）が聞いた餌声は、「勘四郎オジ」と呼ばれていたお年寄りであったという。エサナゲは、カツオ釣りのあまり上手でないお年寄りがすることになっていた。「トーイ、トイトイ……」と始めて、「トシマのセグロ」とか「シライワシ」という言葉が入っていたという。同じ出島の植木惣蔵翁（明治四十二年生まれ）によると、イワシを投げるときに、「トット」や「トーヤ」と語る人がいるが、ナムラには声をかけて投げるもので、黙って投げてはいけないとされた。それは、カツオを活気づけるためだと伝えている。

福島県いわき市の豊間のカツオ船では、イワシを投げるときは「トアエートアエー」と呼びながら投げた。カツオが遠いときは「トアエー」と長く引くが、近くなると「トアエトアエ」と早口に呼んだ。これをやらぬと、カツオが勇まないので釣れなくなるともいう［岩崎、一三二頁］。

宮城県雄勝町の明神では、エサナゲは若い衆が担当し、「取った（カツオがエサに飛びついた）！　投げろ！」と声を上げて撒いた。食うカツオは、跳ね上がって飛び上がり、ニワトリの毛一つにも赤いキレにも、よだれをたらしながら食いつくという。エサ付きのいいカツオはナスビ色になり、エサを食わないカツオは青草色になるという（石巻市小竹浜・阿部菊夫〈大正五年生まれ〉談）。

岩手県陸前高田市広田町の泊でも、カツオは音が好きな魚であるから、イワシを撒くときには騒げば良いと教えられた。「ホウホウ、ナス南蛮の色になって来ぉ！」などと語ったという（志田高七〈明治三十七年生まれ〉談）。

同県大船渡市赤崎町蛸ノ浦のカツオ船でも、「カツオはやかましくしないと付いてこない」と言われ、ヤアヤアと賑やかにして、気負い出させるという（三陸町綾里・木下庄吉〈明治三十九年生まれ〉談）。蛸ノ浦の船では、「ほれ、太郎どん、このエサ見えないか！」とか、「ナス、ナンバンの色で来い！」と語ったという。「太郎どん」とは、カツオのことである（三陸町綾里・磯谷芳右衛門〈明治四十四年生まれ〉談）。

沖縄の池間島でもカツオのことをフーヤーガッチュウ（長男、坊ちゃん、大将の魚）と呼んで敬まっていたというから［野口、一二七頁］、同様の心持ちでカツオに呼びかけたものであろう。

カツオが、ナス色や南蛮色になることは、エサの食いが良く、大漁につながることでもあった。各地の餌声の詞章とその伝承地・伝承者は次のとおりである。

「ホイホイと呼ばうる声は七浦八浦九浦まで届くように。アズキ俵のヒョウ（俵）の口を切ったようなヨウ（魚）をくなはるように！」（岩手県大船渡市三陸町綾里・川原芳松〈明治四十四年生まれ〉）

「ホウホウ、ナス・ナンバンの赤くなってこぉ！」（同県陸前高田市広田町泊・志田高七〈明治三十七年生まれ〉）

「高いところは早馬《はやま》大権現、低いところは雲南、天神にお諏訪の明神、崎々には御崎の大明神、浦々

には弁天……」（宮城県唐桑町中・佐々木新吉〈明治三十七年生まれ〉）
「ホーッホッ！　ホーッホッ！　ホウホウという声を聞いたら遠く東南、七里八方から飛んだり跳ねたり。ゴワッと申せば四十八手の素手撒き。ホーッホッ！　ドウマリと申せばこの船一番の色男だ。ここを通らんで、どこを通る。ここは鹿島の曲がり角。ホーッホッ！」（同町神の倉・千葉冨嘉雄〈明治四十一年生まれ〉）
「ホウという声を聞いたら七里向こうから、ナス南蛮の色をして飛んだり跳ねたり、出はらせお侍さん。イワシと申せば、このダイナン沖の大真砂《まさご》、ツノと申せば大山カモシカのサイの生き角。沖うちのまんどう中、ここを通らんでどこを通る。いつまでも出ねば、尾ガマ持って引っぱり出すぞ」（同県気仙沼市小々汐・尾形栄七〈明治四十一年生まれ〉）
「アズキ俵のヒョウの口を切ったような」という表現も、「ナス南蛮の色」と同様に、カツオの赤みがかった色のことである。餌声に大漁への願いが込められている。
ところが、西日本の方では、おそらく東北地方の「餌声」と機能は同じくしていながら、もうすこし、おどけた言葉を語って撒いている。たとえば、土佐のエサ投げの例では、「釣った、釣った、ナガレを食うのは質屋の娘、はって悪いはオヤジの頭！」などと語ったという（徳島県海部町鞆浦・乃一大《のいちまさる》〈昭和十七年生まれ〉談）。

デキヨウ

岩手県大船渡市三陸町根白の寺沢三郎翁（大正二年生まれ）によると、カツオの釣りかたには三通りがあり、それはナムラ追い（ナムラ釣り）・ジンベエ釣り・デキヨウ釣りであった。エサを撒くときは、近道をしてナムラの先頭を迎え撃ち、その先頭に当ててから撒くようにした。ナムラの先頭で撒くと、動きが止まり、釣りやすくなるという。ジンベエ釣りはジンベエザメに付いたカツオ漁、デキヨウ釣りはダブ流しをして、活餌を一本ずつ撒きながら、カツオを水面に出す漁法であった。

気仙沼市本浜町の高野武男翁（明治三十三年生まれ）によると、ナムラには、普通のナムラとソコトーシナムラがあったという。普通のナムラに対しては、水面でカツオが遊んでいる様子のことを、ソバ畑のように白くなっているために、「アライ（焼畑）かけてた」と称した。八月になると、ナムラが離散してしまうために、ドウマワリが餌を投げ、カツオを水面に近づけた。これをデキヨウと呼んだ。この季節のナムラのことをソコトーシと呼び、カツオが秋になると底を通るための命名であり、ソコナムラともいう。このナムラは、カツオの腹がピカッと光って見えた。ソコトーシにも薄いソコトーシと厚いソコトーシがあり、厚い方は大ナムラで餌付きが良かった。「ほらケェ（食え）！　ホラケェ！」と言いながら撒いた。

岩手県釜石市の室浜のカツオ船では、九月二十日の大槌町安渡《あんど》の祭りが終わると、下りヨウ（戻りガツオ）の季節になる。このときには、エンジンを止めてから船を流し、カシキがマイワシ（シライワシ）を一本ずつ海に投じて、カツオが出てくるのを待った。イワシを投じるときは、目を抜いたもので、そのようにすると、イワシは底へ行かずに海面を泳ぐものだからという。カツオが海面に出てくると、「出た！」とか「飼いとった！」とか言い、このようなカツオのことをデキヨウと呼んだ。イワシを投げるときは、黙って投げないものと言われた（佐々春松〈明治四十四年生まれ〉談）。

このデキヨウのときは、ドウマワリが「デキヨウの御祈禱」を上げながら、イワシを一～二匹ずつ十～十五秒おきくらいに、海面に投げたというが、上鮪立の小松勝三郎翁（明治四十三年生まれ）の伝承では、次のような口上であった。

ホゥホゥという声を聞いては七ヶ七浦から飛んだり跳ねたりして来う！　イワシと申せばダイナン沖の大マサゴ、投げ手と申せば唐桑一の美男子、ゴワリガッパリ、セガナマス、ドンガリと申せばナマの都、ナマの都には十六、七の生娘がお侍来るかと待っている。

この口上で、「セガナマス」とはカツオの背ビレ付近のナマス（サシミ）のことで、一番先にフナダマに上げる部分である。「ナマ」とは魚槽、あるいはカツオの出す血のこと。「十六、七の生娘」とはオフナダマ様のこと、「お侍」とはカツオのことを指す。茨城県の那珂湊（ひたちなか市）では、カツオをオサムライと呼んでいる。

つまり、これも「餌声」と見なされるものであるが、カツオが沸き立つように釣れるときに、景気づけのように出てくるエサ投げの声のことであるとともに、「デキヨウの御祈禱」と呼ばれるように、一種の呪言に類したものでもあった。

つまり、これらの餌声は言葉によって神の加護を願い、言葉によって自然を変化させようとする、一種のまじないとも捉えられる。現在では、ほとんど風化してしまった伝承であるが、一昔前まではわらべ唄の中にも、同じ考え方が投影されていた。たとえば、気仙沼市大島では、カツカという小魚に呼びかける歌があった。「カツカのヨウ（魚）、カンマクラ、エバ（餌）コけっから（呉れるから）上がらんせ」（村上みよし媼〈明治三十五年生まれ〉という詞章で、このわらべ唄と餌声には通底するものがある。

エサ投げは、三陸の方ではカシキあがりの少年が行なったが、三重県のカツオ船では、船頭上がりの餌投げの上手な人が行なっている。エサ投げがカシキやドウマワリという、オフナダマに御飯を上げる年少者であったことが、三陸沿岸にこのような「デキヨウの御祈禱」（「餌声」）を生んだものとも思われる。

左舷釣りと右舷釣り

岩手県の昔のカツオ船では、ミヨシの幅が広ければ広いほど、ダンナ（船主）の羽振りが良かったという。船頭はこの黒ミヨシを見ながら、「拝みぎり」という上手な釣り方をした。カツオが後ろに飛んだときに、まっすぐにマストに沿って下りてくる釣り方で、そのために落下したカツオは、肉が砕け、血を吹いて、カツオ節にはならなかったという（大船渡市三陸町根白・寺沢三郎〈大正二年生まれ〉談）。このような釣り方をするのは、一種のデモンストレーションであった。他のカツオ船に対する見せどころでもあったわけで、カツオ船の華やかさは、このような面にも出ている。

鹿児島県の屋久島でも、カツオ船のオモテ（船首）は若い者で一番釣りの上手な者、ウワテ（トモの左舷側）は年功を経た一番上手な者が当たった。オモテとウワテは一番、目に付きやすく、他の船の者は、これを見て釣り方の批判をするので、二人の釣り方によって船の漁の上手下手の基準にされたためだという［宮本、八一頁］。このオモテとウワテという場所は、どの船でもカツオが一番釣れるところであり、東北地方ではオモテにオフナダマが祀られ、三重県ではウワテにオフナダマへの膳を供える箇所がある。ところで、三重県では、カツオを釣ると小脇にはさむが、三陸の場合は左手の上にカツオを乗せ、ホッケ（頬）を手の中でつぶして釣針をはずしたという（三陸町綾里・磯谷芳右衛門〈明治四十四年生まれ〉談）。しかし、カツオは大きくなればなるほど、抱いたほうが楽だという（女川町出島・須田政雄〈昭和二年生まれ〉談）。静岡県の御前崎町でもカツオを左脇の下に抱えるが、カツオの腹が上になるように抱く。その理由は指で腹をつかまえると、つぶれてしまうので、カツオを逆さに抱き、頬けたを指でつかむという（吉村清〈大正十四年生まれ〉談）。カツオを抱いて捕る理由は、ほとんどが節《ふし》に加工するためである。

和歌山県田辺市芳養《はや》の浜中十吉翁（大正十一年生まれ）によると、カツオを釣るのは、船のトリカジか

写14　上：カツオの左舷釣り（三重県尾鷲市古江の第11政宝丸・大川文左衛門氏所蔵）．下：サメツキで右舷釣りをする第八海王丸（三重県志摩町和具の山本憲造氏所蔵）

らだけで、船が前へ動いているために、右手にサオを持って左脇の下にカツオを抱く所作には楽であり、右ききの者がオモカジで釣ると半分しか釣れなかったという。サメツキだけは両舷で釣った。

三重県志摩町和具の山本憲造氏（昭和五年生まれ）によると、三重県の船は左舷釣りであるが、静岡県の御前崎の船は右舷釣りであったという。おそらく、御前崎の船は瀬付きのカツオを専門に釣ったために、操業中に船を動かす必要がなかったためではないかと語っている。船が微速で前進するときは、サオを右手で持ち、左脇の下にカツオを抱えた当時のカツオ船では、左舷釣りの方が釣りやすかったためである。船の動くことのないジンベエ釣りの場合だけは、左舷釣りのカツオ釣りも右舷で釣ったという（写14）。

静岡県戸田《へた》村では、昭和二十五年（一九五〇）ころの九五トン型木造漁船の場合、カツオ一本釣り専用船はオモカジ（右舷）釣り、マグロ延縄兼用船はトリカジ（左舷）釣りだったという（戸田村立造船郷土資料博物館展示説明）。

左舷釣りでも右舷釣りでも、船端の一方に並ぶ理由は、釣る側の船の背が低ければ低いほど釣りやすいためである。なお、沖縄と東南アジアのマルク海とインド洋のモルディブ島の三地域では、すべての釣り手がトモ（船尾）側に並ぶという［北窓、一九三頁］。

活餌釣り

エサイワシを投げ、ナムラを船に寄せることができ、擬餌鉤でカツオを釣り上げ、ある程度時間が経つとカツオの食いが悪くなる。そのようなときには活餌を直接鉤にかけて釣る。カツオの釣鉤の特色は、釣ったときにはずしやすいように「返し」が付いていないことであるが、イワシを直接かけるときは、カマ（鰓《えら》）や鼻に鉤をかけて釣る。カマがけは、イワシが潜って行くので食いが良く、鼻がけは水面を泳がせて釣るときに用いたという（鹿児島県枕崎市・下園利夫〈昭和四年生まれ〉談）。

岩手県大船渡市赤崎町の蛸ノ浦のカツオ船では、そのときの状況によって、右舷でも左舷でも釣り、このことを「ナムラ合わせる」と言った。右舷釣りの場合は、イワシの左側のホッケ（頬）に釣針をかけ、左舷釣りの場合は、イワシの右側のホッケに釣針をかけたという（三陸町綾里・磯谷芳右衛門〈明治四十四年生まれ〉談）。

宮城県雄勝町分浜では、エサイワシは、マキヨウ（撒き魚）とサシヨウ（刺し魚）とを別にした。サシヨウは実際に釣鉤に刺す、元気なイワシのことを指している（志津川町・後藤彦四郎〈明治三十八年生まれ〉談）。実際に活餌を使って釣るときには、カタクチイワシはエラのところに釣針をかけ、マイワシ（ヒラゴイワシ）は鼻やアギのところに釣鉤をかけるという（尾鷲市梶賀・小川司〈昭和九年生まれ〉談）。静岡県賀茂村の安良里でも、マルイワシ（カタクチイワシ）は口を開くのでカタガケ、ヒラメイワシ（マイワシ）は鼻にかけて釣った。イワシを海底へ泳がせたいときは胸板にかけたという（長谷川一《はじめ》［大正三年生まれ］談）。

寄せ船のしきたり

ナムラを得て一本釣りの操業をしている船に近づき、同じナムラで漁をすることは、全国的にも「寄せ船」と呼んで許されていたが、これには様々なしきたりがあった。

たとえば、『海村生活の研究』（一九四九年）には「漁場の割当と同じく人々の競争をさける趣旨で、一つの獲物目がけて多くの舟が寄つた場合の作法についても定めがある」と述べ、「宮城県大島村（現気仙沼市）では他船が鰹を釣つてゐるのを見付け寄せて来るヨセ船の時先に釣つてゐる者の邪魔にならぬ様決してオモテには廻らない。岩手県越喜来村（現大船渡市）では先づ鰹を見付けた船が発見の印にタモを挙げると、この舟が道具を出さぬ間に他の舟も道具を出すことが出来ない」［柳田、一九～二〇頁］という。茨城県の那珂湊のカツオ船でも、寄せ船は後ろに付けるものだという〈ひたちなか市・雨沢長蔵〈大正十三年生まれ〉談〉。また、ひたちなか市磯崎の飛田弘氏（昭和八年生まれ）の話では、サメツキやクジラツキのナムラの場合は、寄せ船をしないものだという。

また、土佐のカツオ船では、「一番船の釣っている左舷はけっして通ってはいけない」と言われた。静岡船を除き、ほとんどのカツオ船は左舷釣りだからである。また、二番船（寄せ船）は、釣っている一番船の右舷から近づき、舳先の線上に船を止めて操業を行なうという。右舷釣りの静岡船と出会った場合は、双方共に寄せ船はしなかったそうである［西川、二八七頁］。その静岡船でも、カツオを釣っているカイシタ側には「寄せ船」をしなかったという（御前崎町・吉村清［大正十四年生まれ」談）。

以上のような、船同士のしきたりは、共有的な利用が資源獲得競争を激化させ、結局はカツオの群れという資源の枯渇をまねくことをおさえる効果もあった。つまり、資源を持続的に利用するための、一種の資源管理としても説明でき得る。

技術移動と交流

三陸に来た三重のカツオ船

三重県の漁村に初めて足を踏み入れたのは、尾鷲湾の東の須賀利《すがり》で、一九八八年の十一月のことだった。尾鷲駅に降り立ち、須賀利へ行くために、連絡船の桟橋までまっすぐに歩くと、すぐに船が出る様子であ

写15　贄湾の湾奥で、背後に山が迫る三重県南島町の慥柄浦（01・7・22）

り、船の中から私を見た人が手招きしたので、ほとんど転がり込むようにして乗船した。十人ほどがようやく乗れるくらいの小さな船であり、一番後ろの席に膝を付き合せるようにして腰をかけた。しぶきの上がる船の窓から見た初めての尾鷲の町は、後ろに高い山々を背負っていた。

二十分くらいで到着した須賀利も、小高い山の斜面に沿って階段状に集落が形成された、典型的なリアス式海岸の漁村であった。三陸沿岸から到来した私は、故郷とすこぶる似た風景に、驚きと安堵感とを同時に感じていた。それが紀伊半島との初めての出会いである。

カツオも、この山の影が映る同じ風景を求めて動き、それを追った紀州の漁師たちも近世から北上してきた。三陸沿岸を見た彼らも、同じように驚き、同じように安堵感を得て、末には定着する者もあらわれたのも、この風景のせいではなかったのかと思われた。

須賀利では明治四十四年（一九一一）に動力船が導入され、大正八〜九年ころには、焼玉の十二馬力の船で初めて三陸沖のカツオ漁に乗り出した。須賀利のカツオ船は、主に宮城県の石巻港に停泊したというが、尾鷲の三木浦や古江という漁村のカツオ船は、同県の気仙沼港に停泊したという。三重県のカツオ船で、初めて気仙沼ま

写16　潮岬会合が行なわれていた潮御崎神社（和歌山県串本町、00・5・5）

で足を伸ばしたのは、南勢町の宿田曽《しゆくたそ》（宿浦と田曽浦を合わせてそう言われる）の船だと伝えられている。

岩手県大船渡市三陸町綾里の磯谷芳右衛門翁（明治四十四年生まれ）によると、翁が小学生のころに、すでに三重県のカツオ船が来ていたという。子供のころに、綾里湾の灯台のある殿見島まで泳いで行き、三重県の和具・浜島・引本・三木浦などのカツオ船を確認したことがあったそうである。

南島町慥柄浦《たしからうら》の小林俊一翁（大正十一年生まれ）は、十四歳のときに、慥柄浦の動力船共福丸・七十馬力二〇～三〇トン前後のカツオ船に乗船した。慥柄浦には、当時、四艘のカツオ船があったという。慥柄浦（写15）は漁業権が狭く、外へ出るしかなかった漁村であり、船を大型化した。明治四十年（一九〇七）には、三重県で初めての石油発動機船慥柄丸が新造されたという。

近世の紀伊半島においても、漁村の地理的な性格が、遠くカツオの漁場を開拓した場合があった。

潮岬会合と他国出漁

和歌山県新宮市の三輪崎《みわざき》は、三陸沿岸の漁業史において特記すべき地名である。宮城県唐桑町鮪立の鈴木家の古文書は、宇野修平が

『陸前唐桑の史料』（日本常民文化研究所、一九五五年）として編纂しているが、延宝三年（一六七五）に、紀州の漁師たちが唐桑にカツオの溜釣り法を伝えた一件の文書がある。

イワシを漁場まで運び、カツオの群れにあたるとイワシを撒いてカツオを釣る「溜め釣り」は、その後、三陸沿岸に本格的なカツオ漁が始まる機縁になった。その紀州の漁師たちの中に「紀州三輪崎幾左衛門」の名が見えるのである。

新宮市より南の古座町から潮岬《しおのみさき》を経て、西牟婁《むろ》郡のすさみ町にかけては、中世から近世にかけて潮岬会合という漁師たちの組織があった。この十八カ浦を含む会合は、カツオの独占的な漁獲を図ったものであり、他浦からの侵漁防止と共に会合内の操業秩序や制限なども規定した。潮岬会合は、正月・三月・五月各月の十八日に潮御崎《しおのみさき》神社に集まって漁業上の申し合わせをしたが、この神社の神主潮岬氏は熊野本宮の家筋であり、この神社は潮岬会合の精神的な紐帯となった（写16）。紀州の漁師たちが「みさき」と呼ぶのはこの潮岬のことである。たとえば、その申し合わせには次のようなものがあった。

其申合ヲ聞クニ鰹ノ餌鰯ヲ岬ニ於テ捕獲スルハ順番ヲ以テス　先一番ニ漕付タル船ヲ一番トシ夫ヨリ順番ヲ追テ之ニ續キ餌魚ヲ捕ル後番ノ獲ル餌ナキトキハ各船ヨリ分チテ之ヲ與フトイヘトモ其後番ニアラサル船ニシテ若シ餌ヲ採取スルコト能ハサルモノアルモ之ニハ與フルコトナシ　之ヲ履行スルハ陰暦三月三日ヨリ五月五日迄トス　其期限中餌料ハ鰯ニ限リテ「なご」ヲ用ヰルヲ許サス　其なごを餌トスルトキハ鰹ノ腹部破裂シテ再ヒ漁事ナキニ至ル之ヲ御崎ノ神ノ心ナリト唱ヘテ犯スモノナシ
［農林省水産局、一六七頁］

カツオのエサの、捕獲の順番や漁期の規定、エサの種類に至って、潮御崎の神のもとに契約をしていたことがわかる。

ところが、紀州新宮領では、三輪崎以下七カ浦（三輪崎・宇久井・勝浦・森浦・太地・下里・浦神）が三輪崎会合を組織したが、漁場を求めて南の潮岬周辺に行くこともかなわず、浦々で絶えず競合しながら北へ北へとカツオの漁場を開拓していったものと思われる。千葉県の勝浦が那智の勝浦から渡ってきた漁師によって開拓されたように、三陸のカツオ漁も、三輪崎の漁師によって本格的な漁業として成立したわけであった。

唐桑の鈴木家文書から

前述した『陸前唐桑の史料』の基礎資料となった鈴木家文書は、後に竹内利美が「三百余年前にさかのぼる辺地漁浦への新漁法の伝播と漁民の対応姿勢、そして媒介者としての紀州漁民の役割を、かくも仔細に伝える証跡は容易には得がたい」［竹内、一一六頁］と述べている近世文書である。それは、次のような古文書に記されている。

乍恐書物を以申上候

一　紀州様御百姓共つりためニ罷下候を五艘御村之手習ニ為致申度存候所、御村之ささわりニ罷成候故、連判を以申上候御村之衆、つりため之まねひ仕、桶を立かつほ釣上申候、是程御村之御重寶と存候所ニ、肝煎十兵衛十左衛門両人之連状を以て申上、御百姓相禿申候事御披露仕候、此者共連判之様子御尋被成下候。我等共御村之くつろぎと申上候品々ハ、先月廿二日より鰹釣出シ、此月八日迄釣ため之者共釣参候、我等手前舟も壱人ニ付而金壱両ヅツ取申候を、連判の者共こらいかねこか□相立、今七日より八日迄釣参候、何方の濱ニても鰹猟不仕候ニ、からくわ村ニて計釣参候へハ、ささわりと申上候事いつわりニ御座候間、五艘之者共指置見習猟をも為致申度候、以上

延寳三年六月九日　　　　からくわ村　　勘右衛門

同　　　　孫右衛門

大石□右衛門殿

大津仁右衛門殿

［宇野、一七七頁］

この鈴木家文書からは、鈴木家の当時の当主、勘右衛門の意図的な技術移動が、簡単には村人に受け入れられなかったことが理解される。文書中、「つりため」とはエサイワシを撒いてカツオを集めて釣る方法を指している。「桶を立」の桶とは、エサ桶のことである。「こか□相立」の「こか」も、コガのことであると思われる。

もう一つの文書も読んでみよう。

此度紀伊國ためつり舟貳艘抱、宿仕候ニ付、御村ささわり之由肝煎十兵衛御訴訟申上候ニ付、御尋ニ御座候間品々申上候御事

一　鰹猟貳拾ヶ年余此方ニ而不仕候處ニ、此村小舘之勘右衛門ためつりよび下シ、ならい申候得者勝手能御座候間、拙者も相望申所ニ、ためつり之舟貳艘参候間、宿仕候、此年計指置申候て、子共ニ為、舞根濱不叶御百姓御座候間、猟をも為仕度存差置申候事

一　鰹猟前代春夏釣申義此方之猟師不存所ニ、此紀伊之國之者共遠海之めぬけ取申所迄乗出シ釣参候得者、御村ささわりニ無御座候得共、そねみを以やらい申義と奉存候御事

一　ためつり紀伊之國より関東者不及申ニ相□迄も濱々ニ罷有釣申所ニ、御國中ニ御法度之義存不申宿仕候故、御村中之いたミニ罷成候由、御穿鑿ニ御座候間品々申上候、ぼうけと申網を以いわし取、いけすニ仕、朝毎いきいわしを□□へ入持参仕ゐさニいたし、つり参候、拙者所ニ居申舟日々貳百三百宛釣参候得者、此處濱方之猟師少も釣不申候、此つりため之者共ハ勝手格別□仕義ニ御座候間、

此年計拙者所ニ被指置、子共ニならわせ末代之重法ニ被成下候様ニ被仰上奉頼申候事……〔宇野、一八〇頁〕

この文書で注意されることは、「ためつり」の漁法を、初めは「子共（供）」や「不叶《かなわず》御百姓」によって習わせたことである。「不叶御百姓」とは、名子や水呑や門前と呼ばれる人と思われる。子どももそうであるが、成人した百姓の周縁の人々によって、新しい漁業技術が開発されたわけであった。また、「ぼうけと申網」（棒受網）などの、イワシを捕る漁法も新しく開発されたことも、この文書から読み取れる。

牡鹿半島のカツオ漁

このように、近世のなかばに、紀州の漁民たちによって、カツオ漁の新しい漁法が定着していったのは、気仙沼地方だけではなかった。ちょうど同じころに、牡鹿半島の付近でも、紀州の漁民たちが、沿岸の漁師たちを、おびやかし始めていた。

「狐崎平塚家文書」（石巻文化センター蔵）には、次のようなことが記されている。

一、喜兵衛鯨舟計ニも無是鰹釣漁舟迄仕立遠嶋中障ニ罷成候、惣而釣海舟参候得者御国猟師障之段去年書物を以品々申上候へ者尤ニ被召置、他国釣海舟之相払難有奉存候故、乍去喜兵衛・徳左衛門舟計御合判を被指置候段被仰付候間障ニハ奉存候得共、従御公儀様被仰付候へ者無是非罷有候、釣海舟ト申ハ成程はや舟作りニて船壱艘ニ水手拾四五人宛乗、ろ壱丁ニ弐人かかりニ而方々押廻いわし被取申候、且又沖合ニいわし無是節ハほうけあミト申物ニてゐさいわし何方之浦ニても勝手次第ニとり、飯米沢山ニ積入遠海へ罷出鰹釣申ニゟ中海ニ而被釣留鰹岸へ寄兼申、浜方無猟仕候、御国猟ハ船ハ舟壱艘ニ水手拾人宛乗出申内少成共田畑之弄并御郡役等相勤申候へ者、一日ニ弐人三人宛乗替リ近海へ寄申鰹待居猟仕候処ニ、釣漁舟方々出しめくり鰹釣取申候得者、浜中障ニ罷成御事、其外品々御尋ニ御座候ハヽ口上ニ而申上度奉存候〔石巻市、二七五頁〕

この文書は、延宝五年（一六七七）に遠島（牡鹿半島）中の肝入四十四名と大肝入三名とが、仙台藩に提出した訴訟文書であるが、ここからは、近世のカツオ漁をめぐって、さまざまなことが読みとれる。たとえば、喜兵衛は紀州の漁師であるが、捕鯨ばかりでなく、カツオ漁やそのときに用いる餌としてイワシ漁も棒受網で行なっている。牡鹿の浜々では、当時「一日ニ弐人三人宛乗替リ近海へ寄申鰹待居猟仕候」と記されているように、浜に寄り来るカツオを捕っていたにすぎない。それを、紀州の漁師が来て、沖で捕ってしまうために、「鰹岸へ寄兼申、浜方無猟仕候」という事態が発生したのである。

この訴訟が、どのような結末を迎えることになったかは具体的には不明であるが、エサイワシを用いる漁法が確実に地元の漁師に受容されていったことは疑いないだろうと思われる。

定住したカツオ漁師

三陸沿岸に紀州の「ためつり」漁法が定着した後も、多くの人間が紀州からカツオ漁を通して、三陸に到来し、末には、そのまま定着する者も現われた。たとえば、気仙沼市大島に残る小山家文書のうち、元禄四年（一六九一）の「彌次衛門組先祖書上ケ覚」には、小山家の「借屋」に住む四名の者が、自分の出自や親たちについて、次のように述べている。

借屋の二平太は、「元来紀州の者ニ御座候所ニ、五六年以前御國へ鰹猟ニ罷下り所々ニ罷有去年中ゟ借屋ニ罷有申候。然所ニ、右二平太月初石之巻へこぎ昇ニ而、罷越居不申候ニ付、先祖名不相知不申候」とある。

また、借屋の傳吉・門次郎の親、弥衛門については「元来親弥ヱ門紀州ひたかの郡いなミノ者ニ御座候。拙者幼少之時父母ニ別先祖名本覺不申候。尤拙者代ニ當地へ罷越候」とある。次の六郎左ヱ門の親、七郎兵衛も「元来紀州ひたかの郡いなミの者ニ御座候。拙者代當地へ罷越候」とある。つまり、これら二人の者は、紀州の日高郡の印南《いなみ》から渡ってきたことが記されている。

大島の小山家も、近世の中ごろから、カツオ漁を経営してきたことから考えると、これら二人の者も、最初の二平太同様に、最初はカツオ漁のために三陸まで到来したことが十分に考えられる。印南は、土佐にカツオ漁法を伝えた土地でもある。

「小商船」としてのカツオ船

宮城県の気仙沼地方では、一昔前まで、子どもがオモチャや漫画の本を大人にねだったときには、必ず「ジョウキ来っから」と言われて慰められたものだという。「下駄を買ってけろ」と言えば、「ジョウキが忘れてきた」と、大人から返答されもしたのである。

この場合のジョウキとは蒸気船のことであったが、大正時代に入り、鉄道などの陸上交通が中心になって、とうにこの船が来ることがなくなっても、物資は海のかなたから来るものと、知らず知らず口癖のように残っていた語り口であったものらしい。いわば、廻船時代の面影をとどめていた言葉であった。

しかし、北前船やベザイ船や千石船と称される船だけが、廻船の役割をはたしていたものではないだろう。この点を、田島佳也の「近世紀州漁法の展開」(一九九二年)に従って、述べておきたい。

まず、志摩半島では、天保期(一八三〇～四三年)に、カツオ船が御城の米運搬船にも転用されたという[中田・高田、四一頁]。また、早くに、天和元年(一六八一)の、南部藩からの宮古浦や釜石浦への通達には、「小商船と申は、當代之釣溜船之事也、夏之内、鰹漁仕候へば拾石に鰹節四連之定め」とあり、他領からのカツオ船は「小商船」ともいわれ、上方や関東の物資を積載してきて売買にもあたっていたことが記されている［釜石市誌編纂委員会、六一頁］。

近世期における他国出漁の漁船自体も、一種類の漁だけをしていたわけではない。たとえば、前述した「狐崎平塚家文書」によると、延宝五年（一六七七）に金華山沖で操業していた紀州のカツオ船は、カツオ漁だけでなく、撒き餌にするイワシ漁にも、突き取り法による捕鯨にも使用されていた［石巻市、二七四—二七五頁］。

この延宝五年は、唐桑では二年前に紀州の漁師によって導入されたカツオの「溜め釣り」法を定着させるべく新造船が作られた年である。同じ年には、大槌では房州の銚子のカツオ船が来て、「鰹釣望候につき証文を与える」ということがあった［大槌町漁業史編纂委員会、二七九頁］。三陸沿岸が他国の漁船によって、新技術の揺さぶりをかけられていた時代であった。

現代の各地のカツオ船でも、同じ船が秋にはサンマ船にもなり、冬にはマグロの延縄船にも切り替えられている。同じように、戦後すぐのころまでは、カツオ船がかつての廻船の役割も演じていた。そのカツオ船が、物資だけでなく、海や船の信仰や伝承までも運んだことは、語るまでもない。

阿曽浦のカツオ船

三重県南島町の阿曽浦は、昭和三十年（一九五五）に真珠の養殖を始めるまで、カツオ船の基地の一つであったところである。

この阿曽浦には、約五十人乗りの一〇〇トンの船が六艘（盛勝丸・幸福丸・拓洋丸・盛勇丸・海洋丸・報

写17　田畑の少ない阿曽浦の航空写真（熊野灘漁協阿曽浦支部所蔵）

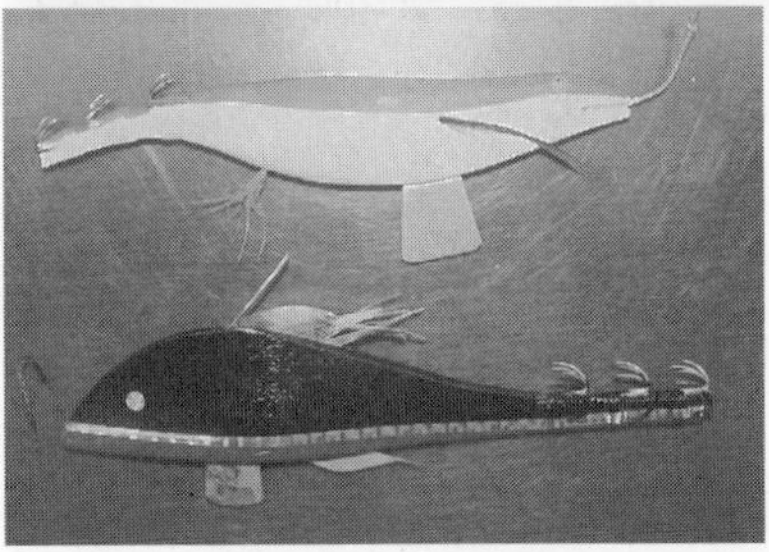

写18　アオリイカ漁に用いるイヨガタ．以前は材料の桐の板を阿曽浦のカツオ船が気仙沼から運んだ（2004.5.10）

徳丸）あった。三月の鹿児島沖から始まって、六月の終わりか七月に三陸沖に入り、十月終わりまでそこで操業した。十月三十日の、阿曽浦小学校の運動会までには帰港することになっていたという。

阿曽浦の橋本吉平《よしひら》翁（大正十年生まれ）は、昭和十一年（一九三六）の十五歳のころから、昭和三十年（一九五五）まで、阿曽浦のカツオ船に乗船していた。カシキになってから、初めてカツオを釣り上げたときは、サガツオ祝いといって、船内でボタ餅を作って、祝ってもらったという。吉平翁の場合は、宮城県の気仙沼港でサガツオ祝いをしてもらった。

気仙沼は第二の母港と同じだと、阿曽浦の漁師さんたちは、誰でも口をそろえて語っている。操業が終わって気仙沼から故郷に帰るときは、なじみの女性たちが大勢、色の付いた紙テープを持って見送りにきたものだという。もてる船ほど見送り客が多く、他の土地の船と争った。阿曽浦は昔から金使いが荒かったために、大勢の女性たちが岸にひしめきあったという。

三重県の漁師たちは、気仙沼の太田、女川の北伊勢、石巻の南地《なんち》などの歓楽街によく行き、昭和十年代から二十年代は太田で、三円五十銭で朝まで泊ることができたという（南島町慥柄浦・小林俊一〈大正十一年生まれ〉談）。太田は坂道に沿った歓楽街であったが、気仙沼港に入港して、どんなに疲れていても、その坂道を元気に登っていったものだという（南勢町礫浦・福田仁郎〈大正八年生まれ〉談）。

土産は米やナシ・リンゴ、桐下駄などがあった。田畑がなきに等しい阿曽浦（写17）では、米が一番のお土産だった。果物もミカンと柿しかなかった浦である。また、桐の板も気仙沼から買ってきて、これで十月からのアオリイカの漁に用いるイヨガタを作った。イヨガタとは、古くから漁師のあいだで「幻のイカツノ」と呼ばれてきた餌木のことであり、エビガタとヒラガタがあった（写18）。

阿曽浦小学校の運動会までに、これらの物資を運んだのが、カツオ船であった。漁船が廻船の役割を十分に果たしていたわけである。

これらのことは、漁船の水揚げ量などを記した行政資料の類からは、とうてい浮かびあがることのない事実である。それらの資料を机の上で眺めているだけでは、生き生きとした歴史を構築することができないという、典型的な事例である。

大型漁船は、広い意味でのメディアの一つであり、特に動力化を経た後では、またたくまに全国の漁港や漁村に、同じような物資や信仰や伝承を広めた。そして、それが急速に定着した理由の一つは、近世における漁船や廻船が、ゆったりとした時間の中で、それらの交流を醸成していたためであったことも見落

写19（右）　昭和11年の大漁記念に石巻の零羊崎神社に各地のカツオ船によって奉納された唐獅子（1998.5.30）
写20（中）　宮城県石巻市称法寺の「瓢栄丸遭難者供養塔」（2000.11.12）
写21（左）　紀州印南浦の与太輔が祀った，土佐清水市戎町の石仏（2002.9.17）

とすことはできない。

交流の跡を残す記念物

宮城県石巻市の零羊崎《ひつじさき》神社には、昭和十一年（一九三六）にカツオの未曾有の大漁をしたために、四十五隻のカツオ船が奉納した一対の石造の唐獅子が現存している（写19）。奉納したカツオ船の船籍は、三重県二十五艘・高知県十二艘・和歌山県三艘・徳島県三艘・神奈川県一艘・兵庫県一艘、計四十五艘の、他県の船である。偶然の大漁のために、石造物として残った貴重な記念碑であるが、これらの船に乗っていた漁師たちが寄港地で一度も口を開かず、話の一つも置いていかなかったと考えるほうが不自然であろう。人が動けば技術も文化も伝承も動くわけであった。

　零羊崎神社の宮司の桜谷守雄氏（大正十四年生まれ）の話によると、入港したカツオ船は、カツオを棒に下げて二人で担いできたという。特に三重県の漁船は、入港のたびに神社に登ってきたといい、社務所には尾鷲市古江のカツオ船第三金栄丸が昭和三十九年に大漁したときの写真が奉納されている。

同じ石巻市には、宮崎県の瓢《ひょうえい》栄丸の海難碑があり、南郷町目井津《めいつ》のカツオ船が石巻に入港すると必ず手を合わせに行くところであるという（渡辺治美〈昭和七年生まれ〉談）。それは、昭和三十一年（一九五六）十月三十一日に、南郷町外浦《とのうら》のサンマ船が石巻港に入港しようとして、北上川河口西側堤防に衝突、乗組員三十七名の死者を出した海難事故であった。おそらく、夏はカツオ船、秋にはサンマ船に切り替えていた漁船であったことだろう。目井津と外浦とは、隣り合ったところである。

石巻市の称法寺に建立されている海難碑、「瓢榮丸遭難供羪（養）塔」には、次のように刻してある（写20）。

昭和三十一年十月三十一日宮崎県外浦漁業協同組合所属船瓢榮丸ハ暴風ノ為北上川河口西端ニテ難破シ遭難者三十七名供養ノ為之ヲ建立ス　稱法寺十二世住職細川了智代　施主角田幸吉　昭和三十二年七月十五日

これらの明暗を分けたような、石巻の二つの石造記念物は、三陸の漁港と西南日本の沖船との深いつながりを現在に伝えている。

カツオ一本釣り漁の技術は、南から北へ伝えられていっただけではなく、南方への動きもあったが、この交流を物語る石造記念物もある。高知県土佐清水市戎《えびす》町には、貞享四年（一六八七）の「丑二月吉日」という銘のある石仏が今でも祀られているが、この石仏には「紀刕《州》日高郡印南浦与太輔立之」とある（写21）。この石仏が建立された年は、土佐藩では野中兼山が失脚して、厳しい統制政策が緩和された時代に当たり、紀州の印南のカツオ釣溜船十艘と他の国三艘の釣溜船が呼び寄せられ、土佐清水を港として賑わっているころである。他国の地で帰らぬ身になった者の供養をした石仏であったものといわれている

［「土佐のカツオ漁業史」編纂事務局、六二―六三頁］。

カツオ一本釣りの技術は、藩政時代のうちに、ほぼ日本全国に伝承されたが、明治時代になって、沖縄へも伝えられることになった。

沖縄カツオ漁の始まり

枕崎の立石利治漁労長（昭和十五年生まれ）から、沖縄の慶良間《けらま》諸島は山が高いところだから、昔はカツオが寄った島かもしれないと教えられたことがある。カツオは山陰に寄り添う魚だったからで、鹿児島県では、枕崎の浜ではなく、黒潮の海が山々に入り込んだ坊津《ぼうのつ》でカツオ漁が早くに始まったことも理解できる。

その慶良間諸島に渡るには、那覇泊港からも望める島々へ向けて約一時間の旅程である。はるか遠くの水平線まで小さくなって連なる積乱雲の群れや、熱い大気の中に吹く甘い香りの微風や、刻一刻と空の耀きを変える夕景も、確かに南の島へ向かっていることを感じさせるが、慶良間諸島は珊瑚礁の島のように平らではなく、高い山々が緑の海に影を落としている島々である。

慶良間諸島は、座間味《ざまみ》島を北に、西は阿嘉《あか》島・慶留間《げるま》島が南北に続き（以上は座間味村）、東に渡嘉敷《とかしき》島（渡嘉敷村）が横たわっている。昭和初期のカツオ漁の最盛期には、座間味島の座間味で四艘、阿真《あま》で一艘、阿佐《あさ》で一艘、阿嘉島で二艘、慶留間島で二艘のカツオ船が活躍していた。

たとえば、座間味島では昭和四十九年（一九七四）までカツオ一本釣り漁があった。戦後は三クミアイで三艘のカツオ船を所有していたという。沖縄でのクミアイとは、現在のような漁業協同組合のことではなく、漁船購入のための協同出資組織のことを意味している。沖縄本島のカツオ漁の基地である本部《もとぶ》町で

写22　座間味村役場の前に建立された「鰹漁業創始功労記念碑」の土台には，カツオのレリーフが見られる（2003.9.25）

写23　沖縄県ではカツオ節の消費量が高い（沖縄県石垣市の仲本鰹節店，2004.8.27）

も、同じような使い方がされており、昭和四年（一九二九）の記念碑にも「〇〇丸組合」と刻されている。

座間味村役場の前には大正十一年（一九二二）一月の銘のある「鰹漁業創始功労記念碑」が建立されている（写22）。この碑文や『座間味村史』上巻（一九八九年）や『座間味村鰹漁業一〇〇年誌』（二〇〇二年）などによると、沖縄のカツオ漁は明治二十三年（一八九〇）に枕崎のカツオ船が台風から避難するために、座間味島の阿真に繋留したことを機縁とするという。

それから五年後の明治二十八年（一八九五）には、座間味村の阿嘉島に来ていた枕崎のカツオ船と座間味村の間切長《まぎりちょう》（村長）松田和三郎とが、ある交渉をした。「海叶」と呼ばれる当時の入漁料を半減する代わりに、島民をカツオ船に乗り込ませ、漁法を習得させることにしたわけである。その後は、宮崎県のカツオ船にも乗せて練習をさせた。

明治三十四年（一九〇一）の三月、事態は思わぬことから急転する。静岡県稲取村の鱶延縄船《ふかはえなわせん》が国頭に漂着し、座間味村では協同出資をして、その船を買い取り、ここに沖縄初めてのカツオ一本釣り漁が成立することになった。約百年前の出来事である。

その後、座間味島のカツオ漁は、「けらま節」と呼ばれるカツオ節の名品を造り、沖縄のカツオ節は「けらま節」の値段によって相場が決まるともいわれた。沖縄県では、一戸あたりのカツオ節の消費量は、全国平均の七倍以上である。「内地でひとつまみ入れるところを沖縄ではひとつかみ入れるという感じで、「実際、県内のスーパーでは子供の枕のような巨大なビニール袋で削り節を売っている」［池澤、一三二頁］という（写23）。

このカツオ節産業の勃興により、座間味島の茅葺屋根は皆、赤い瓦屋根に変わった。昭和三年（一九二八）からは南太平洋のトラック諸島やパラオ・サイパンまで座間味のカツオ船が進出している。

佐良浜のカツオ漁

ソロモン諸島国のニュージョージア島、ノロを基地とするカツオ漁では、日本の技術指導により、ソロモンの人たちもカツオ一本釣り漁をするようになった。ソロモンでカツオ漁を実際に行なっていたのが、宮古島の近く、伊良部島の佐良浜《さらはま》の漁師で、現在でも三十人は赤道を越えているという。

宮古島の平良から船に乗って伊良部島に渡るときに、船の小さな窓から行く手をのぞくと、段丘に白亜の家々が連なる集落が少しずつ近づいてくるのがわかる。それが佐良浜で、一七二〇年に対岸の池間島からの強制移住によって生まれた集落である（写24）。池間島をいつも見えるところにと、家々は斜面にそって建てられたという。

写24　上：池間島からの強制移住によって生まれた佐良浜は，故郷の島を望める高さまで家々が建てられたという（1999.9.13）．
下：佐良浜のカツオのモニュメント（1999.9.13）

佐良浜のカツオ漁の始まりは、それほど古いことではない。明治四十二年（一九〇九）に帆船の御幸丸が、宮古島の先端にある池間島と伊良部島との間でカツオを釣ったのが始まりという。

池間島のカツオ漁はそれより三年ほど早いが、二つの島の間は、島にいてカツオを釣っている様子が見えるほどの良い漁場であった。伊良部島にカツオ一本釣りの手ほどきをしたのが、静岡県のカツオ船だったと伝えられている。それが、約二十年後の昭和六年（一九三一）には、南方のパラオやトラック諸島、ポナペ島へ、佐良浜のカツオ船は海を開いていったわけである。

佐良浜の漁師たちは、カツオ漁にかかわらず、以前から南方で活躍していた。ボルネオ・セレベス（スラウェシ）・スマトラ・シンガポールなどの東南アジアまで潜り漁で出かけている。金子光晴は『マレー蘭印紀行』（一九四〇年）のなかで、昭和初年の「在南邦人の内、琉球漁夫はシンガポールだけでも一万人を数える」［金子、九一頁］と記した。そのような南方漁業の伝統があったればこそ、カツオ漁もソロモン諸島まで開拓できたものと思われる。

第三章　ナムラを追う

ナムラを追って

カツオの縞

カツオが「勝つ魚《うお》」だという命名由来譚の主人公は、神功皇后だけではなかった。たとえば、神奈川県鎌倉市腰越では、カツオは「源氏の守り魚」だといって、次のような伝承がある。

源頼朝が戦に敗れて真鶴から房州へ逃れた時、帆走する船に一尾の魚がはねて飛びこんだ。頼朝は傍の硯をひきよせ、それに指をつけて魚の側にずっと並行線を引いた。そしてこれは縁起がよい、今は敗けて逃げるが、やがてきっと勝つ。この魚を以後カツオと呼ぼうと云って逃がした。以来、カツオの横腹には五本の縞がついた。カツオは源氏の守り神になった［土屋、七頁］。

同じような伝承は、福島県のいわき地方にもある。いわき市江名の高木武雄翁（明治三十三年生まれ）の伝承である。

昔、なんだっちね。名前忘れちゃったけんとも、なんとかといった偉え侍がなんのかのはずみで、手で鰹のはらすんとこ、引いたんだと。それからっちゃ鰹のはらす、手の跡ついて線になっちゃって

写1（上）　気仙沼の本田鼎雪が画いたカツオの絵（三重県尾鷲市三木浦，大門長衛氏所蔵，2001.11.4）
写2（下）　焼津の「鰹縞シャツ」（近藤和船研究所所蔵，2001.11.5）

るわけ。鰹のはらす焼いて食うと、うめぇかんねぇ。［佐藤、二〇九頁］

カツオの腹に縞のあることは、この魚の特徴であり、多くのカツオの絵にも描かれている（写1）。静岡県の焼津では、このカツオの縞をデザイン化でもしたような「カツオ縞」とも「焼津縞」と呼ばれるシャツが漁師のあいだで流行したことがあった（写2）。材料は木綿で、白地に青の細い縦縞に織られた布地で作られた。「漁師の妻や母によって、夜なべで織られた手織で、縞目は上達するに従って細くできるようになる」［服部、一一五頁］という。

このカツオの群れのことを、全国的にナムラ（魚の群れ）、あるいはナブラやナグラと呼んでいるが、本書では「群れ」の意味を連想しやすい「ナムラ」の方を用いている。このナムラを追う、カツオ船と漁のことを、ここでは述べていきたい。

海に光る銀の帯

高知県土佐清水市の西川恵与市翁（明治四十五年生まれ）によると、鹿児島から伊豆までのカツオは大小まちまちであるが、小笠原の東を通って三陸沖へ北上してくるカツオは、重量がそろっていて、この「仙台ガツオ」のことを「八百目カツオ」という言い方もあったという。十一月ころに親潮に乗って戻ってくるカツオは水温が低くなるために油が乗りきっておいしく、それで作ったカツオ節も渋みが出てくる。カツオの縞もなくなってくる。しかし、昔は戻りガツオを食べることはなく、春先のカツオのほうがおいしかったという。

土佐地方でナムラのうちトロミとは、波が立たない群れのことで、カツオの尻尾が光って見えたという。カツオの尾ビレで波が消え、広い範囲に海の表面がとろりとしていて、カツオの群れの大きさも表わしていた。カツオが食わない群れのことはエモチムレと呼び、カツオがシラスやアジの仔・サバの仔などを持って動いているために、ソバの花のように白く海面に広がっているという。しかし、カツオには「腹食い」と言って、腹がいっぱいだと逆に食いが良いという習性もある。水面に上がってくるデキヨウの場合は、エビジャコ・オキアミ・イカ・カニを食っているカツオは餌付きが良いといわれ、このようなときにはカツオは玉ネギでもキャベツでも食べるという。これらの群れの先頭を船が切ると、海の底に沈んでしまうために、「ハナを切るな！」と言って戒めたものだという。

カツオの群れの様子で、珍しいのはシラミと呼ばれる現象であったと、西川翁は語っている。それは、朝の八時から十時までのあいだの、南から北へ流れる潮の早いときに、伊豆七島付近でよく見られた。たとえば、「銭州《ぜにす》」などの瀬の上の、瀬ブチから瀬ブチのあいだを、カツオが一列になって、次から次と腹を返しながら移動するが、その銀の帯は、見ただけで荘厳であったという。それが二時間くらいも続き、まるでカツオが遊んでいるとしか思われなかったという。

カツオの色

鹿児島県枕崎のカツオ船の漁師たちは、トカラ列島に行ったときに、顔なじみに焼酎をおごってもらい、土産に黒砂糖が出ると、船のオジドンたちの表情が一段と上機嫌になったという。「黒」は、黒い背を寄せ合うカツオの群れに通じ、ことのほか縁起をかつぐ漁師にとって、大漁への期待をつなぐ意味があったという（町頭幸内「鰹群を追って」一〇）。

高知県の鵜来島《うぐる》の出口和翁（大正十五年生まれ）によると、土佐のカツオ漁師は、釣る速さよりも所作がよかった。エサ投げは年寄りで、「それ釣れ！　それ釣れ！」と気合を入れた。カツオが食い始めると、「横縞を切る」と言って、カツオの腹の縞を切る縦縞模様が現われ、やがて腹全体が茶黒になる。このように、カツオがエサを食べたくなっている状態を「ハエル」といい、「このナムラ、ハエちょる！」などと表現するという。同県土佐清水市戎町の植杉豊氏（昭和十四年生まれ）も、カツオの縦縞が出てくると食いがよく、投げたタバコを食うときも漁があったと語っている。同県土佐市の宇佐でも、カツオの群れは、カツオの横縞に縦縞ができ始めると食いが良いと言われ、「カツオ、縞切ってきたぞ！」という表現をした。カツオが涎を流し始めても、大漁するという（浜口徳吉〈大正十二年生まれ〉談）。

同県奈半利《なはり》町加領郷《かりょうごう》の安岡重敏氏（昭和三年生まれ）によると、カツオが飛びつくことをここでもハエルと呼び、「こいつはハエトル」などと語られる。カツオの腹の色が真っ黒になり、カマ（頭）も柔らかくなっている。よだれをたれ、喉口まで、食べたイワシが詰っている。一般的に水温の高いところは食いがいい。逆に、尻尾の赤いカツオはエサを食べないという。

同県東洋町の甲浦《かんのうら》では、トロミは水面に顔を出さない群れで、海の色が赤くなっていて、これも大漁をするという（竹林保〈大正九年生まれ〉談）。

三重県尾鷲市の三木浦では、カツオが青い色をしているのはエツキが悪く、赤い色をしているのはエツキが良いという。ハナモン（カジキ）に追われているカツオの色は真っ青になるが、このようなカツオはエツキが悪い。カツオの尻から赤いエビジャコを出しているのはエツキが良い。また、カツオの腹が柔らかいのもエツキが良く、腹が硬いのはエツキが悪いという（三鬼哲〈昭和十八年生まれ〉談）。

静岡県の焼津地方では、カツオはオスのほうが流線型で、メスは頰が大きいという。食うナムラは赤瓦のように赤くなり、涎をたらし、船の周りを回った（鈴木進〈大正二年生まれ〉・岩本熊太郎〈大正三年生まれ〉談）。

宮城県の気仙沼地方では、一般的に、赤いナムラは餌つきが良く、青いナムラは餌つきが悪いと伝えている。カツオが「競り食い」をすると赤くなるといわれ、「カツオを上手にかもえ（いたずらしろ）！」と言われたそうである。カツオを追いかけているうちに色が青から赤へ変えてくることがあるからである。そのためには、イワシを入れながら海をかき回すことが肝要であったという（松崎大萱・千葉章次郎〈大正十四年生まれ〉談）。

総じて、南九州から土佐にかけては、カツオの色が「黒砂糖」などを連想させる〈黒〉に変わることが大漁を約束させることにつながり、紀州から三陸にかけては「南蛮（トウガラシ）」を連想させる〈赤〉が大漁の印として喜ばれたようである。これが、実際のカツオ自体の、色の違いを示すものなのか、あるいは西南日本と東北日本の色彩感の違いから表現されたものかは、よくわからない。

風とナムラ

今でこそ漁師さんであれば、全国のどんな漁村へ行っても半日は会話を続けていられるが、「民俗調査」なるものを始めたころは、そうはいかなかった。「質問項目」をぶっきらぼうに相手に投げつけては、次には沈黙の場面に陥る。そんなときに決まって尋ねた項目は風の地方名であった。つまり、追い詰められたネズミのような顔をして、突然と「このへんの風の名前を教えて下さい」と尋ねるわけである。

そのようにして集めることになった、この風の名も増えに増えて、いつかはきちんと整理をしておかなければならないと思いつつ、いまだにノートの中に眠っている。風の名は、特に風を相手に仕事をする漁師さんたちに、きめ細やかに伝承されているが、三陸の漁師さんの場合では、多い人で八方位は伝承している。生活に支障のない方向の風の名は伝承されることは少ないが、この風の名をおよそ十六方位に分けて伝承している漁師さんがいた（図1）。宮城県唐桑町鮪立の浜田徳之翁（明治三十四年生まれ）である。

浜田翁は、帆船時代のカツオ漁の時代を伝えていた人でもある。図を見ると、東南東の風と南東の風を表わす「イナサ」、西風と西南西の風を表わす「ナライ」を除いて、すべて方角によって使い分けてある。帆船時代には、それほど人間が風と関わって生きていたからである。しかも、この風は、帆船時代の航行と関係するだけでなく、魚の回遊とも関わるものであったため、細やかな呼称が必要であったと思われる。

たとえば、高知県土佐清水市の西川恵与市翁（明治四十五年生まれ）によると、晴れた日よりも、曇り

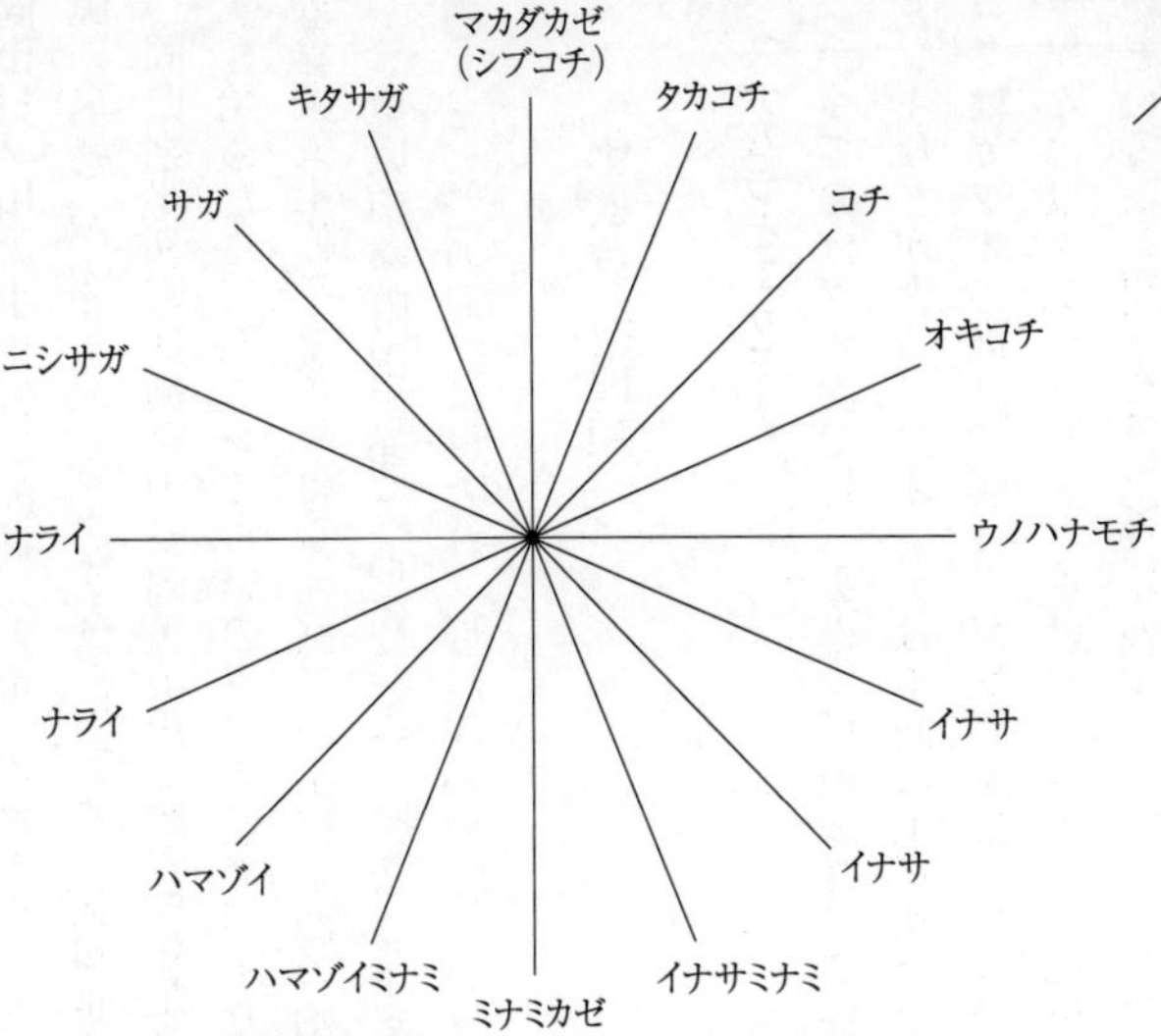

図1　十六方位の風の名前（1983年7月5日，唐桑町鮪立の浜田徳之翁より採録）

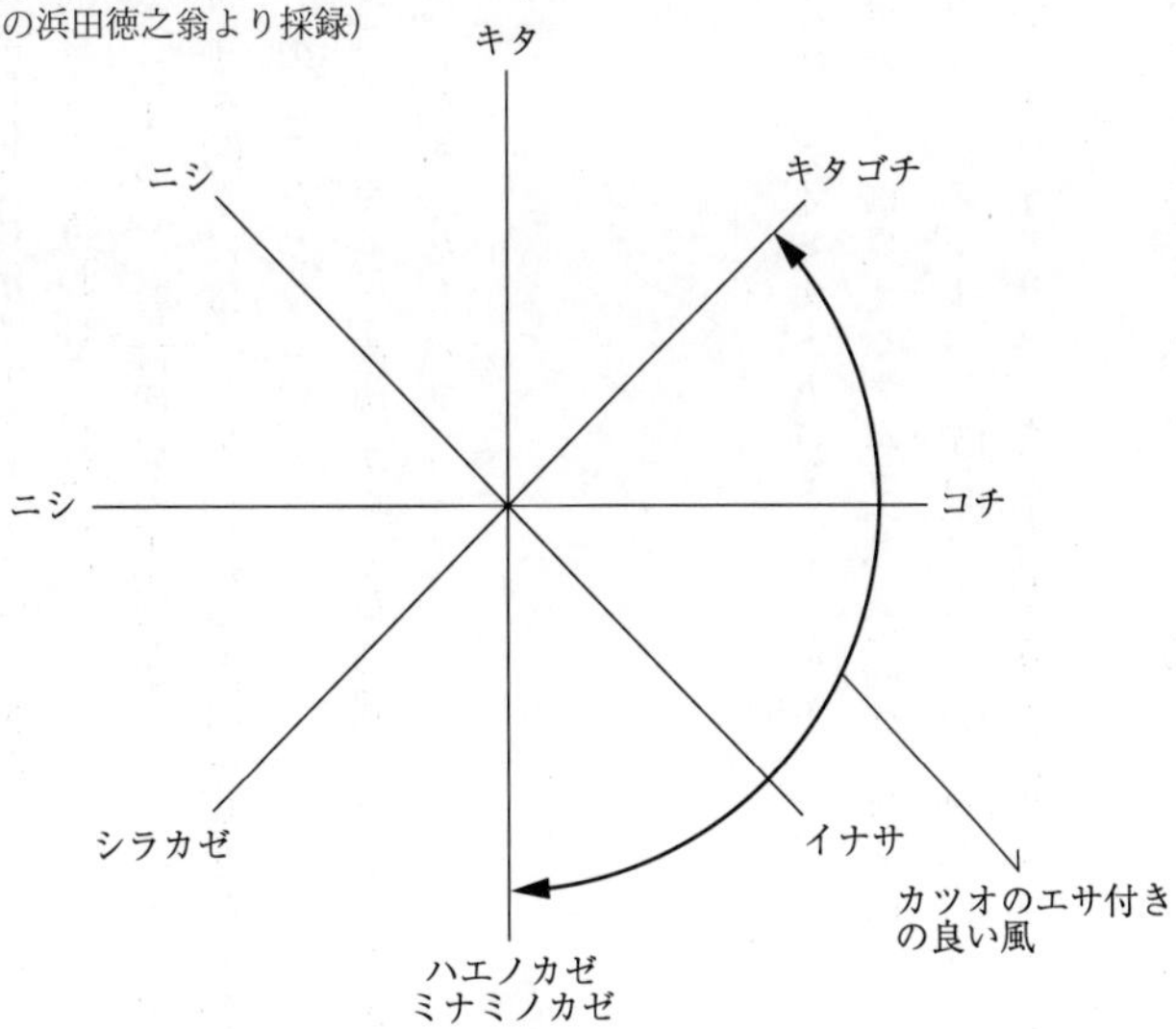

図2　八方位の風の呼称と，カツオのエサ付きの良い風（2002年9月16日，高知県土佐清水市の西川恵与市翁より採録）

や小雨で、東寄りの風が適度に吹いているときのほうが、エサ付きが良いという。キタゴチ（北東風）・コチ（東風）・イナサ（東南風）・ハエの風（南風）のあいだが、エサ付きの良い方角の風である（図2）。同市貝ノ川の小泉鋭三郎翁（大正二年生まれ）も、戦前には土佐清水沖でもカツオが捕れていたが、コチ風（東風）が吹くと、カツオなどのアオモノが良く捕れるとも言われていたという。

同県奈半利町加領郷の安岡重敏氏（昭和三年生まれ）によると、昔は伊豆の下田でナライ（北東の風）が吹き始めたら、五トンくらいのカツオ船で、下りガツオを釣りに行ったが、それが下田を基地とするトサカツ衆（土佐から来たカツオ漁師）の出稼ぎ漁の始まりのころだったという。

三重県南勢町田曽浦の郡義典氏（昭和二年生まれ）によると、「南風が吹いたら風上探せ。キタ（北風）・ニシ（西風）は寝とれ。群れ浮かぬ」という言い方があったという。

ナムラの種類

スナムラとエサモチ

かつてのカツオ漁では、ナムラは肉眼だけで探したが、アオミナ・トロミ・トリツキ・クジラツキ・サメツキなどがある。アオミナは水面に風が吹いたか渚のように見えるナムラで、たいへん見えにくい。トロミはカツオの群れで膨らんだ状態を指し大漁をさせてくれる。トリツキはマトリという鳥が付き、クジラツキにはクジラ、サメツキはジンベエザメに付くが、大漁するサメツキと大漁させないサメツキもあったという（三重県南勢町礫浦・福田仁郎〈大正八年生まれ〉談）。

宮城県の雄勝町の分浜では、スナムラは水際がさざ波のように見え、トリツキはマドリという鳥が付いているナムラ、木ツキ・サメツキ・クジラツキは、それぞれにカツオの方が付いているナムラのことである。フナツキヨ（船付き魚）もあるが、これは餌付きが良くなく、カツオも薄い。カジキに追われたカツオが船に逃げ込むことが多いという（志津川町滝浜・後藤彦四郎〈明治三十八年生まれ〉談）。

また、腹の筋が鮮やかになるカツオの群れは食いが良いという。なかには、雑魚を引き連れているカツオの群れもあって、このことを「カツオ、鍋釜持って生活している」と言った。引き連れている雑魚とは、カタクチイワシやサバナゴで、そのようなときは、自分たちもそれらを掬って、エサにして釣ったという（宮崎県南郷町栄松・玉田和男〈昭和三年生まれ〉談）。このように、純粋にカツオの群れだけでなく、このようにエサを持っている群れのことをスナムラに対してエサモチという。

カツオは瀬にも付き、これをセヅキと呼んだ。たとえば、高知県鵜来島（宿毛市）のカツオ船の漁場は、沖ノ島と足摺岬のあいだの前オキと呼ばれる場所から始まって土佐沖までのあいだを先に動いたが、前オキには、メヂカ（ソーダガツオ）などのカツオが寄るところであった。「カツオは一晩のうちに千里行って千里戻る」とも言われ、何日かは同じ海域にいるものであるという（出口和〈大正十五年生まれ〉談）。

また、南九州の方では、ホオジロザメなどの小さなサメに付くフカツキなどもあった（枕崎市・立石利治〈昭和十五年生まれ〉談）。宮古島や八重山の東側で、三月ころに見られるもので、小ぶりのカツオが付いていたという（坊津町・市之瀬昰〈昭和十四年生まれ〉談）。

鳥山を探す

三重県尾鷲市古江のカツオ船では、カツオの群れは、肉眼で水面の色の変化を見たり、双眼鏡で海鳥を見て探した。カツオの群れは水面が青黒くなり、カツオの通った跡のアトミズも見わけがつくという。また、群れには、マトリや、カイゾクカモメと呼ばれる茶黒いカモメ、アジロサシ（アジサシ）が付いているることがあり、これらの鳥を目印にした。海面が風で波立つカザゴとカツオの群れとを区別したり、単なるアソビドリかナムラに付くナムラドリかを判断するのも、目一つであったという（熊野市二木島・浜戸楢夫〈昭和六年生まれ〉談、写3）。

同県海山町の白浦では、海鳥が付いているカツオの群れのことをトリガツと呼ぶ。腹が白いマドリはカツオに付き、クロドリはトンボ（ビンナガ）に付く。海鳥が潜って魚をくわえるので、一本釣りの操業中に誤って鳥を釣ってしまうこともあった。ハネムレはカツオが飛んでいる群れのこと、エサモチはエサを抱えている群れのことで食いが悪く、主に南方の海上で見られ、海面が真っ白くなる群れのことをいう（広瀬鉄次〈昭和五年生まれ〉談）。

同県南勢町田曽浦の郡義典氏（昭和二年生まれ）によると、三陸沖では、「鳥ムレの先にスムレあり。スムレの先にスムレなし」と言い、鳥ムレの先頭の方にスムレが存在していることを指した。

宮城県雄勝町の分浜では、ナムラは水面の鳥の様子でわかり、イワシの群れに付いた鳥は、水面近くで羽をパタパタしているので、「小羽根つかっている」と呼んだ。カツオに付いた鳥は、高く飛び、ミサゴのように海に突っ込むので、すぐわかった。このような鳥にかじられた傷跡のあるカツオのことを「マドリガケ」と呼ぶ。トリツキは、遠くから見ると煙のように見えるもので、カモメ・コチョウ・コマドリ・マドリと呼ばれている鳥がイワシに付き、そこにカツオのナムラがあった。これらの鳥の様子を見ているのが「見張り」の役であり、彼がナムラを見つけたことで大漁をした場合には、カツオ千本釣れば一円の御褒美を見張り役が貰い、五百本釣れば五十銭の御褒美を貰ったという（志津川町滝浜・後藤彦四郎〈明治三十八年生まれ〉談）。

写3　鳥ツキのカツオ漁（国民宿舎伊豆戸田荘所蔵・戸田の第11甲子丸を昭和57年ころに辻弘一氏撮影）

カツオの群れを探すところを「ヨウ（魚）見ヤグラ」とも言うが、このカゴには五〜六人が入ることができる。ふだんから機関長と仲良くしておいて、眠くてしようがないときは、このヨウ見やぐらに上げてもらって、潜って寝たことがあったという（千葉県千倉町・保坂明〈昭和五年生まれ〉談）。焼津では、このヤグラのことをホウタルカゴとも言っている。

木ツキ

木ツキは流木にカツオの群れが付くことを指すが、水中に垂直に立っている木には、よけい付いたという。大きな群れになると何日も離れないもので、アカシ（明かり）を付けて、カツオ船もそこから離れないようにしたという（宮城県唐桑町只越・伊藤美雪〈大正十三年生まれ〉談）。また、流木のすぐ真下にはマツヨやギハギが付き、次にはシイラ（マンビキ）が付き、最後にカツオやバチが付いていたという。一本の木に広田湾（岩手県陸前高田市〉くらいの大きさの群れができていたこともあったという（唐桑町小鯖・梶原平治〈明治三十九年生まれ〉談）。カツオはダイナン沖にいる魚であり、丸太などの流れものに付いたカツオは金華山沖に多く、必ず満船するために、この丸太は「保険」のようなものであるという（宮城県雄勝町名振・和泉久吾〈大正十三年生まれ〉談）。

モノの影があればカツオが来るもので、ラワン材やベニヤ板などに付く群れは、ハナ（前）はバチ、後ろはカツオが付いた。カツオの群れを留めることを「群れを飼う」と言い、群れが渦になるという（宮崎県日南市大堂津・金川寛〈昭和二年生まれ〉談）。この木ツキのナムラでも漁はするが、特にラワン材や網のキレなどに付き、ころころ回るものにはカツオが付かないともいう（高知県東洋町甲浦・竹内保〈大正九年生まれ〉談）。

また、カツオは水温が二〇度以下では、木ツキということはないが、二一～二五度になると、モノに付くようになる。仙台沖でジンベイザメに付くときも高温のときであり、七千貫から八千貫の大漁をしたという（三重県熊野市二木島・浜戸楢夫〈昭和六年生まれ〉談）。

三重県海山町引本の坂長平氏（昭和二年生まれ）によると、昭和三十年代の初めには、木ツキで大漁をした経験が多かったという。カツオは新しい木には付かずに、南方から漂流してきたゴムの木・ヤシの木・ラワンなどに付いた。あるゴムの木の周りには三十艘くらいのカツオ船が集まっていて、到着したのは四日目のことであったが、それでもカツオの群れが海中で柱のようになっていて、ぐるぐると回っていたという。そのときは、二日で一万貫の大漁であった。

静岡県松崎町の石田留雄氏（昭和五年生まれ）は、木ツキでカツオなどの大漁をした記念に、この木を拾い上げ、次のように記して保存している（写4）。

此の流木は昭和三拾四年六月二十一日午後二時三十分　木付群北緯三十三度十六分・東経百四十度五十七分　水温二十三度三分　大群発見　残餌平子二・五匁バケツ五杯　小ダル、タル、キワ三千六百貫釣る　カツオ千貫余り捨る　第七甚栄丸　石田

記述のうち、「平子」とはオオバイワシのこと、「小ダル」は小さなダルマ（メバチマグロ）のこと、「タル」はダルマ（メバチマグロ）、「キワ」はキワダマグロのことを指している。

鹿児島県坊津町でも、木ツキとはナガレ（流れ）と呼ばれるラワン材に付く群れのことをいう。小さい木ツキで良い漁をしたときは、漁を授けてくれたその木を持って帰り、船頭の家の、床の間に置いていた（市之瀬昰〈昭和十四年生まれ〉談）。

カツオは「クジラ子」

高知県の鵜来島では、カツオの群れを追うときはマケツ（真後ろ）から追っては駄目で、必ず斜め後方から追うという。ナムラにはトロミやクジラゴ（クジラ子）と呼ばれる状態があった。トロミとは、波があってもきれいなナギになっている群れのこと。クジラゴとは、クジラに付いている群れのことを指す。イワシのエドコ（餌床）を網で掬うときに、クジラの食餌とかち合うことがあるが、そのときはクジラと交替にイワシを掬った。それが漁師の作法というもので

写４　木ツキで大漁をしたために，その木を持ち帰った松崎町の石田留雄氏（2003.11.3）

あり、たとえイワシを掬いそこなっても、次はクジラに譲ったという（出口和〈大正十五年生まれ〉談、写5）。

福島県いわき市の豊間では、カシキの鉢巻は多くは赤で、褌も同様であったという。その理由は、「主に鰹を呼ぶのはカシキだから赤が用いられるのだが、これは赤い鯨が来るようにとの意味で、鯨が多く寄って来ると、遠くからは海の水が何となく赤味を帯びて見える。斯く漁に当る様にとの縁起で祝いに赤を用いるのである」という［岩崎、一三三頁］。このいわき市の江名でも、カツオのことを「クジラッ子」と呼んでいるが、クジラの方がカツオに付いているのだという（福井清〈明治四十三年生まれ〉談）。

宮城県女川町の出島でも、カツオのことを「クジラ子」と呼んでいる。ここでは、藩政時代に紀州の捕鯨船が金華山沖で、突き取り法による捕鯨だけでなく、カツオ漁や、撒き餌にするイワシ漁にも使用されていたところである。

捕鯨船と出会ったカツオ船

岩手県大船渡市の渡辺兼雄が翻刻した『角屋敷久助覚牒』（一九九四年）の、文政六年（一八二三）の「世中風唱書追年見合覚書」には、次のような記事が見える。

文政年中当郡浜々沖合に唐船数々来たり、鰹漁師どもいろいろ取り替え物いたし来たり候につき、文政六年御取り上げあいなり、近かずき申さざる様仰せ渡され候こと。右唐船何故来たりや承り候えば、鯨まっこうを取り直々船中にて粕にしめ方油等を取り候由に候ところ、右故か鯨はこの辺浦々へ来たること一円にこれなくあいなり候。鯨来たり諸魚も来たらず、鯨浜方にて恵比寿と唱え候ものに候処、近年は浦々鯨来たり諸魚恐れて浦々にとどまり漁事これあり候ところ、文政年中になり鯨一円

写5　クジラツキの大漁を描いた絵馬（静岡県福田町六所神社、01・9・23）

あい見えず候故か、極めて不漁続きとなり候あいだこの末ため
し見申すべきこと。［渡辺、三三頁］

カツオ船は「沖船」であったから、「唐船《からぶね》」（外国船）に出遭うことが多かった。そのカツオ漁師どもが、沖で唐船と密貿易まがいのことを行なっていたので禁令が出されたわけである。「沖船」の典型でもあるカツオ船が、異界を象徴する沖から「船幽霊」などの不可思議な話を伝える一方で、同時に最も新しい文化に触れ、外国産の物品を家に持ち帰っていたのである。

しかも、ここでの「唐船」とは、マッコウクジラを獲る捕鯨船であった。マッコウクジラは、厚い皮脂を持ち多量の鯨油を産出する。この文書の中で「直々船中にて粕にしめ方油等を取り候」とあるように、鯨油を取り出す処理場を船上に作ったのが、アメリカの母船式捕鯨であった。

このアメリカの捕鯨船が、日本で十分な休息と水などの補給をとるために、米国政府にはたらきかけて入港の権利を認めさせようとしたのが、開国の始まりである。嘉永六年（一八五三）に、ペリー提督率いる米国艦隊は浦賀をめざすが、それより三十年ほど前に、三陸地方のカツオ漁師たちは、すでにアメリカの捕鯨船と物品の交換をしていたのである。

しかし、アメリカなどの捕鯨船のためにクジラが少なくなり、クジラに追われた魚を捕っていた浜では不漁が続いていることを、この近世文書は伝えている。また、クジラのことを浜方で「恵比寿」と呼んでいたことが、はっきりと記されていることも見逃しがたい。それは、「寄り鯨」があるためでもなく、カツオなどの魚を引き連れてくるためでもなく、魚を浜へ追い込むからだという説明もされている。エビスとしての多義的な意味を与えられたクジラのことを再度、考え直させてくれる記録である。

サメツキ

ジンベエザメという魚

伊豆や三重、土佐や宮崎で、カツオ船の漁師さんに会い、「三陸まで行かれましたか?」と尋ねると、必ず語られる、彼らに共通した思い出がある。三陸沿岸のカツオ漁は、夏から秋へかけての漁であったから、まずは霧が深くて航行に難儀をした話題が出る。次には、昭和二十年代から三十年代に活躍したカツオ漁師ならば、漁期を終えての故郷へのお土産に仙台の米とリンゴを買った話が出る。それから、三陸沿岸では特に、ジンベエザメにカツオが付く「サメツキ」で大漁をしたことなどが語られる。西南日本の海でもジンベエザメはいるのだが、「サメツキ」は三陸沿岸ほど頻繁に出会うことはなかったという。サメツキは伊豆七島を東に抜けてから多くなるといい、土佐清水市の西川恵与市翁(明治四十五年生まれ)などは、カツオの種類が違うのではないかと、語っていたほどである。

ジンベエ(イ)ザメ(Rhincadon typus SMITH)は、熱帯周辺および亜熱帯海域に棲息するテンジクザメ目の魚類である。最大一四メートルにも達するが、通常は一〇~一二メートルの体長で、重さは一五トンを超える世界最大の魚である。表層水域を特に好んで生活し、イワシの濃密な塊を丸呑みにしたり、かなりの大きさのマグロさえも呑み込んでしまう活発な狩人でもある［アンドレア・フェッラーリほか、一二六―一二七頁］（写6）。頭が扁平で、全体が楕円形をしているので、宮城県石巻市の小竹浜ではジンベエザメを神様としていながらも「ワラジ」とも呼んでいた（阿部菊夫〈大正五年生まれ〉談）。同県気仙沼市の三ノ浜にも「ジンベイゾウリ」という名の草履があった［竹内、三一二頁］。また、岩手県釜石市の室浜では、寺社の鰐口は下方に横長の口があるために、ジンベイザメの頭を祀ったものだと伝えている（佐々春松〈明治四十四年生まれ〉談・写7）。

東南アジアなどでは、このサメの漁が活発であるが、日本ではこのサメを積極的に漁として行なってきたことは、その稚魚を除けば、あまりない。しかし、ジンベエザメがイワシを追う習性は、そのイワシにカツオの群れを呼び込むことになり、日本ではカツオ漁のときに、大漁を授ける魚として特別視され、信仰心も生まれた。ジンベエザメのことを、エビスザメと呼ぶ地方があるのは、そのためである。鹿児島県枕崎市の立石利治氏（昭和十五年生まれ）は、クジラツキはカツオが主でクジラが従、サメツキはジンベエザメが主で、カツオが従のようであったという。

ここでは、主に三陸沿岸の沖に見られる、「サメツキ」と呼ばれた、ジンベエザメとの出会いによるカツオ漁の民俗を中心にして、日本人とジンベエザメとの関わりを述べていきたい。特に、その呼称がメウカザメからエビスザメへと変わっていくことを一つの象徴として捉えながら、通時的に見わたしてみた。それは、人間にとって不可解な恐怖感だけを与える魚から、沖へのカツオ漁の操業などによって、両価的な位置付けをされていき、ついにはエビスとして信仰されるに至るまでの過程である。

写6　ジンベエザメ（かごしま水族館，2003.9.23）

写7　鰐口はジンベエザメの頭を祀ったといわれている（岩手県釜石市室浜の松龍寺観世音，2004.8.23）

メウガザメの時代

ジンベエザメという呼称は、陣兵羽織の「甚平」を着た姿に似ていることから由来するそうだが〔高木、三頁〕、沖縄でミズサバと呼ばれるほか、ほぼ全国にわたって、こう呼ばれている。しかし、近世には「メウガザメ」（モウカザメ）と呼ばれていたらしいことが、さまざまな記録から、うかがわれる。

たとえば、おそらく同じ出来事を載せたものと思われる記録が、『一話一言』十一と『増訂武江年表』のなかに、それぞれ次のように記されている。

安永六丁酉年秋中ノコトナリシガ、相州小田原ノ海中へ大魚来ル、其丈凡四五十間、横八九間バカリニテ、背ニ蠣トコブシナド付テアリシトゾ、名ヲメウカザメト云ヨシ、如何ナルおおふねニテモ、クツガヘスト云リ、其頃ハ猟師モ海へ出ザリシユエ、甚不猟ニテアリシトゾ、池田氏雑記〔後藤・川俣、六八五頁〕

此の秋、魚猟なし。相州小田原の海中へ大魚来る、其の丈四、五十間横八、九間。背中に蠣の類付きて有り。名をメウカザメといふ。いかなる大船をも覆へすと云へり。其の頃漁人恐れて海へ出る事なし。［斎藤、一九八頁］

後者の『武江年表』の記録は、安永七年（一七七八）の秋となっているから、前者の『一話一言』とは一年くいちがっているが、どちらかの記録が年を間違っていると思えるほど、両者の記述は等しい。

この記録に読まれる「メウカザメ」は、その体長や背中の特徴から、ジンベエザメであることには相違ない。さらに、当時はジンベエザメに対して、恐怖感をもって接していることがわかり、大船を覆すと伝えられ、不漁の原因もこの大魚のせいにしている。

しかし、この記事から約五十年後の天保二年（一八三一）の『魚鑑』になると、「めうがさめ」についての記述の様相が、次のように違ってくる。

> めうがざめこれ洋中《おきなか》の大魚にして、鼎《かなえ》に上るものに非といへとも、其稚《わか》きものは、魚餅の品ゆへこゝに出す。ころかすの老たるものなり。其稚き程は、背の沙《ざらつき》の大サ、罌粟《けし》粒《つぶ》の如し。老るに及ては、経《わた》り六七寸の珠《つぶ》となり、銀の椀を、千万覆《おおう》がことし。その老て且大なることしるべし。洋中を夜過るに、明鏡《くもりなきかがみ》を連綴《つらぬる》が如く、各々光輝《ひかり》を放ち浪を鼓《うちたて》て、余光数尋《そのひかりいくひろ》におよび数十町の遠きも、咫尺《まのあたり》に接《つづく》るが如きを見る。これかの背上の珠なり。人声を聞ときは、必来て船を覆《くつがえす》ゆへに声《いき》を呑《ころし》てひそまり居る。若《もし》船に触れば、底板忽《たちまち》微塵に砕《くだく》となり、又漁夫鰹《からげ》を釣る時、その得ること、竿を上げ餌を投に、ひまなきことあり。かくなん時は鰹を四五本宛《ずつ》、いく束となく束おきて、不虞《おもいがけなく》に備となり。かく得ことは、この魚の仕業《しわざ》にて、舟を己か背におき、十分漁《つり》て帰んころ、舟を沈め、人魚《ひとうお》ともに、食はんと、はかるとなり。老魚の智、巧なるも、豈《あに》人の霊たるにしかんや。漁夫《りょうし》はやくも、知りて七八分に至るころ鰐《わに》の口を遁《のがる》はと、おうあいの声高く、手綱《たつな》とりのべ、力のかぎり、舟をちどりにおし

立、かの用意の魚束《うおたば》、投げ捨て〳〵、走り去る。魚の追ことも疾《とし》といへど、右にまとへば、左にゆき、左よとしたへば、右に走るゆへ、追なやみ、空《むなし》く投たるを、食ふのみにてやむとなん。束にて捨《すつる》も、少からすといへとも漁《とり》て帰ること、常に数倍す。ゆへにからきめて、幸を得るを、漁夫の諺に、値《あう》もめうが、逢ぬもめうがとは、これに喩て、いふとなり。［武井、九〇—九一頁・原文に適宜、句読点を付し、振り仮名は現代かなづかいに改めた］

ここでの「めうがざめ」の記述は、このサメの背中の異様な様子と、人の声を聞いたときは必ず近づいてきて転覆させることなど、『一話一言』や『武江年表』と同様なことを述べたあとで、このサメのそばでカツオを釣ると大漁をすることなど、ジンベエザメとの関わりかたが、より積極的に述べられている。しかし、このサメは、自身の背中に船を乗せて船いっぱいの大漁をさせたあとで、いきなり背中をはずして船を沈没させ、人もカツオも食ってしまうと想像されている。そのために、必ず七〜八分の漁をしたら、背中から逃げ、追ってきたならば、カツオを束ねたものを投げながら跡をくらませばよいなどと、まだまだ、老練な心を持っている怪魚として捉えていたことがわかる。諺に「値《あう》もめうが、逢ぬもめうが」と言われたのは、「めうが」と「冥加」をかけた地口のようなものであろうか。いずれにせよ、大漁もさせてくれるし、危険にもさらされるという両義的な魚として位置付けされ始めていたことを示している。

柳田国男は『妖怪談義』の中で、「化物を意味する児童語」の系列の一つとして、「モウコ」（山形）・「モッコ」（岩手・秋田）・「モウカ」（仙台）・「モモンガー」（静岡）を挙げている［柳田、四六〜四七頁］が、「モウカザメ」にも同じ言葉の感覚が伝えられている。三陸沿岸では、現在、モウカザメといえばネズミザメのことを指し、その心臓（ホシ）は珍味として重宝されている。しかし、「ジンベエザメ」と呼ばれるようになっても、『魚鑑』に記されているような伝承は、まだまだ口頭で語られてきたようである。

薄くなった船底

宮城県唐桑町のカツオ船では、和船時代に沖で泊め船をして就寝するときには、帆柱のそばに、棒カギの尖った方を前にして立てかけ、霊魂や亡魂を除ける魔よけとしたという［小山、六八頁］。同県気仙沼市の小々汐でも、船の上で夜、寝るときには、魔物よけに、かたわらに刃物を置いて寝るものだというが、その魔物とは「ジンベエザメ」のことだという。唐桑町の神の倉では、「ジンベエ」に対しては化け物のような感じを抱き、そのためにカメ（魚槽）に包丁を刺して寝たという（佐藤武太郎〈明治三十五年生まれ〉談）。ジンベエザメに対する恐怖感は、以上のような伝承にも生きていたのである。

気仙沼市小々汐では、次のような話も伝えられている。

昔ね、歌津（宮城県歌津町）とか遠島《とおしま》（同県牡鹿地方）の人が、カツ船（鰹船）でね、毎日うんと大漁したんだと。その船頭様、「あと切り上げる！」って言ったどっさ。ところが、その船元の旦那様は、「今一回行けば何ぼそれ（いくらか）なっから、今一回行ってけろ」と言ったどっさ。そうしたらば、その船頭様は「〈今一回〉だの〈これっきり〉だのっつ言う船で乗るもんでねえから、あと止めろ！」って、それきりで止めたんだと。そうして、船曳いてみたれば、船の底、紙の厚さより薄かったっつ。今一回行ぐというと、ジンベエ様（ジンベエザメ）に船の底さ穴あけられっと戻って来られねかったど。だから「今一回」と言うのは行ぐもんでねぇ。それから、「今一回」だの「これきり」だのっつことは、するもんでねって言うの、そういうことからできたんでねえすか。（一九八八年一月二十日、尾形栄七翁〈明治四十一年生まれ〉より採録）

この話は、「今一回」とか「これきり」とか語ってしまうことによって、本当に船までも最後になってしまうことを注意した話であるが、ジンベエザメに船底を開けられるということは、カツオの「サメツキ」と呼ばれる大漁のときの状況を指している。

たとえば、岩手県大船渡市三陸町の小石浜には、次のように伝えられている。

甚平とは海中の怪物で、頭がでかくてカジカの様でもあり、尾が細くてカセビ（魚の名）にも似ているが判然とは分らぬ。クジラの様に大きく、舟を背にのせて泳ぐとのこと。背中を突いてみると岩のように固い。鰹とは仲良しなのか、鰹が甚平の背中をゴロゴロころがって遊んでるそうだ。何万年前の恐竜かも知れない。この甚平様を見付ければ大漁うたがいなし。総ツノかけ（角針で釣ること）となり、みる間に満船となる。終ると御神酒を上げて明日もよろしくと拝むとのこと。

さて、赤崎町の長崎に名船頭があり、この甚平漁を三日連続。長崎ではお祭りの様なにぎわい。明日で四日、たちまち船主には蔵が建つ。四日目船頭は突然「今日は船止めだ」皆は異口同音に、「何して船頭殿船止めなんです」船頭曰く「甚平漁を三日つづけたら船を曳き船の底を見るもんだぞとの言い伝えがある。今日は出漁のかわりに船曳きだ。」船頭の一言に、ではと総動員で舟を曳いた。そして船底を見た時、皆は目を見張ったのでした。甚平の岩の様な肌に船底がすれてベニヤの如くうすくなってました。ああ、もし今日も船出していたら、水船になって皆死んで甚平に捕られるところだったなあ！［新沼、一〇一―一〇二頁］

ジンベエザメのことを「海中の怪物」と捉えてはいるが、このサメと出会えばカツオの大漁に恵まれることも同時に述べている。三陸地方で「ジンベエ様」と敬称を付けたり、この魚のことを「エビス」と呼んでいるのも、そのためである。たとえば、岩手県山田町の大沢では、ジンベエザメに出会うと、「ごめんなさい」と言って拝んだという（福士福松〈明治三十四年生まれ〉談）。気仙沼市では、ジンベエザメに出会ったら米を撒いてからカツオ釣りに向かうものだと伝えられている（尾形栄七〈明治四十一年生まれ〉

談）。同市の大島では、それはカシキが上げた。静岡県の御前崎の方では、ジンベエザメにお洗米を上げるのは、漁労長の仕事であったという（小田孫一〈大正十年生まれ〉談）。

石巻市の桃浦《もものうら》では、カツオ船のカシキは、ジンベエザメが現われると、「ジンベエ様さお神酒上げてやれよ！」と言われたものだという（後藤辰男〈大正五年生まれ〉談）。三陸町の小石浜で「甚平漁」（サメツキ）でのカツオ漁が終えるとお神酒を上げると伝えられているのは、以上の事例と同じ理由である。しかし、「甚平漁を三日つづけたら船を曳き船の底を見るもんだぞ」という言い伝えがあるように、そのジンベエ様に対して周到に対応していることも理解される。

このような伝承は、次のように三陸沿岸を中心に各地に伝えられている。

① ジンベイは獲らぬ。悪口を云う事も慎む、うつかりしてこの魚の悪口を言ふと船底に穴をあけられる。大漁した船が、大漁祝すべしとて陸に引揚げたところ、ジンベイに擦られて船底が紙の如く薄くなつてゐた事がある。いつも鰹がぞろ〱ついて歩く。（岩手県久慈市宇部）［柳田、三六二―三六三頁］

② 漁師たちは漁に出て、甚兵衛さまを発見すると「甚兵衛釣りだゾ！」とこおどりして喜んだという。甚兵衛さまの周囲や身体の下には、いつも無数のカツオが群がっており、大漁間違い無しだったからである。それで甚兵衛さまを、有難い大漁の神様のお使いと尊敬し、お神酒を捧げて、お祝いをするのがならわしであった。しかし慾ばりすぎて漁に夢中になり、うっかり甚兵衛さまに、船を乗り上げたりすると、甚兵衛さまの怒りにふれ、急に浮上したり、急に沈下したりして大波を起こし、船は思わぬ海難にあうという。そこで甚兵衛釣りは、漁もほどほどするなど細心の配慮が必要であったという。（釜石地方）［奥寺、四四―四五頁］

③　カツオ釣りのごと、昔の人は言ってるがね、ジンベエの上さ乗ってね、カツオ満船してす、ジンベエの背中の上だから何ボ釣っても釣っても見やしねえごったからね、ジンベエがいなくなって船が沈没したたっつ話、あったんだってね。（岩手県大船渡市三陸町根白・小坪寛〈昭和二年生まれ〉談）

④　カツオの大漁で船の中にどしどし釣り入れても、船の足がある――吃水の変らぬ――と思われる時には、気を付けないと、この「ジンベイサマ」が船の下に来て体で支へていることがある。（金華山沖）［木下、五一頁］

⑤　ジンベイにぶつかると若衆は夢中になつて船の荷足をも忘れて鰹を釣つて仕舞ふ。ジンベイが船を背負つてゐるのも知らずに釣り過ごしてジンベイから離れる途端に沈んでしまつたといふ話もある。又これに船の敷を擦られるとそのために穴があいて沈没する危険があるので、続けて漁がある時には必ず一旦帰つて舟夕デをして浄めてから出直ほさねばならないとも云はれてゐる。これがエビス魚にもなれば、又海の怪物にもなるといふ事であつた。（陸前の沿海漁村）［守随、四頁］

⑥　カツオ船では、ジンベエザメと一、二回出会うと満船するくらいの漁を得る。一生これに当たらない人もいれば、二回も三回も当たる調子の良い人もいる。三日当たって船を上げたら底が抜けたという話もある。船を造り替えるだけの漁ができるともいう。（和歌山県新宮市三輪崎・西村治男〈昭和六年生まれ〉談）

⑦　これ（ジンベエザメ）に漁を祈る者、五日、七日と日数を限りて漁獲を求む。日限おわるまで漁しつづくる時は破船す。その船底を見るに、煎餅のごとく薄く削り成せり。これにこの鮫の背の麁皮をもって磨り去れるなり、と。（和歌山県田辺市）［南方、九三頁］

④の事例は、柳田国男と倉田一郎によって編集された『分類漁村語彙』（一九三八年）に、「信仰事相」

のなかの「ジンベイサマ」に引用されている［柳田・倉田、三五四頁］。そこでは「疑いも無くかゝる昂奮の折に見る海のまぼろしである」と記されているが、これは単なる「陸前金華山沖で見るといふ海の怪異」ではなかったのである。現在でも、カツオ一本釣りの漁師たちは、背に船の赤いペンキを付けたジンベエザメに出会うことが多い。

これらいずれの事例も、ジンベエザメに対する両面的な性格を表わしているが、最後の事例の先には、「信心厚き漁夫の船下に潜み游ぐ。信薄き輩の船来たればたちまち去る」とも記され［南方、九三頁］、ジンベエザメの両面的な性格は漁師の信心次第であり、「この鮫海上に現わるる時、漁夫これを祭り祝う。『エビス付き』と名づく」［南方、九三頁］とある。⑤の「陸前の沿海漁村」の事例にも「エビス魚」とある。次に、このエビスとしてのジンベエザメについて見ておきたい。

エビスザメの時代

和歌山県の田辺で、漁夫の話として「エビスの鰹群は餌付よく実によく釣れる、この鮫はエビスザメといふが丈け数丈に及ぶものがある」という［雑賀、二頁］。ジンベエザメのことを「エビス」、あるいは「エビスザメ」と呼ぶところは、三陸沿岸や神奈川県の三崎、高知県などでも見受けられる。宮城県唐桑町の菅野茂一翁（大正六年生まれ）によると、沖でジンベエザメを見たときは「オエビス様いた！」と語り、サメツキでカツオを釣るときは「オエビスさん！　オエビスさん！」と言いながら釣ったという。また、岩手県の大船渡市では、沖ではクジラやフカ（サメ）は「エビス様」と言い換えて語ったという［大船渡市史編集委員会、一五七頁］から、一種の海上での忌み言葉であったように思われる。

また、ジンベエザメのことを和歌山県田辺市の芳養では「オイサン」（おじさん）と語っている（浜中十吉［大正十一年生まれ］談）。三重県尾鷲市のカツオ船でも「オジ」と語られるが［若林、六五頁］、この言葉も、ときどき訪れてくる存在としての親しみを込めた言葉としてばかりではなく、一種の忌み言葉であったように思われる。三陸地方の海上の忌み言葉のなかに、サルのことを「ヨウボウ」とか「山のオンツアン」と呼び、ヘビを「ナガムシ」と言い換えるのは、水先案内の神（サル）や竜神（ヘビ）の正体を口にすることを忌んだためであるからである。「エビス」や「オイサン」と呼ばれるジンベエザメも、一種の神格化された存在であったことが知られる。

さて、そのエビスと呼ばれるジンベエザメが人を助けたという、次のような話もある。

土佐のある浦で昔数艘の鰹船のうち、何故か一艘だけ釣れず、他の僚船は悉く鰹を満船して帰るに、その一艘だけはまだ一尾も釣りあげ得ず。その船の船頭エビスに対し「何卒わが船に七日の間毎日満船せしめよ、然らばわが身を捧げ奉るべし」と祈りかつ誓つた。するとその日から其の船に不思議に大漁あり、他の多くの船よりもすぐれて満船しつゞけた。さて七日目に満船して帰らうとすると、大きなエビスが海上に姿を現はし大きな口をパクリと開けた。かねて覚悟の船頭は、用意してゐた白装束でエビスの口の中へ飛びこんだが、エビスはそのまゝ海底へ姿をかくしてしまつた。その船の漁夫たちは青くなつて逃げ帰り、問屋（船主で魚商を兼ね、資本主である）の主人に告げると、主人は落つき払つて驚かず、まづ漁してきた鰹を売らしめ、大漁の祝宴を開くとて自宅へその漁夫たちを招じた、一同は心ならずも宴席へ就くと、さきにエビスの口の中へ自ら飛びこんだ船頭が、無事に早く帰つてきてゐて、その座にあるをみてかつ驚きかつ喜びしてきくと、エビスが船頭を食はず、反つて背の上に乗せて浜まで送つてくれたと知れたといふ。このエビスは神さまで、船頭の誠心をためしたものので、もし船頭が命を惜しみ誓を破つたならば、その咎めで船も諸共に一同呑まれてしまつたかも知

れぬのであつたと。［雑賀、一〇―一一頁］

ほぼ、これと同様の話が、宮城県の牡鹿町でも聞くことができた。牡鹿町清水田浜の漁師、阿部幾之助氏（昭和四年生まれ）は、子供のころ、風呂もらいに行ったときなどに、村の年寄りたちが話していたことなどを耳袋に溜めていた少年であったが、氏が伝えている世間話の一つに次のような話がある。

小網倉浜の、カツオ船の船頭の話だが、大船頭さんが、はっぱり何年も不漁で不漁で、それで、その人が、気い短くして、船の上から、カツオの神様っていわれるジンベエザメさ向かって、「俺、ほんとに何にもわかんねもんだけんとも、まず、俺んとこ食って、そして、今までカツオを食わせられねえ分、漁を授けてけろ」と言ったら、金華山沖で相当な漁あったらしいんだね。そしたら、その船頭が、約束だがらって、海の中さ跳ねたら、そのサメどのは、船頭様を背中に乗せて、港へ帰ってきて、船は後から着いだって。船の人だち驚いたってハナシ、聞いだことあったね。（二〇〇二年九月二十三日採録）

また、静岡県焼津市浜当目《はまとうめ》の久保山俊二氏（昭和五年生まれ）によると、年高の漁師から聞いた話に、ジンベエザメという呼称の由来は、昔、甚兵衛という人が海に落ちたのを、このサメが背中に乗せて助けてくれたからだという。ほぼ同型の話が、土佐と静岡と三陸とに伝わっていたことになる。土佐の話では、「エビスは神さまで、船頭の誠心をためした」と述べられているが、同型の話の展開をしながら、まったく逆の結果に終わる「ジンベエに捕られた漁師」の話も、三陸沿岸の北部に伝えられている。

北前（下閉伊以北の総称）の船であったということであります。鰹釣に出ると「ジンベエ」付に遭遇して大漁をした。親爺が船頭殿「ジンベエ」様が附いて御座るようだから、よいか減に帰ろうではないかと注意をした。船頭は大きな声でおゝ七浜釣らしてくれゝばおれの命をやってもよいと云った。

不思議なことに出れば必ず「ジンベエ附き」で大漁をつゞけた。やがて七浜になった彼は最初は戯談半分に云ったのであったが少々気味が悪くなったので、つぎの浜からは見合せ遊んで居た。すると何やらん海辺の方へ人が馳せゆく。何事であろうと出て見ると鯨が来たというので皆大さわぎをして居る。彼は海岸の岩頭に立って見物して居たのですが如何したはずみか海に墜落してついに行方不明となり死体も浮かばなかった。正しく「ジンベイ」様にとらへられたのだろうと語り伝へられている。
[山本、五五―五六頁]

ジンベエザメが人を食うということは一般的に信じられていたらしい。たとえば、三重県海山町の引本もかつては、カツオ船の基地として有名な港だったが、引本の坂長平氏（昭和二年生まれ）は、イケイワシを揚げていた者がジンベエザメに食われたという世間話を伝えている。その者の名が「甚兵衛」といったために、ジンベエザメの呼称の由来はここから始まるという落ちも付いていた。同県尾鷲市三木浦の三鬼福二翁（大正二年生まれ）も同様なことを伝えていた。前に掲げた、静岡県の焼津とはまったく逆の役割を果たしたジンベエザメの名称由来譚である。

そのようなジンベエザメが人を背中に乗せて助けたという一連の話は、人間に価値を与える「エビスザメ」としての奇譚として伝えられたと思われる。

一方で、ジンベエザメが「寄り物」として浜に上がってしまい、エビスとして祀られた事例が、宮城県の大島にある。気仙沼市の大島の村上清太郎翁（明治二十六年生まれ）によると、大島の小浜にジンベエザメが寄り上がり、村人で食した残骸を、アンバ様という神様のそばに葬ったという。明治二十九年（一八九六）三月二十四日、「奉祭恵部大神」と記した供養碑を建立したが、この「恵部《えぶ》」はエビスを意味している（写8）。

静岡県沼津市内浦の住本寺《じゅうほんじ》に祀られている「戎鮫《えびすざめ》」も、ジンベエザメのことである。高さ一一二センチメートルの「戎鮫ノ塚」と刻まれている石塔の裏面には、「昭和九年八月十二日重寺大謀網ニ入同日水族館へ蓄養十二月十一日死ス」と記されている（写9）。大謀網に入った一種の「寄り物」としてのジンベエザメであったが、約四カ月のあいだ、水族館に飼われていて死んだために祀ったものである。和歌山県の田辺では、「エビス鮫（ジンベエザメ）とマンボウは姿の侭に揚げず」［雑賀、三頁］という言い伝えがあり、もともとは海上はるかな沖に棲息する怪異な魚として捉えられていて、「寄り物」としてのジンベエザメは少なかったように思われる。

また、江戸時代に東廻海運で栄えた、茨城県北茨城市の平潟には、八幡神社の境内に「甚平鮫神社」がある（写10）。八幡神社宮司の鷹岡忍氏（昭和十一年生まれ）の話では、戦後まもなくのころ、平潟の網主がジンベエザメを食べたら、漁がなくなった。そのために祀り始めたのが機縁であったという。

さらに、エビス（ジンベエザメ）は、三重県志摩郡磯部町の「磯部さま」（伊雑宮）のお使いで、その祭日には、エビスが三匹、「みこの浜」に来て、水上に背を出して甲羅干しをするといわれている。そのために、志摩地方のカツオ船は、磯部さまの社の、楠の木の皮を受けてきて貯蔵し、沖でエビスが来て、船を転覆しようとするときに、その楠の皮を投じれば危害からまぬがれると伝えている［雑賀、一〇頁］。

以前には、ジンベエザメに襲われる恐怖感のために、船では包丁などの刃物をかたわらに置いたり刺したりして魔よけとしていたが、焼津市浜当目の久保山俊二氏（昭和五年生まれ）は、出刃がジンベエザメの頭に刺さって、それから漁がなくなったというような、ジンベエザメを脅かした、逆の伝承も伝えている。また、ジンベエザメによって漁をしているときは、ジンベエの開けた口の中に、イワシをタモで二～三杯、入れてあげたという。

写8（左） 浜に寄り上がったジンベエザメをエビス（恵部大神）として祀った供養碑（宮城県気仙沼市横沼，2002.4.1）
写9（中） 「戎鮫ノ塚」（静岡県沼津市の住本寺，2002.4.4）
写10（右） 甚平鮫神社（茨城県北茨城市平潟，2002.12.23）

このような言い伝えも、ジンベエザメをエビスとして捉えるようになってからであろうと思われる。ジンベエザメがエビスとかエビスザメと呼ばれるようになった時代は、カツオ船が沖まで行き、このサメによって大漁をするようになってからであったにちがいない。

ジンベエザメとカツオ

紀州の漁師は、以前はジンベエザメなどの大きなサメを発見すると、船が転覆される恐れがあるために避けたものだが、石油発動機の付いた漁船が普及した後には、逆にカツオなどの群れに遭遇するために、このサメを追いかけるようになったという［雑賀、三頁］。ジンベエザメの巨大さに恐れをいだきながらも、それがカツオの大漁をもたらすと知ってからは、「エビス」という名を与えながら、それに近づいていったのは、先に紹介した『魚鑑』が書かれた天保時代のころからであったと思われる。近代の漁船の動力化は、さらにジンベエザメとの積極的な接近がはかられたが、それにともなって、ジンベエザメとそのカツオの関わりについても、冷静な判断とともに、そこに寓話的な解釈も付け加えられていった。

ちょうど、そのころに伝えられたと思われるジンベエザメに関する伝承を紹介しておきたい。岩手県大船渡市三陸町根白の小坪新太郎翁（明治三十七年生まれ）は、三十年ものあいだ、カツオ船に乗った漁師であるが、あるとき次のような不思議な光景に出会ったという。

おそらく何十年、カツオ船に乗ったって、遠洋漁業したって、ああいうことは言い伝えにも聞いたことねぇ。それが、昭和になってから、カツオ船の末期だね、そのときで終わってしまったんだが、あるとき、カツオ船行ってから、ところが、たいしたカツオに遭ったんでごんすよ。ところが、カツオというものが、イワシのいる水とイワシのいねぇ水がある海でね、イワシのいる海にいるカツオがエツキ（餌付き）悪いね、常にあっからね。して、イワシのいねぇ海さいるの方がエツキ良好だね。ある日、唐丹《とうに》（岩手県釜石市）の船三艘、ここの（三陸町根白）船三艘、ダイナン沖（最も遠い沖）さ行った。たいしたカツオいたな、そこ、イワシのいる海で、イワシを食うためにカツオがイワシを追って歩く。それをアラヨカケと、こう言う。そのアラヨカケというのは、自然の海に食い物あるから、人間が五本十本投げたイワシ、目ぇくれねぇわけだ。

ところが、ジンベエというサメ、大きいのが幅が二間（約三・五メートル）ぐれえだね、三角な魚で、尾ヒレばりあって背ビレねぇの、ごくおとなしい魚なんだ。これが、船が休めば船さ、なついで（慕って）、船のところさ来てなつくの。ところが、ジンベエとカツオというのは深い契りのある魚なんだ。カツオが自分のおっかねぇ（怖い）敵のカジキ——鼻のあるカジキが、カツオが一番おっかねんだ——、あのカジキは一応大群でいっから、ああいうどこで出会うというど、ジンベエさ皆寄るの。カジキ寄れねぇ。そして、その場をしのぐわけだ。だから、ジンベエというものが静かに歩けば、カツオが底付いて離れねぇ。長くあるいているうちにイワシのある水とイワシのいねぇ水があるから、それによってカツオ船の大漁する船が、イワシのいねぇ海でジンベエさついたカツオに遭えば、船沈むくれえの、満船するくれえの漁に遭う、とこういう。私たちも何回も漁に会ったことがあるが……。

さて、そのとき、たくさん漁しねぇ海で、カツオがワラワラ〱、イワシを追って、そしてジンベエがいたった。しきりにそのジンベエが南沖の方さあるいていた。ところが、そのジンベエがちょっと休んだんだね。休んだ瞬間に、でっかり立ったんでごんす。立って、口大きなものだからね、バッカリその口開いたんだね。そいづの高さが五尺（約一・六五メートル）ぐれえあるんだ。沈んでもいかねぇし浮かんでもこねぇに、動かねんだ。見たごともねぇから、「ジンベエ腹病みだ。これ、たいへんだ！」。

ところが、はるか向こうを見たところが、カツオが円形を描いて、ワラワラ〱、イワシを追ってる。俺見てる前で、だんだん巻きが迫ってきたんだね。ジンベエが口開いてる周囲をグルグル〱回ってきたんでごんすよ。ところが、イワシなさけねえから（行くところがないから）、カツオいねほうに行くが、カツオいねどもジンベエいるわけだ。ジンベエの尻さ、イワシ、かっ潜《くぐ》って回って歩くの。そして、ジンベエの口の近くまでカツオが来て回るんだね。そいづ、なさけねえからイワシ、ジンベエの口さ跳ね込まるんでごわすよ。不思議な話なんだね。そして、数で言えば五百匹なっか六百匹なっか、真っ赤になったイワシが只でその口さ入り込む。だいたいジンベエの陰にあって、たくさんなれば、パクッとそいづ飲んでやる。また、口開くんだ。そうすっというど、また遠くからカツオ来る。また周囲をグルグルと三回まわったね。三回まわって三回くれえ食ったんでごわすぺ。イワシ、ジンベエが御馳走になりしたべ、起き上がって、またゆるゆるとあるった。カツオがジンベエさ恩返しな

もんだか分かんねが、人間にもでねこと、それ語るんだ。（一九八七年十二月十三日採録）

小坪新太郎翁は、カツオがその天敵であるカジキマグロから守ってくれるジンベエザメに、イワシを追って食べさせることで恩返しをしているということを、実際に見た話として述べている。このような、ジンベエザメが海中で立ち上がる食餌行動は一般的であり、クジラもイワシを飲み込むときに同じ行動をする。しかし、実際はジンベエザメはコイワシ（セグロイワシ）と共に、プランクトンも食べるわけだから、この話はジンベエザメとカツオとの共生関係を寓意的に述べたものであろう。しかも、もはやジンベエザメに対する漁師の恐怖感は微塵も見えない。

ジンベエザメにカツオが付くことの科学的な説明によると、ジンベエザメがプランクトンを常食にしており、プランクトンを餌にするイワシのいるところを必然的に泳ぐために、そのイワシを餌とするカツオが付くといわれている［矢野、五九頁］。土佐のマグロ船の船員たちも、ジンベエザメはクラゲやプランクトンを常食とし、魚を口にしないところから「魚の神さん」と呼んでいる［斎藤、三六―三七頁］。

しかし、新太郎翁の話は、ジンベエザメとカツオとの関わりを、あくまでカジキマグロを中に置いて説明している。ジンベエザメとカジキマグロとの関わりについては、同じ三陸町根白の寺沢三郎翁（大正二年生まれ）からも、次のような寓話で教えられたことがある。

ジンベエザメとカジキマグロのやりとりね、ジンベエがカジキさ向かって言うにはね、「オマエが俺の体を千突き突いてもいい。そのかわり、俺さたった一かじり、かじらせろ」と。ところが、カジキはいくら突いてもジンベエは柔っこいもんだから、コンニャクみてにグニャラと刺さんねわけだ。そしたら、ジンベエが刃になった歯でガバッとカジキの肉、取ってしまった。（一九九七年三月九日採録）

また、鹿児島県枕崎市の立石利治氏（昭和十五年生まれ）によると、カツオがジンベエザメにイワシを食べさせるために、イワシを追い込んでいるように見えるが、サメの周りをぐるぐる回っていると大きな生物に見えて、カツオの天敵であるカジキが寄り付かないために、そのような行動をとるのではないかと語っている。

このジンベエザメとカツオの共生関係については、他に千葉県安房郡の漁師の談話として、「ジンベイサマはいつもイワシを食い、決してカツオは食わない。もし誤ってカツオを食うと、ジンベイサマの身はただれてくさってしまう。で、カツオは安心してこのジンベイサマのまわりに集まっている」［木下、五一頁］という伝承もある。

ジンベエにカツオが付いているのか、それともカツオの群れにジンベエが付いているのか不確かな現象を、ジンベエザメとカツオの共生関係として捉えていることが科学的でもあり、同時に寓意的でもあった。

小坪新太郎翁の話では、イワシの多い海ではカツオの餌つきが悪いが、イワシの少ない海で「サメツキ」に出会ったときにカツオの大漁をすることを述べている。実際のサメツキはどういうものであったか、最後に述べておきたい。

ジンベエ釣り

一般的に「サメツキ」と呼ばれる、カツオの大漁は、三陸では「ジンベエ釣り」、土佐や静岡では「コロツキ」とも呼ばれる。コロとは『魚鑑』に「大サ五六尺余なり」と記されている「ころさめ」のことであり［武井、九〇頁］、サメの名が一種の漁法の名になったわけである。三陸沖にはカツオに群がるマトリ（オオミズナギドリ）と呼ばれる海鳥がいないために、遠方からのナムラの発見は難しく、船員が一日中、帆柱や高い所に登って見張りを怠らなかったというが〔鈴木、一三六頁〕、それは、このコロ付きのカツオの大群を発見するためであった（写11）。

特に、水温が上がると、コイワシ（セグロイワシ）やクラゲを食べているジンベエザメが来るようになるという（石巻市桃浦・後藤辰男〈大正五年生まれ〉談）。

しかし、ジンベエザメにカツオが付いていても、食いの悪いときもあったという。特にジンベエザメの背中が、きれいなカスリ模様のときは、カツオが付かなかった（いわき市江名・福井清〈明治四十三年生まれ〉談）。また、一度もカツオ船がジンベエ釣りを試みなかった群れも食いが悪く、これをアラモノと言った（鹿児島県枕崎市・立石利治〈昭和十五年生まれ〉談）。さらに、秋になるとカツオの群れが付かず、これを「裸のジンベエ」とも漁師たちは呼び合ったという（高知県甲浦・竹林保〈大正九年生まれ〉談）。

ジンベエ釣りで大漁をする一つの理由は、ジンベエツキは、水面より下の方に厚みがあり、一番底が再び群れが小さくなっているからという（図3）。三重県南勢町の田曽浦では、この様子をたとえて「サメは茶碗の糸尻」と呼んだ（郡義典〈昭和二年生まれ〉談）。

もう一つの理由をあげると、「サメツキ」の場合は、「クジラツキ」と相違して、カツオの群れがジンベエザメのゆったりとした動きに合わせるために大漁をすることが多いという。ジンベエザメが動かなければ、竿でその硬い背中を叩きながら動かし、少しずつ移動しながらカツオの満船へ導いていく。静岡県焼津市岡当目の岡田昭八氏（昭和八年生まれ）によると、カツオだけのスムレ（素群れ）の場合はカツオがバタバタと釣れるが、サメツキでは半日くらいかけてシタシタと釣れるので疲れるものだったという。鹿児島県坊津町の市之瀬昰氏（昭和十四年生まれ）が経験したのは、金華山沖の一昼夜から一昼夜半の距離の付近だったという。ジンベイザメがヒョコサー、ヒョコサーと船に近づいてきたために、船はチョロター、

写11　ジンベエザメとカツオ船（鈴木兼平画・近藤和船研究所所蔵）

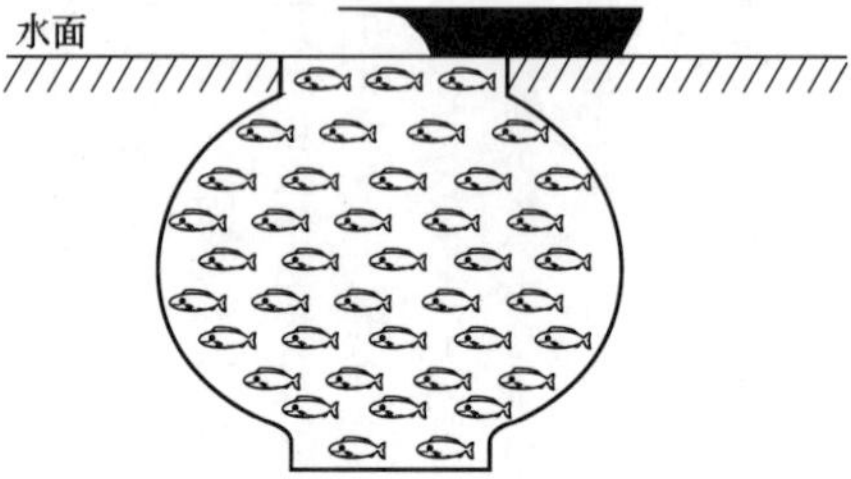

図3　ジンベエツキの場合のナムラの断面図

チョロターと、ゆっくり走って大漁をしたという。「ヒョコサー」も「チョロター」も、ゆっくりとした様子を示す擬態語である。

全国的にみても、多くのカツオ船は静岡県の焼津・御前崎地方を除いて左舷釣りであるが、三重県海山町の白浦で聞いた話では、サメツキの場合は、ジンベエザメの動きに合わせるために、右舷から風が吹けば左舷釣り、左舷から風が吹けば右舷釣りをして、たえず風下に回って釣ったものだともいう（広瀬鉄次〈昭和五年生まれ〉談）。

『魚鑑』に「人声を聞《きく》ときは、必来て船を覆《くつがえす》ゆへに声《いき》を呑《ころし》てひそまり居る」と記されているように、ジンベエザメやマンボウには船の日陰に入り込んでくるという習性があるという（和歌山県すさみ町・中村繁治〈大正十年生まれ〉談）。そのことを、神奈川県の三浦半島では「コロに舟を背負われる」と呼んで、非常に恐れたものであったという［内海、一五頁］。しか

図4　近海カツオ一本釣り漁船のエンプラ（誘導器）漁法
（浜口卯喜男『生き残りを賭けた漁業の変貌』）

し、それにカツオの群れが付いているならば、カツオ船にとっては向こうから大漁の機会がやってきたようなものである。

このジンベエザメの習性を積極的に生かしてカツオ漁の活性化を試みたのが、「ジンベ鮫象」と呼ばれるジンベエザメの模型を使用した漁業である〔浜口、二一六―二一七頁〕（図4）。この方法は、あまり成功しなかったようだが、近世には畏怖の対象でしかなかったジンベエザメの、その模型を作り、漁に利用しようとするまでに、人間とジンベエザメとの関わりかたが変化したことを象徴的に示す出来事であった。

前述したように、ジンベエザメとマンボウは、基本的に沖でのみ発見できる魚類であり、「寄りもの」として浜に打ち上げられるようなことは、あまり見られなかった。むしろ、日本人がこれらの生物に出会った当初は、陸《オカ》や沿岸でなかなか見ることのできない生物であったため、奇異なものとして、陸《オカ》に上げることさえ忌んだのである。その点が、寄りものとして上がることの多いクジラやウミガメとの相違であるが、墓や供養碑が多いのも、

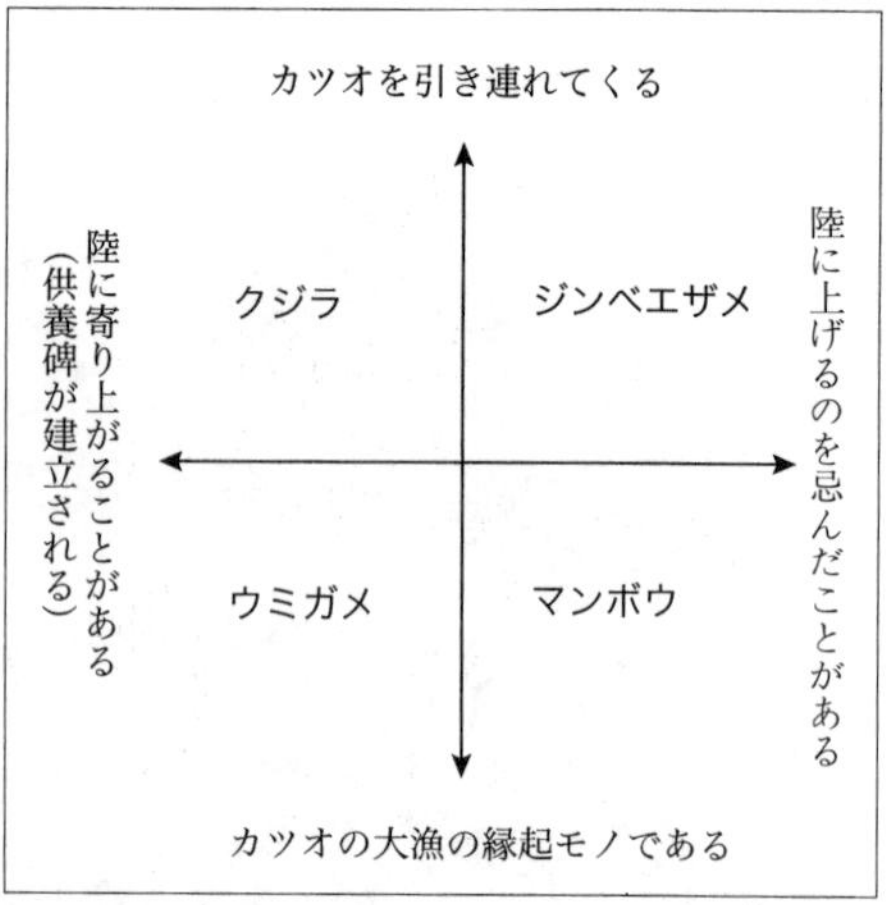

図5　カツオ漁から捉えられた海洋生物（川島秀一「海からの賜物」・2005）

寄りものとしての、後者の生物であった。また、人間と同じ熱い血液をもつクジラやイルカ、あるいは、四足をもつウミガメは供養の対象としてもなりやすかったものと思われる。

しかし、カツオ船が沖に行くにしたがって、ジンベエザメやマンボウは初めて「寄り物」としての価値を与えられていった。特にジンベエザメは実際にカツオを引き連れている場合が多いだけに、寄りもののエビスザメとして神格化された存在であったにちがいない。三陸地方では、カツオのことを「クジラ子」と呼ぶだけでなく、「ジンベエ子」と呼び、「福来《ふくらい》子」とも呼んだ（気仙沼市二ノ浜・畠山熊治郎〈明治三十八年生まれ〉談）。陸《オカ》との関わりが希薄な生物であったために、陸《オカ》に墓や供養碑を建立することは少なかったが、三陸沖のカツオ漁にとっては、今でも人間とより関わりの深い魚の一種であり続けている。

カツオ漁から捉えられたこれらの海洋生物の価値付けを図式化してみた（図4）。マンボウとウミガメについては、第五章で詳しく述べてみたい。

第四章　カツオ船の経営と組織

雇用契約

「身ノ賃」で乗る

カツオ一本釣りは、上手な人で一分間に二十四も釣るように、短時間に釣り上げるだけ釣って、船に入れ込む漁であるために、カツオ船が乗組員の数が多いのは、今も昔も変わらない。このような共同の漁労組織を形成することが、カツオ漁の特色の一つになっている（写1）。

漁業集団と信仰形態との関係を論じようとした亀山慶一は、「漁民における産忌の問題をめぐって」（一九七六年）の中で、「一般に家族労働を中心とする小型船の漁撈形態をとる業種の漁民の間では産忌の意識が弱く、共同漁撈組織・階層的漁撈組織をとる大型の業種に携わる漁民ほど産忌を厳重に守っているという傾向を指摘できるかと思う」［亀山、三〇五頁］と述べている。

つまり、漁運が漁師の腕一つにかかっている磯舟や小型船に比較すると、漁船が大型化して漁労組織が複雑になるほど、一人の人間の能力によって漁運を決定することが困難になり、漁獲量の多寡の原因を宗教的な要因に帰することが多くなるからである。

写1　カツオ船上の記念写真（高知県の第八源漁丸，土佐清水市植杉豊氏所蔵，多田真氏撮影）

このようなカツオ船での、近世の雇用形態はどのようなものであったろうか。たとえば、宮城県の気仙沼市大島で、近世の中期以降、カツオ船をかけていた（経営していた）小山家に、次のような明和二年（一七六五）の近世文書が残されている（写2）。

鰹舟乗組申候金子借用仕候證文之事

一　当御年貢諸納ニ不被罷候ニ付金子借用仕候而来鰹舟ニ乗組申筈ニ御申合金壱分判三切之やといニ而両度ニ借用仕候處実正ニ御座候　若鰹舟かき前等御座候か又ハ借り下り等ニ而御座候ハバ又以乗り組返金可仕候　尤病気等ニ而仲合相出不申候ハバ是又御勘定を以返済可仕候　万一病気ニ而長煩ニ罷出病気等ニ而仕候ハバ後々は口入方ヨリ返金可仕候　為其證文如此ニ御座候　以上

明和弐年　　　丹三郎子　㊞
十一月十四日　太三郎　㊞
次右衛門殿

この文書は秋に小山家の当主（次右衛門）に出されたものであるが、丹三郎の家では年貢を払うことができなくなったために、小山家から金子を借りることで、翌年のカツオ船に子どもが乗り組むことを約束しているものである。おそらく、カツオ船のカシキに雇われるわけであるが、この子と共に名前を並べている太三郎は、その仲介人、つまり「口入方」と思われる。

また、岩手県大船渡市三陸町砂子浜の千田家文書にも、同年同月の次のような文書がある。つまり、「夫食相続」に行きあたった綾里村小石浜の市之助は、金六切を前借し、この返済にあたって「来戌ノ年鰹漁敷ち亥ノ年同敷まで弐ケ年弐敷、身ノ賃七切ニ申合、二敷乗仕廻候而、右借金六切ハ無利足ニ而返済仕、残金壱切ハ其節受取申筈ニ申合候」との、カツオ船へ乗り組むための願いの文書を出している［細井、二一二頁］。シキ（敷）とは漁期のこと、「身ノ賃《みちん》」は身代金と同じで、気仙沼地方には、この名の正月行事もあった。すなわち、正月二日の早朝に、子どもたちが親船のある家などの船主へ「みのちんを呉れろ」と言って回ると、天保銭一枚ずつを与えたという［千葉、三二頁］。茨城県の那珂湊でも、契約金のことを「身ノ賃」と呼ぶが、近代まで「船方は船主のイボシゴ（烏帽子児）となって働き、サガリ（借金）のあるもの多く、船方は殆んど船主の田、畑、屋敷を借りていた」［佐藤、三二頁］という。

当時は、ほぼ、このような形態でカツオ船に雇われることが多かったものと思われる。現代においては、どのようにカツオ船に雇用されてきたのか、この章では、カツオ船の雇用形態から始まって、船内の組織、船員が一人前になるまでの過程、経営方法などを、聞き書きを中心にしてまとめている。

船員を集める

沖縄県の座間味島では、十八歳になり、クミアイに入ることでカツオ船に乗ることができるわけだが、加入するときは親と一緒に、泡盛一升とタンナファクルーと呼ばれる黒糖で作ったお菓子五十個を持って挨拶に行ったという（中山正雄〈大正十三年生まれ〉談）。

鹿児島県の枕崎では、カツオ船の船頭自身は、前年の十五夜（旧暦八月十五日）あたりに決められた。

船頭を頼まれた者は、その日から身内や友達のあいだを歩き、「カセ（加勢）してくれ！」と言いながら、副漁労長・船長・機関長などを決めていった。契約金に類したノミガワリ（飲み替わり）は、当時百円くらいで、のし袋に入れたり、ハダカ銭を渡した。これを受け取れば承諾したことになり、年内に返された場合は断わられたことになった。正月二日は「二日祝い」といい、船頭の家に船員たちが集まり、朝から三味線の音がしたものだという。この日は、「乗リゾロイ」と呼ばれる行事もあり、船頭（漁労長）が「いろいろ不満があるでしょうが……」と前置きを言いながら、乗組員全員の船上の釣り場所を読み上げた。このことを「座極め」とも言った（立石利治〈昭和十五年生まれ〉談）。

同県の坊津町でも、カツオ船の船頭は、前年のお盆に決定される。その後、その年の十二月初めや中ごろまでに「座つもり」や「乗りゾロエ」が行なわれ、カツオ船の乗組員が決定した。手付金は全盛期で百円であった。五十人くらいの組織で、オモテニセを経て、早くオモツイ（ヘノリのこと）になることが目標であった。ヘノリの役が過ぎると、トモでケガタ（カイガタ）ツイやカゾエツイとしてカツオを釣った。ケガタツイはトモの左舷で、よくカツオが食いつくところに座を占め、カゾエツイはトモの右舷で、船に釣り込んだカツオを数え、左右のバランスや重さを調整する役のことである。夢中になって釣り込む一本釣りの最中に、その様子を冷静に見ている役も必要であったからである（市之瀬昰〈昭和十四年生まれ〉談）。

高知県宿毛市沖ノ島の弘瀬に住む田辺定文氏（昭和十六年生まれ）が、十七、八歳のときに初めて乗ったカツオ船は、奄美大島の名瀬の天龍丸であった。初めてカツオ船に乗るということで、漁が始まる前に「門《かど》入れ」と称して、知人や友人たちが酒盛りを開いてくれた。名瀬の船は弘瀬に着いていたが、出港の二、三日前にも、船頭との「腹合わせ」と言って、乗組員三十人くらいで宴会を開いた。伊豆の下田に行ったときも、サオを作ったりした後に宴会があったという。

和歌山県新宮市の三輪崎は竹が多いところで、二～三月ころに三重県の方からカツオ船の竿竹を選びにきていた。そのようなときに、カツオの乗り子を探したもので、昔は家の様子を見れば、その子がどのように教育されてきたかがわかったので、必ず家を訪問してから、乗り子との契約を交したといわれる（西村治男〈昭和六年生まれ〉談）。

三重県尾鷲市古江のカツオ船では、正月ころから、船主の代理が、手付金の二千円を持ってあるきながら乗組員を集めた。その年に乗れないときは、手付金を倍返ししたという（熊野市二木島・浜戸楢夫〈昭和六年生まれ〉談）。

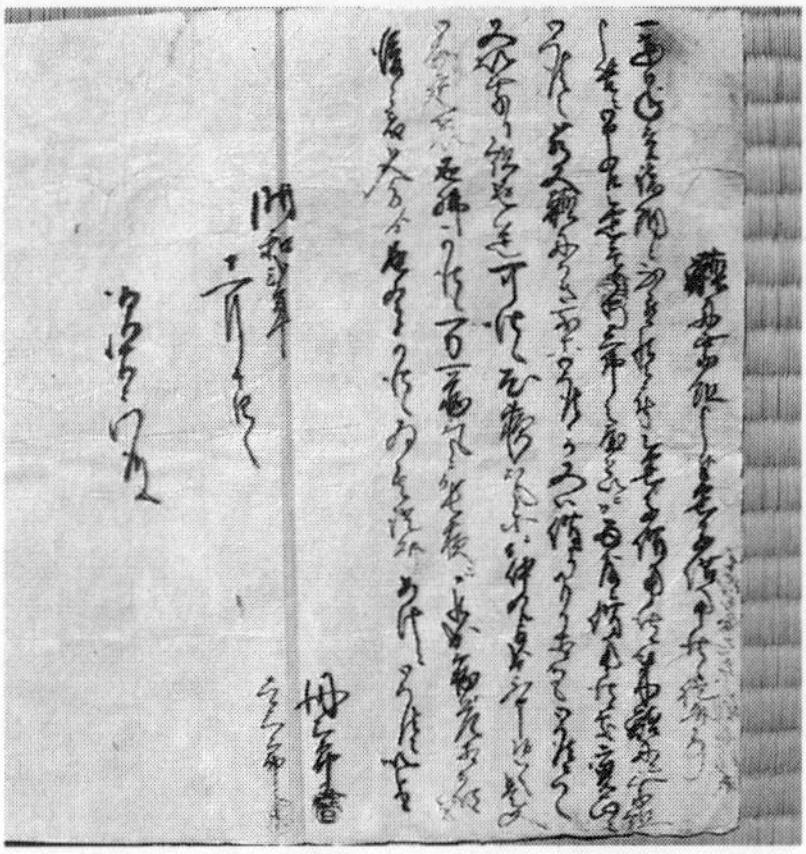

写2　明和2年（1765）のカツオ船に乗るときの証文（気仙沼市外畑の小山たか子家所蔵）

同市の須賀利では、カシキのころから四十歳までは、二月から十月まではカツオ漁、十一月から翌年の二月までの冬はマグロの延縄漁と、地元の沖船に乗ることが決まっていた。四十を過ぎてからは、隠居して湾内の小さな網漁を行なうことになっていたために、棲み分けをすることで資源配分もうまく成り立っていた。リアス式海岸の限られた漁場で、ムラの全員を漁業に従事させるための知恵でもあったという（浜正幸〈昭和六年生まれ〉談）。

静岡県賀茂村安良里の鈴木市兵衛翁（明治四十四年生まれ）の場合は、十四～十五歳で初めて神通丸というカツオ船の船主に雇われるときに、米一俵と金十円をもらったという。この西伊豆地方は若衆宿の習俗が残っていたところで、それがそのまま船上の生活にもつながり、近所の付き合いよりも大事にしたものだという。

メヌキとメカリ

鹿児島県屋久島のカツオ船では、メニッ（目抜き）と呼ばれる釣り子がいた。これは、通常に契約した場合は、全体の釣果を、船主と船員で、四対一くらいで分けるところを、個人がカツオを釣れば釣るほど、収入になる約束で乗る人たちである。船主とメニッの割合は、三対二くらいで、メニッは自分が釣ったカツオを目印にするために、左脇に抱え込むとまもなく、生きたカツオの目を抜き取った。そのためにメニッ（目抜き）と呼ばれたという。目玉をくり抜くかわりに、シッポの片方だけちぎる方法もとられたこともあった（町頭幸内「鰹群を追って」二二）。

福島県いわき市江名のカツオ船でも、旅の漁師は、ショクか、あるいはメカリで乗るか、選択の自由があったという。「ショクで乗る」とは給金で乗ること、「メカリで乗る」とは歩合で乗ることを指している。江名では、五月から九月までがカツオ漁で「夏ショク」と呼ばれ、十月から翌年の一月までがサンマ漁で「秋ショク」と言い、二月から四月までは、ナメタなどの底曳き網で、これは「冬ショク」と呼んだ。一年に三ショクあったわけで、「ショクで乗る」とは、それぞれの期間に給金でもらうことであり、「メカリで乗る」とは、個人の裁量次第で収入も多くなったことから、どちらを選ぶかは博打のようなものであったという（福井清〈明治四十三年生まれ〉談）。

茨城県の那珂湊（ひたちなか市）でも、旧一月から五月まではマグロ流網の「春ショク」、五月から九月までがカツオ一本釣りの「夏ショク」、九月から十二月まではサンマの刺網やイワシの揚繰《あぐり》網などの「秋シック」に分かれていた。船主と船方は、年に二回、「春ショク」は前年の暮れ、夏ショクと秋ショクは盆の十二〜三日ころに「身《み》ノ賃《ちん》」をもって契約した。給与方法も、ショク（一定期間の定額を支給）、マルショク（固定給）、メカリ（漁獲高による歩合配当）、半給料（基本給、漁獲高歩合配当一人分）、ヌケショクなどがあった。ヌケショクとは、一漁期内か一ケ月における基本額をもって最低賃金を保証し、漁獲高歩合配当が、これ以上に達した場合にその超過額を加給する方法のことである［佐藤、三一〜三二頁］。

同様のことは、宮城県牡鹿町の新山浜《にいやま》では、「ブッキリ船」と「バク船」という呼称で、カツオ船自体が二つの方法のうち一つを選んでいた。つまり、固定給のみをもらう場合のカツオ船を「ブッキリ船」、歩合だけからなる場合のカツオ船を「バク船」と呼んでいる［小野寺、三七頁］。

船上の組織

チョウトジ

三重県尾鷲市三木浦では、旧暦の一月十一日は「乗り込みのお神酒」と称して祝い事をした。別にチョウトジ（帳綴じ）とも呼び、一年間に使う大福帳を綴じる日とされた。このときに、船頭（漁労長）・機関長・船長が、ヘノリからトモサキまでの責任者を決定したという（三鬼福二〈大正二年生まれ〉談）。

同県南島町阿曽浦のカツオ船では、正月の七日ころに「カコガタメ」と称して、船主の家でお祝いがあった（尾鷲市梶賀・小川司〈昭和九年生まれ〉談）。

南勢町田曽浦でも、旧暦の一月十一日はチョウトジと呼ばれる「乗り初め」で、男だけでカツオの塩ものをサシミのように切って宴会となった。朱塗りの盃に冷酒を入れて回し、イガミ（ブタイ）の腹合わせ

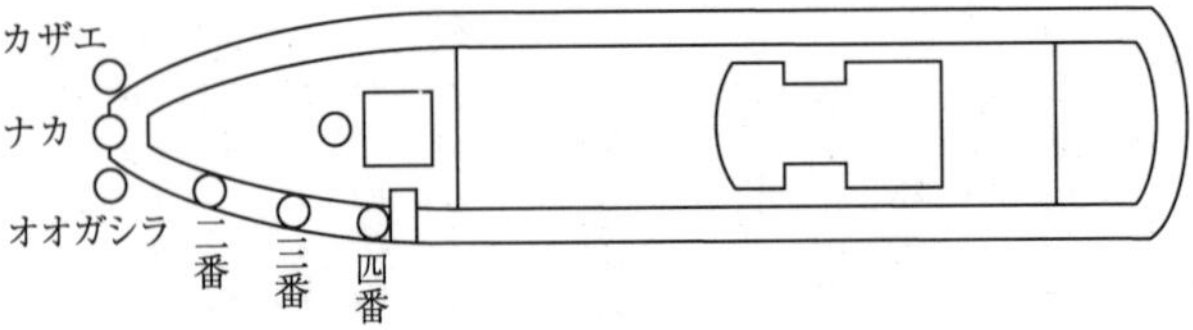

図1　カツオ船の舳先で釣る者の呼称（宮崎県日南市大堂津）

を盆の上に乗せて「ツヨ！　ツヨ！」と言う。字の上手な人に「鰹大漁」と紙に書いてもらい、船員たちが「ツヨ！　ツヨ！」と言いながら、その紙を回した。このころに青峰山の正福寺（鳥羽市）まで乗組員全員が参詣した。現在は、船頭とヘノリが代参している（郡義典〈昭和二年生まれ〉談）。

浜島町でも、カツオ漁の儀礼の始まりは、一月十一日のチョウトジ（帳綴じ）からで、経費は船主持ちで、船主の家に集まった。カツオの塩ものを、サシミのように切っていただいた。浜島ではそのほかにタイやガシラ（カサゴ）の腹合わせを食べたという（松尾忠七〈昭和六年生まれ〉談）。

志摩町の和具では、チョウトジの前に、正月三日に「カコヨセ（舟子寄せ）」と呼ばれる行事があった。漁労長の家で、その年のカツオ船における船員の役割を決めた。カツオを釣る場所が決まる「ハネ順番」が毎年オモテの方へ上がっていくのが楽しみであったという。カツオ船のオモテではヘノリ、トモでは中トモがまとめ役で、どちらも配当が少し多く、ヘノリが一シロ三分、中トモが一シロ三分から五分をもらった。中トモのことをトモノカドとも呼び、代理漁労長の役でもあった。また、和具では、切り上げの終わった十二月末ころに、カツオを二本、腹に塩詰めをしておき、二十八日に洗って藁で飾ってカケノウオを作るが、昔は一月十一日のチョウトジ（乗り初め・大漁祝いともいう）にそれを食べたという。和具の山本家では、正月に飾る注連縄は、船主と船主の妻、それに船頭と船頭の妻との四人で作ることになっている。南勢町の礫浦では、十一日に神社を参拝して、その場でカケノウオを分けたという（山本憲造〈昭和五年生まれ〉談）。

ロワリ

宮崎県日南市大堂津では、正月二日は「船祝い」であり、総会を開いた。カツオ船の乗組員が一同に会し、船頭・機関長・大頭《オオガシラ》などを決めた。船頭は二人目（二倍の分け前）をもらい、機関長は一・九目をもらった。大頭も「風《カザ》エ」・「中《ナカ》」と呼ばれる人たちと一緒に舳先に座る花形であった（図1）。分け前の一人目に差を付けて、「打ち出し目」というものを付け加えたという（金川寛〈昭和二年生まれ〉談）。

宮城県女川町江島の宮淵八太郎翁（明治三十四年生まれ）の場合は、女川町の桐ヶ崎のカツオ船に乗っている。七月過ぎの時期の遅いカツオ船であったが、これをバコ船とも言った。このバコ船も、新山浜の「バク船」と同じく、歩合だけからなる場合のカツオ船であろう。

そのロワリのことをハヨウワリと言ったが、船頭・中オヤジ・ナマブラリ・カメブラリ・二番口《ぐち》・三番口・カイロシ・シジョウロシ・ゴジョウロシ・オヤジ・トモシ・ワキロシ・マエロシ・トモシ・ドウマワリ・カシキなどの役割があった。二番口は目ききでカツオを早く見つける役で、そのオヤブン（上司）がナマブラリで船頭上がりの船頭の補佐役であった。三番口はカメにイワシを入れたり監視したりする役、そのオヤブンがカメインキョとも呼ばれるカメブラリである。ドウマワリが丸い鉢でイワシを運び、ゴショウロシがタマで「トウ、トウ、トウ」と言いながらエサを投げた。タマはサデとも呼ばれ、大タマと小タマとがあった。カイロシとシジョウロシは水を水面にかけた。この二人は、カツオを管理する責任者でもあり、オモテでサシミを作る役割もあった。また、水を担ぐ役はワキロシ、米を積んだりするコック長がマエロシで、カシキのオヤブンに当たる。中オヤジの後役《あとやく》がオヤジである。

同町の出島《いずしま》の鹿島丸では、カツオ船の船員の役割名に、サナブラリ・ナマブラリ・トモブラリなどがあった。ブラリとは「ぶらぶらしている」ということから生まれたものかと思われるが、いずれも、経験を積み上げて閑職となった、当時の年寄りたちのことである。トモは船尾のこと、ナマは魚槽を指し、このナマは菅江真澄の「はしわのわかば続」にも用いられている古い言葉である［菅江、四六頁］。サナは船首の板子のことで、船頭の次に責任のあるサナブラリは、この板子にアグラをかいて配下の船員に命令を下したという。このサナブラリの下くらいに、オヤジとか中オヤジとか呼ばれる役割のお年寄りがいた。船のオモテには二十五〜三十歳くらいまでの若者たちがおり、船頭・オモテ船頭・サナブラリ・ナマブラリ・二番口・三番口・カイロシ・シジョウロシ・ゴジョウロシの役があった。トモには年寄りと子どもたちがおり、中オヤジ（カジトリ）・オヤジ・トモブラリ・トモシ・ワキロシ・マエロシ・カシキと序列があった（阿部勝治〈明治四十年生まれ〉談）。

同県雄勝町の大浜では、正月二十日はエビス講の晩で、無礼講でもあった。このときに、カツオ船の乗組員との契約をすることがあって、船主は前金として二十〜三十円を渡したという（同町大須・阿部勝三郎〈大正三年生まれ〉談）。

気仙沼市の大島では、オヒマチのときにカクゾロイ（ロワリ）を行なった。オヒマチは船元の家で行なわれた。別火でオヤワラ（御飯）を炊き、ヒアガリと称して、参加者が全員で食べた。このときにカク（コ）ゾロイをする。和船時代のカツオ船はキッサマとかゴダイギと呼ばれる船を用いたが、八丁櫓であり、十四人が乗り組んだ。オモテ（船首側）からトモ（船尾側）へ向かって、トリカジ（左舷）側には、シジョウロ・ゴジョウロ・マエロ・トモシの順、オモカジ（右舷）側には、カイロ・オオワキロ・ワキロ・タカワキの順に配置する。この八名のほかに、本オヤジ（漁労長）・中オヤジ・二番口（水夫長）・ドウマワリ（シジョウロが兼ねる場合が多い）・カシキなどの役が与えられたという（村上清太郎〈明治二十六年生まれ〉談・前掲五頁の図2参照）。

岩手県大船渡市三陸町の根白では、旧暦の正月十六日がカコ寄せで、この日は舵を歩み板にして、オシルシ（大漁旗）を担いでカツオ船に乗り、酒宴を開き、這って帰るくらい酒を飲んだという（寺沢三郎〈大正二年生まれ〉談）。

カツオ船とエビス親子

宮城県女川町の出島には、陸《オカ》で擬制的なオヤコ関係を作る風習がある。それはエビス親子とかエビス兄弟と呼ばれている。エビス親とは、本来は中世の武家社会において、成年元服の式として烏帽子《えぼし》をかぶる儀礼から由来する「烏帽子親」という言葉であった。それが出島や対岸の竹ノ浦や桐ヶ崎や牡鹿半島でも、漁村にふさわしい「エビス親」と変わり、初エビス（一月二十日）にエビス子がエビス親に招かれる。

出島では、エビス親のことを「名かけ親」とも呼んでいた。ところによっては改名することで親子関係を創出することがあることから、この呼称がある。十五歳になるとエビス親を決め、ここでは、旧暦の二月一日に、エビス親や、先にエビス子になっていたエビス兄弟たちと、盃を交わす儀礼があった。

たとえば、出島の阿部勝治翁（明治四十年生まれ）の場合は、〈シダギン〉という屋号の家の当主がエビス親になった。この当主と勝治翁の父親とがエビス兄弟だったことが理由である。翁の父親は桃生郡の小島という内陸の出身であったために、すぐにもエビス親を探した。共同労働の多い漁村では、このような擬制的なオヤコ関係が必要であった。

阿部勝治翁にも十人のエビス兄弟があったが、カツオ船にはこの〈シダギン〉の鹿島丸に約十年間、乗

写3　カツオ船の漁期の終わりに満艦飾で撮った記念写真（三重県海山町引本公民館、昭和十年頃）

船している。二十四、五人乗りの鹿島丸には、エビス兄弟が幾人も乗っていた。陸《オカ》のオヤコ関係がカツオ船をも根底から支えていたのである。

エビス親子は、西日本の漁村のように、若者宿や寝宿を通して、日常的にオヤコやキョウダイ関係を確認しているわけではない。しかし、その骨組みは同型のものであり、西日本でいくぶん、横の関係を重視していることに対して、東日本では、オヤコのつながりの方が濃厚であることが相違すると思われる。

オヒマチ

オヒマチの民俗

三陸沿岸では、漁期の初めにカコ（水夫）が集まることをオヒマチ、あるいはカク（コ）ゾロイ（エ）と呼び、ロワリを行なった。当日は夜の十二時ころから、共同井戸で、カツオ船に乗る全員が水垢離をとり、そのまま「村参り」と称して、オハネリ（洗い米）の入ったコンブクロ（小袋）を下げた者たちが十二、三人ずつ組んで、村の神社のほとんどを参詣してあるいた。

「オヒマチ」は、主にカツオ漁を中心とした漁村で行なわれたが、

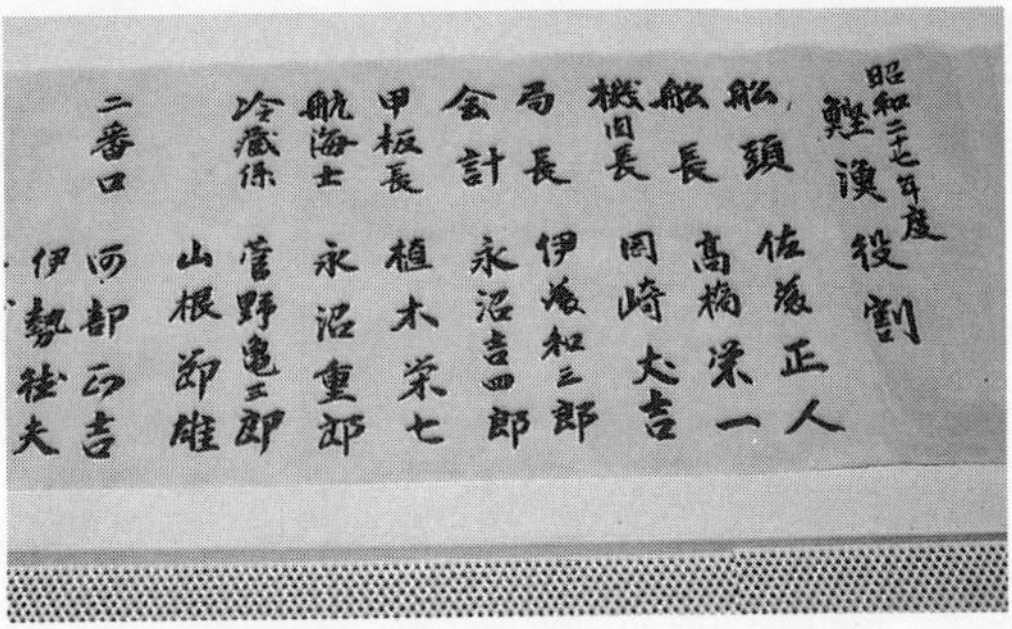

写4　船主の神棚の下に漁期中掲示しておいたカツオ船の乗組員名簿（宮城県雄勝町）

漁期の始めと終わりとの二回、船主や船頭の家に乗組員が集まる宗教的な行事である。前者を「乗ッ《ヌ》タツのオヒマチ」、後者を「切り上げのオヒマチ」と呼んでいた。昔は、乗ッタツは船主の家で、切り上げは船頭の家で行なわれたが、後には船頭の家だけになったという。岩手県大船渡市三陸町根白では、「乗ッ《ヌ》タツのオヒマチ」には餅ぶるまい、「切り上げのオヒマチ」は「啜り団子」とか「アズキ団子」と呼ばれる団子で宴会をした。餅はくっつきが良いために乗組員相互の結束につながり、団子は粘りがないために別れの食事とされた。これを「団子の食いきり」とも言ったという（寺沢三郎〈大正二年生まれ〉談）。宮城県唐桑町の小鯖では、切り上げは「サオアライ」と称して、最後にはお神酒を買ってきて、カコたちに飲ませ、彼らにカツオを一匹ずつ上げたという（唐桑町鮪立・菅野茂一〈大正六年生まれ〉談）。三重県海山町の引本の方では、昭和十年ころに、切り上げにカツオ船を大漁旗で万艦飾にして入港している（写3）。

「乗ッタツのオヒマチ」では、船上での船員たちの役割を決めたりもするが、機械船になっても「ロワリ（櫓割り）」と呼ばれ、その後の宴会では、「大漁唄い込み」などが歌われたという。このオヒマチは、和船から機械船へと変わっても、衰微するどころか、乗組員の数が増えるにつれて、ますます賑やかになった一時期があった。

たとえば、宮城県気仙沼市の千葉章次郎氏（大正十四年生まれ）は、太平洋戦争中に唐桑町の小鯖のカツオ船に乗り始めた一人であるが、当時のオヒマチについて、次のように記憶されている。

オヒマチの日は、朝早くから若い衆を中心に、大漁旗を上げる竹を伐ったり、神様に供える食べ物を調理したりすることから始まる。家の中での精進の後は、北と南へ二手に分かれて、奇数の人数で村々の神様を参詣して歩く。昼ごろには帰ってくるので、このときにヒアガリ（オヒマチアガリ）と呼んで、精進上げの会食をすることが、同時に船乗りたちの初めての顔合わせになる。全員で六十人以上の大勢の数なので、盛大なものであったという。

次には、その一人一人に船上での役割を与えられ、「ブラシ係り」から「エサバチ係り」・「デバ（包丁）係り」・「ツルべ係り」・「ポンプ係り」・「スコップ係り」・「サオ係り」まで決めた（写4）。役割の上位の者に対しては、船頭自身が盃を持ってあるき、「この盃をもって□□（役割名）を引き受けてけろ」と頼むと、相手は「この盃、受けていんだべか……」ともったいをつけながら、結局は、「精一杯やるから」と言って、引き受けることが、一つの儀礼的な口上となっている。このことを「酒立て」ともいう。

大きなアワビの貝を用いた「大漁盃」が宴席を右回りに回り、祝宴も峠を越したころを見はからって、誰かが「そろそろカメ（船の魚槽）いっぱいなんでねんすか？」と言う。それは宴会を切り上げることを意味しているのだが、「切り上げ」とは言わずに、大漁をして入船するところを真似てから散会するのが、オヒマチの慣例となっていたからである。その言葉を受けて、「そろそろタテフネ（入船）すっか」となると、「誰か引っぱり出せ！」と言って、「大漁唄い込み」という唄が始まる。和船時代には、大漁をすれば、この唄を歌ってくることが習わしであったからである。声の良い人がその唄を歌い終わるころに、若い衆頭のような人が、米と金の入った枡を持って神棚へ向かい、枡の中身を投げながら、次のような言葉を語る。

トオ、エビス！　浦々の弁天さん、崎々の明神さんさ上げす。浦一番の漁してタテフネすっとこ守らして下はれせ！

この言葉も、実際に大漁をして入船するときに、崎々の神様へ向かってカツオのホシ（心臓）を投げ上げる儀礼になぞらえている。唄も終えると、ハチマキをした若い者が、下座からお神酒を持って登場して、「大航海でおめでとうございます」と言いながら船頭の盃に酒を注ぐ。これも大漁をして着岸するときの様子を再現しているといえよう。これでオヒマチの行事はすべて終了することになる。

以上のように、オヒマチで大漁の様子を演じることの意味は、基本的には大漁祈願である。このような大漁祈願のモノマネ（物真似）は、オヒマチばかりでなく、正月十五日のモノマネや浦祭り、エビス講、「切り上げ振舞」や大漁祝い、船下ろしのときにも行なわれ、いずれも宴席が伴った。

しかし、オヒマチにはお精進を伴う。オヒマチで作られる御飯は柔らかに作り、固い飯は荒日和だと言って忌んだ。高盛りにするオボキとして盛られないような御飯が好まれ、「御飯に似た日和だ。ナギる！」と言って喜んだ。オヒマチを行なう理由としては、カツオは「神の魚」であり、その「神の魚」を捕るために、このような行事を行なうのだという（気仙沼市小々汐・尾形栄七〈明治四十一年生まれ〉談）。

契約講とオヒマチ

「契約講」とは、主として東北地方に分布する村落組織のことである。特に宮城県内には濃厚に分布しており、牡鹿半島では、一定年齢の青壮年がすべて加入する年齢階梯制をなしている。しかし、牡鹿半島の年齢階梯制にも、西日本に見られるような若者宿や寝宿などの特殊舎屋があるわけではない。

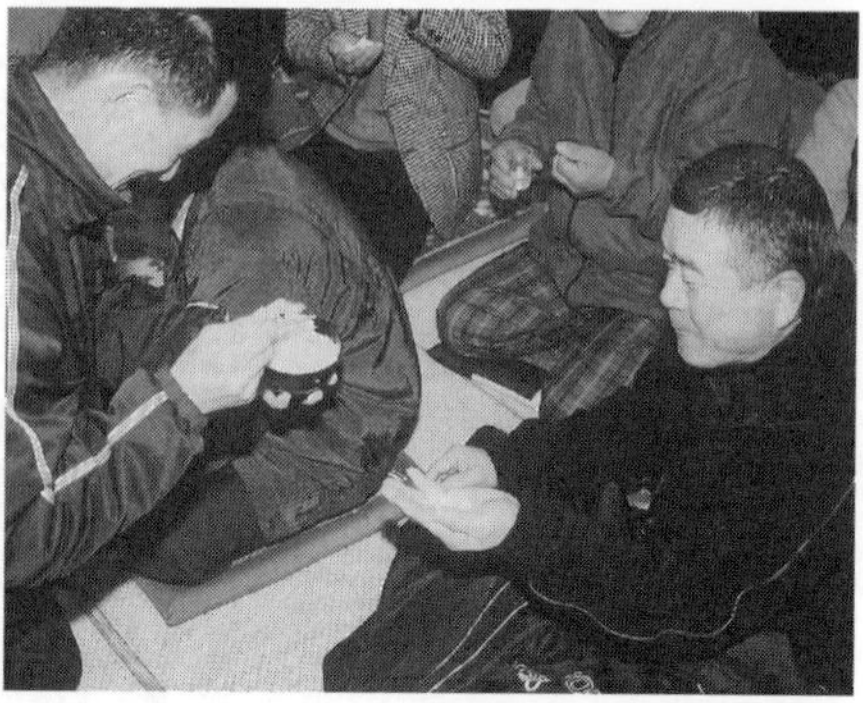

写5　宮城県志津川町の波伝谷契約講のオヒマチ．神様に上げたオボキ（御飯）を講員で分け合う（2004.3.14）

たとえば、気仙沼地方では、旧階上村長磯の森・七半沢・浜などの漁村にケイヤクと呼ばれる組織がある。戸主で組織されるが、かつては飢饉に備えての米を集めておいたり、冠婚葬祭に用いる膳椀の確保と貸借、現在ではギリスビと呼ばれる冠婚葬祭の交際基準を決める役割を果たしている。主に、一月と九月に行なわれるオショウジン（お精進）と呼ばれる儀礼の単位になっているが、年齢階梯制ではない。

この長磯のケイヤクがオショウジンの単位であったように、契約講の集会時に宗教的な儀礼を伴う場合が多い。たとえば、志津川町戸倉の波伝谷《はでんや》契約講では、二月十四日の午後から協議や獅子舞の練習の後、夕飯の餅を食べてからも帰宅せずに、米と塩を神様に供えて祝詞を上げ、日の出を拝んだ。このことをオヒマチと言う（写5）。隣の浜の「津の宮報徳会」という名の契約講では、正月十四日、「天照皇太神宮」の掛図を拝んでから、その日は徹夜で神楽のけいこ、十五日の早朝の日の出を拝んだ。オヒマチ（お日待ち）という呼称は、契約講と大きく関わるものであった。

ところが、もう少し南の長清水《ながしず》では一日だけで、ここでのオヒマツリは、契約講とは関係なく、船関係の雇用契約の際に、オエビスを共同で拝んだそうである。宮城大島（気仙沼市）の崎浜でも、昭和三十二年（一九五七）ころには、「お日待は古くは小舟においてもなされ、元日や出漁期の四月下旬に一斉に行われたが、現在は大型船に限られ時期も一定せずそれぞれの漁船の出漁直前の日を選んで行われる」〔岡田、四五六―四七頁〕と記され、日を限った地縁的な行事がカツオ船などの大型船ごとの行事に変化したことがわかる。気仙沼地方でも、オヒマチは、船関係の雇用契約を意味するわけであり、特に一時代前のカツオ船では盛大に行なわれた。

契約講の本来のかたちは、神を迎えて神事を修め、神前で協議する、祭政一致の型であったという〔田村、二一頁〕。つまり、中世的な意味での「契約」であり、神前に一味同心となることであった。カツオ漁でのオヒマチも、この心意とそれほど遠いところにあるわけではなかった。

代参講とカツオ漁

カツオ漁のオヒマチには、契約講の要素だけでなく、代参講の流れも組み入れている。契約講自体が年に一度、交替で何人かの講員を代表で出羽参詣などに行かせるところもあるから、漁のオヒマチがそれに倣ったものと思われる。しかも、それは代参講の場合も同様であるが、村内と村外という二重の代参を兼ねているのである。

たとえば、唐桑町小鯖のカツオ船の場合には、オヒマチの日に若い者を中心に男だけで精進料理を作り、食事をした後、オハネリ（洗い米）と賽銭を持ち、船頭の家を中心に北と南へ船員たちが二手に分かれ、旧唐桑村のあらゆる神社を参詣したという。帰りには皆で何かを買って食べるものだといい、必ず船頭のオホトケ（仏壇）に供えるお土産を買ったという。この風習のことを、唐桑町神の倉の千葉輝夫氏（昭和八年生まれ）は「下講祝い」と呼んでいた。

唐桑町の鮪立でのオヒマチの場合は、船頭の家に集まり、ここで水垢離《みずごり》をとった。家とは別の火と水を

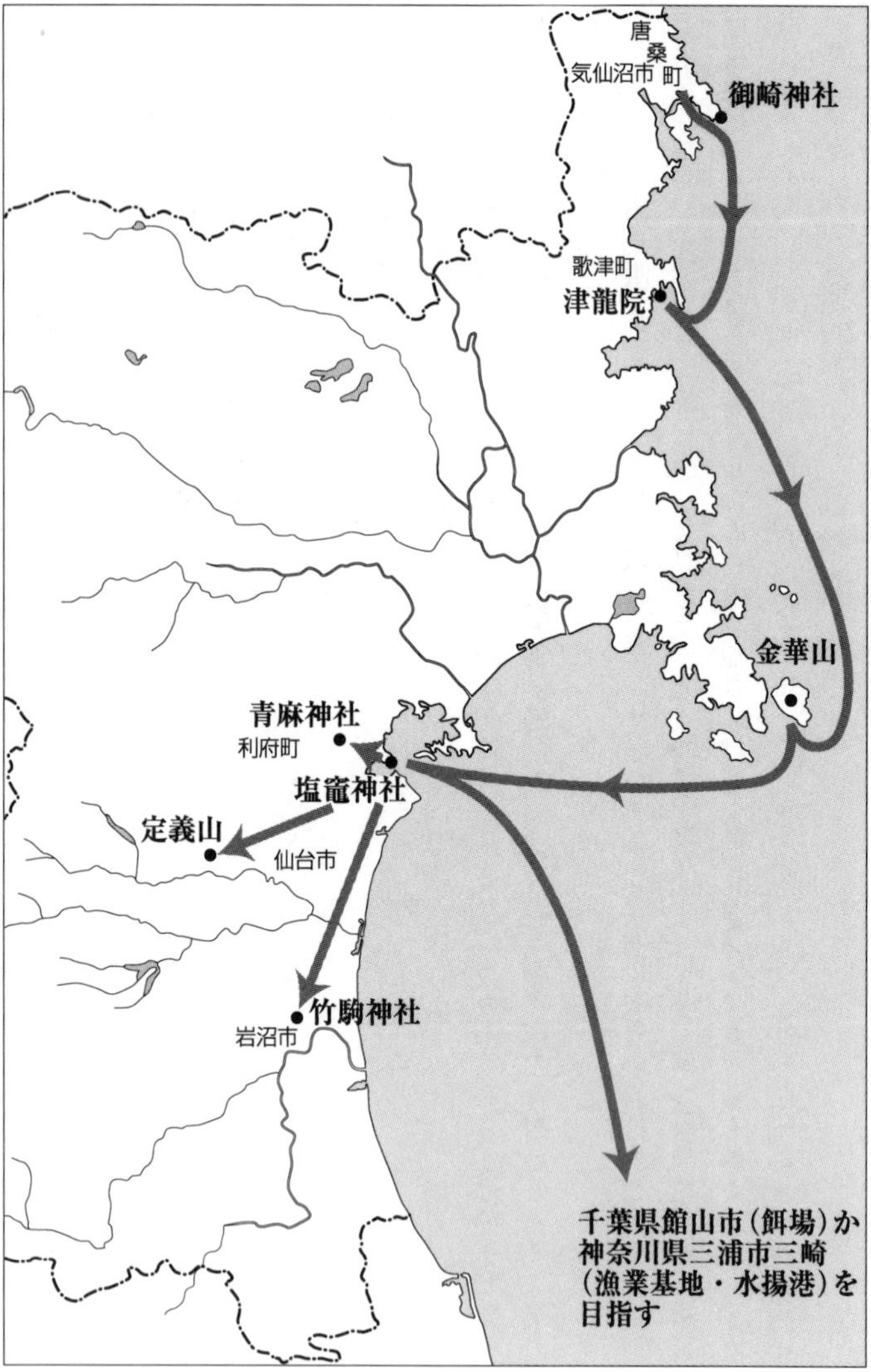

図２　唐桑町のカツオ船の漁期始めの参詣ルート

使い、縁側を用いて男だけで煮炊きをした。精進料理とお神酒が出て、御飯は一粒も残せなかった。この後、火を消して塩できよめてから、産土《うぶすな》参詣に出かけた。朝九時から午後の二時くらいまでかかったが、初めは鮪立の八幡神社・安波《あんば》大杉神社・オエビス様を参詣した後、二手に分かれ、北方の早馬神社・雲南神社・諏訪神社や地福寺、南は愛宕神社・大日如来・庚申様などを回り、岬の先端の御崎《おさき》神社まで行った。参詣から帰宅後、ロワリ（櫓割り）と称してカツオ船の役割を決め、「唄い込み」を歌って解散とした（浜田徳之〈明治三十四年生まれ〉談）。

乗ッタツのオヒマチが済んで、実際にカツオ漁を始めるときにも、今度は村外の参詣から始まる。多くは唐桑町の御崎神社を海上から拝んだ後、歌津の「舘のお寺」（津龍院）・金華山と続けて、塩竈に一泊、翌日に塩竈神社、利府の青麻《あおそ》神社、定義《じょうぎ》山、岩沼の竹駒神社などにも、何組かに分かれて足を伸ばし、その後、房総の館山まで行ってエサイワシを仕入れ、カツオ漁に向かったものだという。大型のカツオ船になったころには、伊勢参宮をしてから、館山に戻った船もあった（図2）。

カツオ漁を生業的な行為としてだけでなく、航海安全と大漁を願いながらの参詣行為としても捉えておく必要があると思われる。これらの寺社のお札が土産として、家に祀られることによって、村内に信仰されていく神々も多かった。

初釣りと初乗り

左手の傷

鹿児島県枕崎市の船には、五十〜六十人もの乗組員が船に乗っていて、最年少のカシキたちも、メシカ

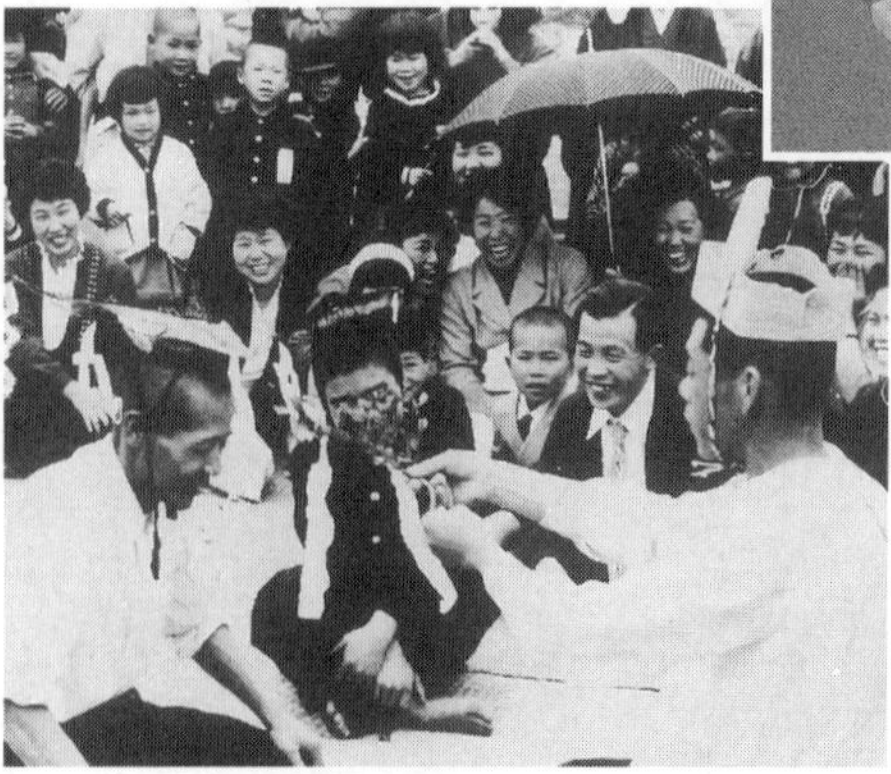

写6　カツオ節製造場で新参者が頭にかぶったカツオのセガ（背皮）とその儀式（1954.4.20，久保春信氏撮影，南薩地域地場産業振興センター所蔵）

シキとオツケカシキなどに分かれていたくらいであった。メシカシキは御飯を作る役、オツケカシキは味噌汁や刺身を作る役であった。他にも、活餌を運ぶエサハコビやエサクバリの仕事があった。コダシタンクに入っているエサイワシをナゲオケにて運んだが、帆船時代のカメのないときには、ナゲタルと呼ばれる樽の中に入れておいたという。

この枕崎市のカツオ船では、初めてカツオ船に乗る者に関わる行事はなかったが、カツオ節製造場の仕切りには、新参者がカツオのセガ（背皮）を乾かしたものを頭にかぶり、紅白の紐でしばって挨拶をした（写6）。初めてイデ（茹で）小屋に務めるときには、踊りもさせられたという（立石利治〈昭和十五年生まれ〉談）。

高知県土佐清水市の西川恵与市翁（明治四十五年生まれ）によると、船頭が若い者に対して「左手を出せ！」と言い、左手に傷のない者を一人前として評価したという。その理由は、初心者はカツオを釣り上げたとき、カツオの口のどの部分に釣鉤がかかっているかを見定めることができないために、左手で無理に脇の下に抱え込もうとして、釣鉤の先で手に傷をつくるためだという。左手に傷のある者は若い者に多く、手に傷がつかなくなれば、技術は一人前になったことが認められたという［西川、四六－四七頁］。

宮城県雄勝町分浜のカツオ船でも、手に釣針を刺さなくなるようになれば一人前という言い伝えがある（同県歌津町寄木・畠山吉雄〈昭和二年生まれ〉談）。

カツオ釣りの練習

カツオはエサをくわえても海の底へ向かって走り出したら、絶対に釣り上げることのできない魚だと言われている。そのために、素早く竿を上げる練習も必要であった。歌津町の畠山吉雄氏は、父親の平吉翁（明治三十三年生まれ）から、カツオ釣りを習った。後ろの山で、サオに釣糸を付け、木でカツオを作ったり、一升瓶を用いて、釣り方の練習をしたという。三陸沿岸に初めて招来した「ためつり」の漁法が、初めは「子共」に習わせたように、カツオ釣りは各地で少年のころから練習させている。

たとえば、『旧藩時代の漁業制度調査資料』によると、紀州江住村（和歌山県すさみ町）から潮岬村においては、「十歳以上ニ至レハ炊分釣ト称シテ見習ノ為漁船ニ乗組ミ、其ノ漁法ヲ修行シ、又小児ノ時ヨリ常ニ陸上ニ於テ竿ノ先ニ糸ヲ括リ著ケ、稿苞或ハ木片ヲ以テ鰹ニ摸造シ、之ヲ釣リ上ル術を伝習ス」［農林省水産局、一九〇頁］とある。

現代になっても、すさみ町平松の中村繁治翁（大正十年生まれ）によると、道の脇で、そのような木のカツオを用いて実際の漁に備えての練習をしている光景を見たことがあるという。

静岡県西伊豆町の田子では、シンルイの子どもたちを夏休みにカツオ船に乗せて、一本釣りの経験をさせておいたという〈山本佐一郎〈昭和五年生まれ〉談〉。

同県の御前崎町では、昭和十年前後に「カツオ釣り体操」を考案し、披露され、御前崎の小学校・中学校を通して普及していった。現在も保存会などで実施している（写7）。

写7　静岡県御前崎町のカツオ釣り体操（05・1・30）

初釣り祝い

南勢町の礫浦《さざらうら》では、カシキ（炊事係）を上がると、ナカマワリの役で、すぐに「サオ出し」（一本釣り）ができた。タタキザオと呼ばれる一ヒロ半の長いサオを用いたという〈福田仁郎〈大正八年生まれ〉談〉。

三重県尾鷲市古江のカツオ船でも、カシキの時代から「ハネやってみよ」と言われて、釣竿を持たされ、「初釣り祝い」もしてもらったという。釣った魚に印を付けておき、家に帰るときにその魚をもらった。オヤカタ（船主）の奥さんのはからいで、「初釣り祝いをしよう」と言うと、ボタ餅による祝いを行なったという〈和歌山県新宮市三輪崎・西村治男〈昭和六年生まれ〉談〉。

カツオは抱きとることが難しく、三重県南島町阿曽浦の漁法では、左手で釣っていたサオを左手から右手に持ち替えて抜き出すと、自然に足元からカツオが左の脇の下に入ってくることが理想とされた。練習のつもりで、カシキもサオを持つが、最初のうちは、うまくカツオが左脇に入らないために、左顎は傷だらけであったという。この阿曽浦でのカツオ船では、カシキが初めてカツオを釣ったときなどは「初釣り祝い」と称して、港に入ったときに、オマンジュウやボタ餅を買って祝ったという（尾鷲市梶賀・小川司〈昭和九年生まれ〉談）。

三重県尾鷲市の三木浦でも、「初釣り」のときは、オヤカタからニギリメシとカツオ二本（ヒトカケ）をいただいたという（大門弥之助〈明治三十七年生まれ〉談）。同市の須賀利では、初めてカツオを釣ったときは、「初釣り」という祝いを家に戻ってから行ない、船の仲間などに、子供の頭くらいの大きさのボタ餅を配ったという。須賀利では他に、生まれて初めてカツオ船に乗ったための「初祝い」という祝いごともあった（森田兵治〈大正九年生まれ〉談）。

また、海山町引本のカツオ船では、カシキが初めてカツオを釣ったときには、「初釣り」と称して、そのカツオを何本かくれたという（坂長平〈昭和二年生まれ〉談）。南勢町の田曽浦では、カシキの給料が、初めが八分で、三年目からようやく一人前をもらえたという。カシキが初めてカツオを釣った「初釣り」の祝いは、昭和四十年代まであった。カシキが餅をついて船員たちに配り、手ぬぐいを全員に贈ったという（郡義典〈昭和二年生まれ〉談）。

サガツオ祝いとヒトシロ祝い

南島町の慥柄浦のカツオ船では、エサ運びの役になってから、初めてカツオを釣ったときには「サガツオ祝い」というお祝いをした。サガツオとは初めて釣ったカツオのことであり、船内で都合のよい日に、ボタ餅を全員に御馳走したという（小林俊一〈大正十一年生まれ〉談）。

同町阿曽浦でも、カシキになってから、初めてカツオを釣り上げたときは、サガツオ祝いといって、船内でボタ餅を作って、祝ってもらったという（橋本吉平〈大正十年生まれ〉談）。

浜島町では、カシキは最初のときから一人前の手当てをいただいたが、カシキが初めてカツオを釣ったときは、「ヒトシロ（一人前）祝い」と言って、船の先輩たちにシャツなどを配ったという（松尾忠七〈昭和六年生まれ〉談）。

志摩町和具では、初めてカツオ船に乗った者はカシキの役をなし、十二月に漁期が終わって精算してから、そのカシキの家で「ヒトシロ祝い」と言って、船員たちを呼び、カシキの祝いをした（山本憲造〈昭和五年生まれ〉談）。

静岡県西伊豆町の田子では、生まれて初めて釣ったカツオは、尾に縄をしばっておいて、入港したときに、もらい受けたという。このカツオをまず、学校の恩師に見せに行き、その後、赤ナマス（サシミ）を一センチくらいの厚さに三〜五枚に切って、近所や親戚、学校に届けた。家ではオコワ（赤飯）を炊き、これを「ハネビラキの祝い」と呼んだ（山本佐一郎〈昭和五年生まれ〉談）。田子では、カシキに初めてカツオを釣らせることを、「ニアイ（初漁）をさせる」とも言われた（山本政治〈大正七年生まれ〉談）。

サオ祝いとカシキの参詣

福島県いわき市江名のカツオ船では、カシキが初めてカツオを釣り上げたときには、カツオ一本をカシキの家でもらって、船には酒で返した。これを「サオ祝い」といい、大正時代まで行なわれていた。また、江名では、旧暦の八月十五日に、カシキが平《たいら》（いわき市）の飯野八幡神社に船を代表して参詣する習わしが、昭和十年ころまで続いていた（写8）。船のお札や、各自の札を受け申してくるわけだが、お土産に

写8　福島県いわき市平の飯野八幡神社．カツオ船のカシキが縁日には必ず参詣した（2004.2.9）

葉ショウガを買い、船頭には天狗様の面を、ヘノリにはオカメの面を縁起物として買ってくる習わしもあった。カシキは参詣後、お礼としてカツオを五本くらいもらった（福井清〈明治四十三年生まれ〉談）。

この、いわき地方のカシキの参詣について、岩崎敏夫による豊間のカツオ漁師、山野辺伊勢松翁からの、昭和十九年（一九四四）の聞書が、次のように残されている。

旧八月十五日は平の飯野八幡の御祭であるが、磐城七浜のカシキ達は必ずお参りに行ったものである。小遣銭は一人大抵十二、三円であったが、船主が半分を出してくれ、その残りの半分つまり十二円が小遣銭の全部とすれば、六円は船主がくれ、三円は船頭とヘノリがくれ、あとの三円は船乗り仲間が皆で出し合ってくれた。お参りの土産は、船主へは護摩札、船頭へは天狗の面、ヘノリ（副船長）には狐の面、仲間衆へは塗箸を買って、それに生姜を添えて配った。これは半アタリ（給金）の時代だけである。そうしてその親は、船への御礼として酒二升に餅、餅は船方仲間が充分食べる位を贈った。一方船ではその親元へ、御祝だとて鰹二十円分位を贈ったものである。当時で一本一円二、三十銭したのは大きい方であったから、十五本から二十本位の鰹であった。貰った方では自由に処分してもよいことになっているので、大抵は問屋へ売って金にかえる。［岩崎、一三〇頁］

カツオ漁期の終了間近に、カシキが船を代表して参詣することは、一方ではこの参詣が、カシキが船で一人前として扱われたことに等しかった。そのために、カシキの親が船へお礼をしたわけである。

また、三陸沿岸でも「初釣り」の祝いに類したことがあった。唐桑町神の倉の千葉富賀雄翁（明治四十一年生まれ）によると、カシキが初めてカツオを釣り上げたときには、特にお祝いはないが、カシキが釣っただけのカツオをもらってくることができた船もあったという。

岩手県大船渡市三陸町の越喜来《おっきらい》のカツオ船では、カシキが「初カツオ」を釣ったときに「サオ祝い」と呼ばれるお祝いをした。カツオ船の上で全員が赤手ぬぐいをかぶって、大きな餅をついてお祝いをしたという（三陸町綾里・川原芳松〈明治四十四年生まれ〉談）。岩手県山田町の大沢では、カシキが初めてカツオを釣り上げたときには、船上から大漁旗を背中に背負わせて、旦那へ拝みに行かせられた。その後に、船の仲間に御馳走したという（福士福松〈明治三十四年生まれ〉談）。

初乗りを買う

さて、宮城県の気仙沼地方では「初乗り」と呼び、初乗りした者が先輩たちを全員招待して振る舞う儀礼がある。特に唐桑などでは、このことを「初乗りを買う」と言っている。初乗りした者は主にカシキ（炊事係）の役をする者が多かったために、「カシキ振舞」という呼称もある（唐桑町岩井沢・加藤孝男〈昭和八年生まれ〉談）。それは、昔の元服にも匹敵するような盛大な振る舞いだったらしく、初乗りしたカシキも、皆と同様に一人前の「当たり金」をもらうわけであったから、それも可能であった。

気仙沼市松崎大萱の千葉章次郎氏（大正十四年生まれ）が初乗りを買ったときは、引き出物として、乗組員全員に当時五十円の背広を一着ずつ渡したという。この初乗りを買えば、カツオ船では一人前として扱われることが習わしであった。同県唐桑町のカツオ船では、カシキが「初乗り」を買えば（船員を振る舞うならば）一人前をもらい、買わなければ八分をもらったという（浦・畠山福松〈大正十年生まれ〉談）。

岩手県釜石市のカツオ船では、切り上げは十月末ころであったが、この日には初めてカツオ船に乗ったカシキなどが、船員の皆にシャツなどを配って一年間のお礼をしたという（釜石市尾崎白浜・佐々木正太郎〈大正三年生まれ〉談）。

乗ッタツ《ヌ》のオヒマチには、カシキなどが新しく船の仲間になるための、ナカマイレという御祝儀をいただくことがあるが、これにはお返しものをせずに、初乗りの祝いのときに、あらためてお返しをしたという（気仙沼市小々汐・尾形栄七〈明治四十一年生まれ〉談）。

以上のように、全国的に見渡すと、西南日本のカツオ船では「初釣り」を重んじて、これを祝い、東北日本のカツオ船では「初乗り」の方を重視していることが注意される。西南日本では、個人が技術的に一人前になることがお祝いに値し、東北日本では、一種の共同体でもある船上の仲間に組み入れられ、組織に承認されたことが、お祝いの対象となるようである。

国見酒

初めてカツオ船に乗って、カシキの役をしている少年などは、生まれて初めて見る港に着くたびに「国見酒」といって、酒を買って先輩たちに振る舞ったものだともいわれる。岩手県陸前高田市広田町のカツオ船では、八丈島に停泊したときに、初めてのカシキに「源氏玉、必ず買わねばなんないんだから」と言って、カシキに紅白模様の源氏玉（飴玉）を買わせたという。八丈島に着くと、必ずカヌーのような舟に乗った男女が二人で、野菜やビスケットや「スズメのタマゴ」（菓子名）や源氏玉を積んで、カツオ船の

写9　ソロモン諸島国マライタ島アロタア小学校の壁にはソロモンの海の霊が描かれている．頭はカツオで，胴体は人間の半魚人の姿である（1998.9.21）

そばまで売りにきたからである（気仙沼市浅根・村上義勝〈大正十三年生まれ〉談）。このような、初めてカツオ船に乗った者に関わる儀礼も、一種の加入儀礼として捉える必要があるだろう。

カシキは、常にからかわれる存在であり、宮城県の気仙沼と大島のあいだの大島瀬戸に張ってある電線が船に引っかかるから上げろと言われて、Y型の三叉を手に持たせられ、マストに上げさせられたが、実際はゆうゆうと潜りぬけることができるものだったという（尾鷲市古江・大川文左衛門〈昭和五年生まれ〉談）。

三重県海山町引本のカツオ船では、カシキをからかって、「マンボウの釣り道具を買うてこい！」などと、陸でありえないものを買わせたりしたという（坂長平〈昭和二年生まれ〉談）。

カシキが課せられた難題

当時、十四〜十五歳のカシキはオヤンツァマや舵オヤジなどと呼ばれる年長の先輩たちから漁のことを教えられるだけでなく、からかい半分に性に関する知識も与えられることになる。唐桑町岩井沢の加藤孝男氏（昭和八年生まれ）も、カシキの時代に、船長からフライキ（大漁旗）に包んだザルを与えられ、それを背負って気仙沼の太田で「大漁記念の草餅ありませんか？」と言いながら買ってこいと命じられたという。太田にいた女性からは、「坊や、大人になってからおいで」と笑われたという。クサモチとは私娼のことであった。また、食器に二十円を入れられ、「これで『ハート美人』(コンドーム)を買ってこい」と言われたりしたが、とうてい買える値段ではなかったという。

カツオ漁と成人儀礼との関わりは、南太平洋の諸島でも見受けられる。ミクロネシアのサタワル島では、カツオ釣りを習得することが一人前の男となった証拠とされる。

メラネシアのソロモン諸島でも、少年たちが初めてカツオ漁に出るときには、カヌー小屋に籠って先輩たちから、村の習わしや漁撈の技術を教えられるという。その期間の小屋は女人禁制であった。このような、一種の成人式を迎えた少年たちはマラホウ(malahou)と称されたが、マラホウとは「海の腫れ上がり」、すなわちカツオが群れをなして海面が盛り上がる状況を表わしているという[秋道、二三二―二三三頁]。西南日本のカツオ漁に関する言葉で表現すれば、これはトロミ(ミズオシ)のことでもあろうか。カツオの群れの海面での膨らみと、成人式を迎えた少年の性的な成熟とを同一化したものらしい。

ソロモン諸島のウラワ島民やマライタ島のサー族は、海の霊のふるさとはサン・クリストバル島にあると考えられており、その具体的なイメージは、頭がカツオで、胴体が人間の、半魚人の姿をしている[秋道、一八六―一八八頁](写9)。

カツオ漁は、漁村から遠く離れた異界との境界領域で行なわれるためか、多くの社会で、少年たちの通過儀礼をも意味していたのである。

シロワケ

シロワケとヒキヨウ

岩手県陸前高田市長部《おさべ》の菅野豊治郎翁（明治三十八年生まれ）から、「シロワケ」と呼ばれる漁獲物の分配方法について、次のような話を聞いたことがある。長部のイワシ網でも、他の浜のカツオ船と同様に、シロワケは十三歳でも七十歳になっても配当は同じであり、ザクミ（漁労長）やトモシ（船頭）も同様であったという。その理由としては、次のような例で説明をしている。船に乗るときに、他人の手を借りて乗るのは少年と年寄りだけであり、手を借りて乗る時代の恩は、自分が青年から壮年にかけて他の子どもや年寄りに手を差し伸べることで返すことができるという考え方があったためだという。つまり、子どもから年寄りまで、一艘の船に乗った者は皆、漁獲物は平等にいただくのは当然のこととされていたそうである。この平等原理の説明から理解できることは、シロワケのように空間的な平等観を支えているのが、子どもから年寄りまでという時間的にも平等に捉えている深い考え方であった。

宮城県気仙沼市の大島でも、「漁獲物のシロワケは、もとは成人も子供も差等は無かった。小さい中は世話になるし、大きくなれば世話をし、年をとると又世話になるのだから平等は当然と考えられた。然し船頭だけは二シロと云う場合もあるし、船頭も同じく一シロであつて、しかも酒代を負担すると云ふこともある」［柳田、五三―五四頁］そうである。

岩手県釜石市室浜のカツオ船では、漁労長もカシキも一シロずつもらった。「名代《みようだい》」と称して、自分がカツオ船に乗れないときは、シンセキなどの小学校三〜四年生の男子を乗せてやることもあり、この子たちは沖に行って寝ていてもよく、それでも一シロをもらったという（佐々春松〈明治四十四年生まれ〉談）。

静岡県焼津市のカツオ船では、船組構成家族の男子に対してもシロワケがあった。「船組」とは、「小生産者の共同経営組織に近いもの」［二野瓶、一六二頁］であった。十歳未満に〇・一人分、十歳に〇・二人分、十一～十二歳に〇・三人分、十三～十四歳に〇・四人分、十五歳に〇・五人分、十六歳に〇・七人分、十七歳以上に一人分の配当であった。男子のいない家の長女や老いてなんとか船に乗り組むことができる者（〇・八）、船を降りた老人や病気で休んでいる者（〇・四）にも、配当が与えられた。この慣行は「将来の労働力としての子供にも配当を与え、それによってその子の成長後に、船に乗り組む義務を課したのである。逆にいえば、船組の構成員は自分の子を、成長後にその船の乗組員にする権利を持っていた」という［二野瓶、一六四―一六五頁］。

和歌山県東牟婁郡の古記録にも「漁夫ノ養成」として「水夫ノ家ニ初メテ出産アリタルトキハ男女ニ拘ラス其月ヨリ漁獲物ノ配当ヲ為ス其高ハ大人ノ十分一トス」とあり、「前條ノ配当ヲ受ケタル男子ハ凡ソ六七歳ヨリ陸仕事ノ見習ヲ為ス此時大人ノ十分ノ二ノ配当ヲ受ケ十三年ヨリ沖仕事即チ漁業ノ見習ヲ為シ大人ノ半額ヲ受ケ爾後二ケ年ヲ経テ一人分ノ配当ヲ受ク」［農林省水産局、二一六頁］とある。

写10　ニナイオケ（宮城県雄勝町）

屋久島の麦生《むぎお》のカツオ船でも、三歳から十二歳まで、「三合どり」と言って三分の一の分け前をもらったが、これは沖へ出ていなくてももらったという。同島の一湊《いっそう》でも、船員の子どもが産まれると、すぐに船主の方からメテ（分け前）を出した。これは子どもを他の船中に取られないようにするためという［宮本、七六頁］。

表1　各地のカツオ船のシロワケ一覧表

船籍地	鹿児島県名瀬		鹿児島県坊津		高知県加領郷		三重県古江	
	船頭	2.0	船頭	2.0	船頭	0.2	船頭	1.7
	ヘノリ	1.3	船長	1.6	船長	1.7	局長	1.6
	二番口		機関長	1.6	ヘノリ	1.3	機関長	1.5
	三番口		副船頭	1.5	トモロシ	1.3		
	中ヘノリ		オヤジ	1.5				
	上手ヘノリ		甲板長	1.2				
	船長		エサ投げ	1.2				
			コック長	1.2			コック長	1.2
			エサヒキ	0.8				
	ミズカエ	0.9	アサミズカエ	0.7				
	カシキ	0.8	カシキ	0.5	カシキ	0.8		
			コドン	0.4				

船籍地	三重県須賀利		三重県南島町古和		三重県南島町慥柄浦	
	船頭	1.8〜2.0	船頭	2.0	船頭	1.5〜2.0
			船長	1.5	無線士	1.5
	局長	1.5	局長	1.5	機関長	1.3
	ヘノリ	1.2〜1.3	トリカジヘノリ	1.3	ヘノリ	1.3
	トモシ	1.1	オモカジヘノリ	1.1	ハネ出し	1.0
			冷蔵庫係	1.1	エサ運び	1.3
			ナカマワリ	1.0	ナカマワリ	1.3
	カシキ	0.7〜1.0	カシキ	0.8	カシキ	1.3

船籍地	静岡県御前崎		静岡県西伊豆町田子		宮城県唐桑町小鯖	
	船頭	1.5〜0.2	船頭	1.5	船頭	0.2
	船長	1.5〜1.7	船長	1.3	船長	1.5
	無線長	1.5	機関長	1.3	機関長	1.5
	機関長	1.5	甲板長	1.2	局長	1.5
	舵場	1.2	賄い長	1.2	ドウマリ	1.0
	機械場	1.2				
	カシキ	0.8〜1.0	カシキ	0.7〜1.0	カシキ	0.8

さて、宮城県の唐桑町では、シロワケでカツオをハカリにかけるのもドウマワリの仕事で、市場よりも安く、しかも平等に分けたという。これを分けザカナ、あるいはヒキヨウとも言った（小山昭治郎〈昭和二年生まれ〉談）。気仙沼の大島では、カツオ船が着くと、家族は船迎えに出かけるが、その際にニナイオケ（サカナオケ）を持っていくという（写10）。カツオを一～二本入れて持ってくる桶のことで、これに入れる魚のことをヒキウオと呼び、最後の勘定のときに代金から引かれる。漁期初めに現金で借りるのを「ナダキン」と呼び、これも勘定のときに引かれた（高倉淳「大島崎浜部落の民俗」）。同県の雄勝町立浜では、出港に際してもらったお神酒の御礼として抜くカツオのことをヒキヨウと呼んだ。お神酒二本に対して、カツオ二本が相場であったという（末永俊二郎〈大正十五年生まれ〉談）。

各地のシロワケ

カツオ船の船主が水揚代金の五～七割を配分された後の、各地のシロワケは表1のとおりである。

鹿児島県坊津町のカツオ船では、一シロ（一人前）をもらえるまでは五年かかり、一年目はコドンと呼ばれて四合前、二年目はカシキの役で五合前、三年目はアサミズカエの役で七合前、四年目はエサヒキ（ザコヒキ）の役で八合前をいただき、五年目で一シロもらえたという。大工で一人前になるのに四年かかる時代である（市之瀬昰〈昭和十四年生まれ〉談）。

しかし、大漁をするカツオ船は、カシキでも大金を得る場合もあった。たとえば、三重県南島町古和の磯崎邦雄氏（昭和五年生まれ）が十一年間乗った寿々丸は、漁をした船でもあったが、信仰心の厚い船でもあったという。カシキでも半年で当時二十二、三万もらい、内金を故郷の家に送ってもらうために、「子どもでも漁師様だ」と言われたという。

三重県尾鷲市の古江では、「乗り組み祝い」とともに「上がり祝い」もしたが、上がり祝いには精算を行なった。消耗品やバッテリーなどの途中の経費を「大仲経費《おおなかけいひ》」と呼んで、船主と船員たちが半分ずつ出した。水揚げ金額も半分ずつで分け、さらに船員たちでそれを分配したものだという（大川文左衛門〈昭和五年生まれ〉談）。なお、奄美大島の大熊《だいくま》（名瀬市）では、今でも組合長からカシキまで同じ給料である。

問屋仕込制度と船元

三陸沿岸では、カツオ船を経営することを「カツフネをかける」と呼ばれる。

宮城県唐桑町の浜田徳之翁（明治三十八年生まれ）によると、昔はカツオ船の経営に二通りあったようである。一つは船主が船頭を頼み、さらにその船頭が船員を集める方法である。もう一つは、船頭が船を持っていて（船主船頭）、有力者に仕込み金を借りてから、漁具や船具などの設備に当て、魚の売り方を全部任せる方法である。大正の初めころには、船員の雇い入れのほとんどは、五円から二十円を借りて乗り、乗船中は無利子で、下船のときに支払うのであるが、これを「乗下金《のりおりきん》」と言った。しかし、漁が思わしくなく、船員が乗下金を返済できなくなると、船頭は立て替えて、船主や「仕込み屋」に返金するために、財産を失った者も多くいた。

社会学者の竹内利美は、前者を「自立型」、後者を「仕込型」と呼んで、次のように、宮城県の気仙沼地方について述べている。

　磐城沖から釜石沖に及ぶ外洋を稼動するカツオ釣が、当時最大の漁業であり、各浦ともかなりの船主があり、多数の漁夫をしたがえて、これにたずさわり、またその漁獲は浦々でフシに加工された。しかし気仙沼問屋の息のかかり方に、かなりの相違があって、唐桑の自立型、大島の仕込型といった

ちがいが、その後の展開を大きく規制したのである。［竹内、三二〇頁］

つまり、大島のカツオ漁は、気仙沼の問屋資本が多く導入されていた委託経営が多かったのである。このように、漁業生産に必要な資産資材の一部または大部分を魚問屋が生産者に前貸し、そのかわり漁獲物はすべて前貸をした問屋が安く買い取る制度のことを「問屋仕込制度」という［二野瓶、五〇頁］。

さらに、竹内利美は、このような問屋仕込制度の中から生まれた、船をも所有しない「船元」について、気仙沼市内の大島とほぼ同じ形態をとった松岩村尾崎のカツオ漁を挙げ、次のように述べている。

注目すべきことは、これらの和船経営者は本来的な船主自営の形態ではなく、問屋の委託による「船元」制下の「船元」であるものが多かったことである。船元はみずから船の所有者ではなく、いわば漁船経営に関する一切の責任者であって、船頭や漁夫を自らの責任において雇用し、漁船について一切の経営に任じた。船主（ダンナ）は気仙沼のS屋、K屋など、元来魚仲買商であったものが多く、漁船経営に関する利潤の大半はこれらの船主に帰する。たとえば、漁期が終ると「値ダテ」が行われるが、この値ダテと称する総決算の際には、水揚の量も満足に知らない船元、船頭等は、ダンナの思うがままに値切られる始末であった。船元は、船頭以下漁夫たちの雇入れから、船の装備の一部にいたるまで一切を自らの出資において請負うわけであるから、値ダテによってひどい値をつけられると、報酬のうちからまかないきれず、ことに不漁の場合などは莫大な負債を背負いこむようになることもしばしばであった。この負債の抵当にあてられた田畑が、最後には船主の所有に帰せられてしまった船元が少なくない。［竹内、四〇―四一頁］

「船の装備の一部にいたるまで一切」とは「大仲経費」と呼ばれるものである。船元はこのために、大きな苦労をしなければならなかった。

写11　カツオの水揚げ（気仙沼港・2000.9.25）

三重県南勢町相賀《おうが》の畑正之氏（昭和六年生まれ）の経験によると、三重のカツオ船では、船主と船員の割合が、大仲経費を入れて、四割と六割であった。しかし、三陸では経費はダンナ（船主）持ちであるが、船員は三割の分け前であり、三重よりダンケ（ダンナ）を立てるところであり、貧富の差が激しいところであったと捉えている。

カツオの水揚げ

カツオの水揚げは賑やかなものであり、今でもカメから両手で尾を持って二本ずつ手渡しで運ばれ、ベルト・コンベヤーに乗せられる（写11）。三重県尾鷲市古江のカツオ船では、水揚げ作業のときの掛声は「ヤッチャンコーラ、ドッコイショ！」を繰り返した（大川正則〈大正十四年生まれ〉談）。

宮城県唐桑町鮪立の鈴木政蔵翁（明治二十九年生まれ）の話では、カツオ三百匹くらいの大漁をすると、女の人たちもサッパ舟に乗り、夜中でも暁でもカツオ船を迎えにいったという。七百〜八百本くらいの大漁だと、ヌッカケ船といって、直接に気仙沼の町にカツオを運んだ（写12）。

当時は、天然氷でカツオの冷凍をしたが、その氷は引き屑に包まれて保護されているので、そのまま氷を入れるとカツオがいたむので、必ず砕いてから入れたものだという。氷は、カツオのワタ（内臓）を取ったところに入れた。腹を裂かない場合には、ホシ（心臓）を人さし指と中指とでえぐり取り、その取ったホシの数で、漁獲量がわかったという。

写12　魚市場に水揚げされたカツオ（宮城県気仙沼市・魚市場が開設された昭和10年［1935］ころの絵葉書）

当時は、水揚げされたカツオのほとんどが節や塩蔵になり、鮮魚として売りに出されるのは、ほんのわずかであった。問屋の前の出桟橋にも納屋があって、そこで節に切るなどの節製造のための納屋があった。キガキ（一種の魚醬）を作ってからマチで売る人もいたという。

鮮魚で勝負をした漁村

三重県尾鷲市須賀利の浜正幸氏（昭和六年生まれ）は、この漁村の漁業の盛衰に自ら関わってきた人である。須賀利では四十歳を過ぎると、近海漁船から離れ、沿岸での小さな網漁などを行なうことになっていた。それまでは、二月十日から十月までのカツオ一本釣り漁、十一月から二月までの冬の延縄漁を、毎年繰り返し続けた。蛭子《エビス》神社でのヨゴモリを終えた後で、カツオ漁は始まった。四月から五月までは熊野灘から伊豆七島にかけて、七月時分から十月までは、三陸で操業した。

須賀利は昔から、魚を活かして売ることを心がけていた漁村であり、三河の三谷《みや》（愛知県蒲郡市）へ水揚げした後に名古屋へ運んだ。水揚げの量よりも鮮魚という質で勝負をしてきたわけである。カツオも昔は、鮮魚で売れるところは少なかった。大阪では今でもナマ節しか食べないし、北九州や北海道もカツオのサシミは売れなかったという。地元にカツオ船があるところは、八割はカツオ節に加工したという。須賀利でも初めのうちは、サシミ用とカツオ節用と半分ずつ捕っていたが、十匹くらいずつ樽に入れ、「特急」という札を付けて、東京の築地に送り始めた。

また、カツオの船内保存は、氷の上にカツオを置き、さらにその上に氷を置いて、アンペラや竹で編んだ簾で覆い、石の重しを乗せてカツオを動かないようにしていた。ところが、須賀利の漁師たちの工夫により、カツオ八分に水二分の割合で、水圧によってカツオを動かさないようにした。静岡県の沼津では、夕方五時までに水揚げして、そのまま再び沖へ出て漁を続けたが、他の土地のカツオ船は、翌日の朝一番に水揚げするだけであったという。

昭和三十年代に、宮城県石巻の商人に鮮魚を東京に送ることを教えたのも、須賀利のカツオ船である。昭和四十年代になると、中型のカツオ船は鮮魚を扱い、大型のカツオ船は加工品用のカツオを釣るというように、棲み分けが行なわれた。しかし、遠洋漁業にたずさわる漁師たちは、自分の子どもがいつ大きくなったかもわからないような、家族と離ればなれの生活であったため、昭和六十三年（一九八八）を最後に須賀利からカツオ船は消えてしまった。

第五章　船上の生活

船上の食事

オフナダマに御飯を上げる

宮城県唐桑町小鯖のカツオ船に若いころ乗船した千葉章次郎氏（大正十四年生まれ）は、船が港を離れると、次のような唄を歌ったものだという。

白い波止場に集まる人は　俺を見送る人とてないがイヤサ　泣いて送るは彼女が一人
泣くな歎くな五月にゃ帰る　遅くも六月半ばのころにゃイヤサ　無事で暮らせと別れたあの日
御崎《おさき》離れて泣くカモメ鳥　俺も今日からまた旅の空イヤサ　あのコ思えばまたカモメ泣く

カツオ船は大型化すればするほど沖へ漁場を開拓することができたが、陸《オカ》から離れて操業する一航海（一漁期）の期間は長くなる。旅船ともなると半年は帰郷できず、出航したばかりのときは別れてきた子のことを思い、しばらく経つと妻に会いたくなるという。この章では、その船上での生活を叙した。

カツオ船では、トモの方にはエビス板の進行方向に向かって左側に木で作った三石ほど入る水ガメがある。同じものを陸《オカ》ではキッチと呼んだ。その脇に粘土で作ったクドがあり、その脇で炊事をする。進行方向に向かって右側には、一俵以上入る粮米ビツがあった（高倉淳「大島崎浜部落の民俗」、前掲五頁図参照）。

岩手県大船渡市三陸町綾里の館下金太郎翁（明治四十年生まれ）によると、カツオ船では、米の御飯を食べられるのが、何よりも嬉しかったという。オフナダマへも「トーヤ、オフナダマ、ゴハン！」と言って上げて、食べたという。

綾里では、カシキはオフナダマに御飯を上げる役割があるが、このときには「トーヤ、オフナダマ、御膳でござります」と言って上げた。船では丸いものを神様に上げないといわれ、必ず盛った御飯をヘラで切って上げたという。米を一粒でも海に流してはいけないといわれ、粗末にはしなかった。そのために、船が遭難してもカシキは助かると言われ、このことを「穀の恩義」と呼んだという（川村芳松〈明治四十四年生まれ〉談）。

牡鹿町網地《あじ》島の桶谷源一翁（明治四十四年生まれ）も、カツオ船などのカシキを経験したことのある漁師であるが、オフナダマに御飯を上げるときは、ツルベで水を汲んで手と口をゆすぎ、オフナダマが祀られているタツを水で清め、そこに、御飯とカツオ節を上げたという。

石巻市の田代島大泊の津田佐男翁（大正元年生まれ）の場合は、二十二歳から五年間、田代島のカツオ船、田代丸に乗船した。カシキ（ゴハンタキ）を一～二年経験したが、五十人乗りのカツオ船だったので、カシキは二人いた。御飯を炊いたときは、一番先に釜の蓋に盛って、ヘラで四等分するが、それは、四つの食べる場所を象徴しているという。その場所とは、若い人たちが食べる場所のオモテ、年寄りの人たちが食べる場所のトモ、機関長以下が食べる機関場、船長や船頭が食べるブリッジの四カ所である。

気仙沼のカツオ船の中では、カシキは昼食時にサシミを作ったときに、フナダマ様に御飯を上げた。釜の蓋にわずかの御飯にサシミ三～四キレ、それにサシミに作ったときの残りのシッポ（尾）とホシ（心臓）

も蓋の上に乗せて、「海上安全」を祈ったという（気仙沼市箒沢・玉川政俊〈昭和七年生まれ〉談）。

唐桑町岩井沢の加藤孝男氏（昭和八年生まれ）によると、カツオ船は、時化《しけ》でよく揺れる日には、上手に御飯が炊けずに、「メッコめし」ばかり作ってしまったという。「メッコ」とは片目のことであり、「半分しか見ていない（煮えていない）」ということを意味しているという。それは「三段目の御飯」とも言われ、上が柔らかく、中が普通で、底が煮えていない御飯のことを指していた。

カシキは一本釣りの操業中、船員が一刻も竿を手放せないときに、大きなニギリ飯を一人一人の口に突っ込んでいくこともしたという（一九五八年七月三〇日付『三陸新報』）。

写1　しゃがんだ姿勢でとる船上の食事（焼津市岡当目，岡田昭八氏所蔵）

カツオ船の日常食

岩手県陸前高田市広田町のカツオ船の場合では、カシキは朝の二時に起きて御飯を炊き、皆を起こしてからの朝食は四～五時ころで、昼食は十時から十一時のあいだ、夕食は午後の四時であった。オカズを決めるのは二番口の役で、カシキが「今日のオカズは何ですか？」と訊くと、二番口は「今日サシミだ」などと答えた。それをドウマワリ頭《かしら》に報告すると、頭は氷水で出刃包丁を拭いて、用意をしておいたものだという（村上義勝〈大正十三年生まれ〉談）。

「船方のオママ（食事）絵にも描かない」というタトエが気仙沼地方にあるように、カツオ船でも、いつナムラと出会うかわからないために、腰を下ろさず、しゃがんだ姿勢で、急いで食べることが主張された（写1）。静岡県焼津市岡当目の岡田昭八氏（昭和八年生まれ）も、カツオ船の上で「波三つ越すうちに、御飯食べろ」と言われたという。

宮城県の気仙沼地方のカツオ船では、三食のおかずは、朝は味噌汁のみ、昼間はカツオのサシミに煮付け・焼きものなど、夕食はタタキのようなものが出た。サシミは前日に塩漬けにしたものが出されたが、塩味が浸透していて、生で食べるよりもおいしかったという。タタキは、土佐のタタキと違って、ネギトロのようなものに味噌を入れたものであった。当時の豪勢な料理といえば、カレーライスくらいであったという（気仙沼市北沢・熊谷光夫〈昭和六年生まれ〉談）。

茨城県那珂湊《なかみなと》（ひたちなか市）のカツオ船での食事は四回で、アサメシ（午前五時）・ナカメシ（午前十時）・ヒルメシ（午後二時）・バンメシ（午後六時）であったという［佐藤、三二頁］。

三重県尾鷲市須賀利のカツオ船では、船上の食事は、朝食が御飯に味噌汁、昼食のおかずがカツオの塩炊き、夕食のおかずがサシミであったという（和歌山県那智勝浦町宇久井・丸本正〈昭和四年生まれ〉談）。須賀利の浜正幸氏（昭和六年生まれ）が乗ったカツオ船の場合は、船内の食事は、朝が味噌汁にダイコンの漬物、昼がカツオのサシミで、夜はカツオや野菜の煮たものが出た。同市古江のカツオ船での食事も、朝はカツオの入った味噌汁、昼はサシミ、夜は煮付けを食べたという（大川文左衛門〈昭和五年生まれ〉談）。

同県南勢町田曽浦のカツオ船では、船上のカツオ料理として、団子・サシミ（アライ・普通のサシミ・ブエン）・カツオ茶漬け・タタキ・角煮・煮つけなどがある。ブエンは塩サシミのことで、冷蔵庫に入れておき、変色を遅くして、三杯酢やタマリで食べるとおいしく、朝に「口悪い」（食欲のない）ときに食べたりしたという。三重のタタキは、味噌・ニンニク・醤油・ショウガ・マヨネーズショウユ・ワサビを入れてたたき、ゴマ油のタレにひたして食べる。手こね鮨は、和具（志摩町）の小漁師が広めた料理法といわれ、カツオの残りをタンザクに切って、砂糖とショウユを混ぜたものに浸してから、鮨飯の上に乗せて、揉みノリなどをまぶしたものをいう（郡義典〈昭和二年生まれ〉談）。

カツオのビンタ

水揚げされたカツオを、すぐに節に加工する場合には、まずは頭を切り、内臓を出してから煮た。沖縄県の渡嘉敷島では、カツオの頭などは乗組員に分配され、それは塩漬けにした後に南蛮壺に入れて保存食料とした。鹿児島県の枕崎や坊津でも、カツオの頭のことをビンタと呼んで、塩漬けにして食べている（写2）。枕崎の小学校では、新任の先生をこのビンタ料理で歓迎し、退任する先生にはカツオのシッポの料理で振る舞うという（下園利夫〈昭和四年生まれ〉談）。枕崎市の中尾藤盛翁（大正九年生まれ）は、カツオの頭を塩辛にしたものを、おかずにして、カライモ取りに行ったものだという［枕崎市、八〇九頁］。

三陸沿岸にも、カツオの頭を用いた料理があった。以前は、キガキと言って、カツオとイワシに塩を交えてキッツに入れて水を出してから、一種の魚醤を作ったが、このキガキにカツオの頭と大根を入れて炊くキガキ炊きという料理であった（気仙沼市小々汐・尾形栄七〈明治四十一年生まれ〉談）。なお、カツオを煮た油は、水面へハケで撒いて反射光をおさえ、ワカサギ釣りをしたという。

また、枕崎市の永江国盛翁（明治三十五年生まれ）によると、昔のカツオ船は、氷を積んでいなかったので、カツオが弱る前に、船の大きな釜でカツオを煮たものだという。カツオのビンタは、トモ（船尾）の方に網を敷き、その中へ投げ込んでおき、帰港後に、農家が肥料に持って行った［枕崎市、八一七頁］

という。

また、奄美の大和村今里《いまさと》では養豚の餌にカツオの頭が利用され、静岡県の吉田町では養殖鰻の餌、同県の静浦（沼津市）ではミカンの肥料に同じ頭が利用されている。それぞれ、今里・焼津・田子のカツオ漁によってもたらされたものであった［野本、一九二一一九六頁］。

タタキとガワ

土佐のタタキは、以前はカツオがゴシイ（生臭い）ときに作った。「手をきれいに洗ってたたけよ」と先輩たちに言われたように、手に塩を付けてたたいたのが、その始まりであった。人間の手の熱効果により、塩がカツオに浸透して、おいしくでき上がった。ショウユや玉ネギを入れてたたく現在のタタキは、この後、土佐の女性たちが作り始めたという（土佐清水市・植杉豊〈昭和十四年生まれ〉談）。

写2　カツオのビンタ（頭）の料理（鹿児島県枕崎市，2003）
写3　カツオ茶漬け（高知市，2004）
写4　静岡県御前崎町のガワ（2001）

現在のタタキは、たれは醬油一合・味醂五勺・酒五勺で作り、カツオにニンニクをすり込んでからネギを乗せて切り、俎板の上でたたいて作るという（中土佐町矢井賀・田所春之輔〈大正十三年生まれ〉談）。

高知市の中城克良氏（昭和三年生まれ）によると、高知県幡多郡のタタキは、最初から、たれに漬け込むが、高知市周辺では、たれは別にしてある。また、船上では、エドバチとも呼ばれる、二升入れのエサバチにカツオを切り込んで入れ、醬油を加えた。これを御飯に乗せて茶漬けとしても食べた（写3）。これらを作るのは、エサマワリ（エサハコビ）という役割の者の仕事だったという。

ところが、三重県尾鷲市の三木浦では、「カツオを焼くな」と言われ、昔はタタキを作らなかったという。サシミか煮て食べる料理法しかなかった。カツ茶漬けにはワサビ・ニンニク・マヨネーズなどを入れた（三鬼哲〈昭和十八年生まれ〉談）。総じて三重県のカツオ船では、「半焼きは腹にあたる」と言って、タタキは食べなかったという。もっぱら、焼きナマスやアラ（カツオの漬物）が多かったという（高知県佐賀町・会所久義〈大正七年生まれ〉談）。

静岡県の御前崎町では、カツオ船にサイバチや茶碗・ドンブリを持参して乗った。船員の中には農家から来た人もいて、農家の弁当には梅干とタクアンがあり、漁師の弁当にはカツオ節があった。船上の昼食はサシミであった。「ヘサイメシ」（押さえ飯）と呼ばれる押し鮨もつくった。それは、サイバチに盛った御飯の上に、血合いをネギや醬油を入れてたたいたタタキを乗せ、その上を蓋で押さえておき、サンドイッチのようにして食べるものであった。そのほかには、カツオの茶漬けである「カツ茶」、カツオのたたきを氷水に入れ、味噌を溶かして食べるガワと呼ばれるものがあり、暑い夏の日にそれを飲んだりした（写4）。三重県には、カツオの骨を塩水に漬けておくニタヨウという料理法があった。それを薄塩で煮てスープにすることも、ままあったという（小田孫一〈大正十年生まれ〉談）。

同県焼津市のカツオ船でも、「カツオ食うと偉くなる」と言われ、船上ではカツオ料理が多かった。朝はオミオツケ（味噌汁）だけであったが、昼食はサシミ、あるいは血合いのカツオを味噌と玉ねぎと一緒にたたいて、血合いのタタキを作った。また、カツオの頭と身に味噌を入れた、冷や汁を作り、御飯にかけたりオカズにして食べた。これをガワと言った（焼津市浜当目・久保山俊二〈昭和五年生まれ〉談）。

宮城県の気仙沼地方でも、暑い日には「ガワを作れ！」と言われたという。カツオをたたいたものをバケツに入れ、水と氷を混ぜて味噌味にした料理で、不思議と腹を病む者はいなかったという（気仙沼市北沢・熊谷光夫〈昭和六年生まれ〉談）。

カツ団子

カツ団子とは、和船時代からカツオ船の上で作ったカツオ料理の一つである。カツオの身を取り出し、小さな骨まで入れて包丁でたたきあげた後、エサバチなどに入れてタモの柄などで、こねあげた。特に、カジ棒でこねることは縁起の良いことと されていた。少し固めるために、味噌を入れてから、普通の団子よりも、やや大きめに作った。これを煮立っているお湯に入れ、揚げたものがカツ団子であり、海上のスリバチ文化とも言える。

また、これを煮たお湯をダシにして、野菜を入れて味噌汁を作ることもあった。この団子は、オカズとして、すぐ御飯と共に食べるが、カマドの上に金網を置いて、その上で団子を乾かし、糸を通して天日に干しておくこともした。そして、汁のダシのないときなどに用いたそうである。カツオ船では、オツケグサのない空汁《から》を食べるものではないといわれた。空汁は不漁のときに食べるものであったからである。そのためにも、カツ団子は船上で重宝にされたという。カツ団子は、船乗りのそれぞれの家へのお土産としても喜ばれ、家族の喜ぶ顔を見たいがために、自分の弁当箱に入れて帰港する漁師も大勢いた。

たとえば、宮城県気仙沼市大島の崎浜のカツオ船での食事は、赤椀で二つもらった。そのうち一膳は握り、一膳は食べる。二日間で握り飯が六つでき、これが子どもへのお土産となり、子どもは非常に喜んだ。また、おかずはカツ団子と称して桶の中で、棒をもってスリミにしてダンゴにして酢味噌で食べる。船の上では醤油を大切にするということである。これらの握り飯とカツ団子を網袋に入れて帰ったという（高倉淳「大島崎浜部落の民俗」）。

宮城県唐桑町のカツオ船では、同様にして作られたカツオのスルミのことを「海汁《うみじる》」と言った。三枚におろしたカツオを板子の裏側にのせて包丁でたたき、ハチコに入れて味噌を混ぜ、エサ投げが用いるタモの柄でこねた。「海汁」を土産に持っていくと、家ではツメリコ（スイトン）のダシにしたり、キュウリモミに入れたりしたという［小山、七一〜七二頁］。

以上のように、カツオ船での日常食も他の料理も、ほとんどがカツオ中心であった。カツオの味に飽きたときなどに、沖で泳いでいるマンボウやウミガメ、イルカなどを捕獲して食べることは、新鮮な珍味として船員たちに、たいへん喜ばれた。そのために、カツオ船には常時、銛やサメ切り包丁などを積んでいる（写5）。マンボウは主に東日本、ウミガメは主に西日本のカツオ船で捕獲するが、この二つの海洋生物は、船上での食料としただけでなく、それぞれ大漁を呼ぶ縁起物としても、カツオ船では重要視された。

次には、カツオ漁と深く関わりをもつ、このマンボウとウミガメという二つの海洋生物の民俗についても述べておきたい。

写5　上：マンボウなどを突く銛（宮城県気仙沼市二ノ浜，1986.9.13）．下：マンボウを切るサメ切り包丁（同市小々汐，1985.7.14）

マンボウ

マンボウという魚

マンボウ（mola mola）は、マンボウ科の円形の魚で、その肉は白くて美味である。マンボウという呼称を広めた北杜夫の『どくとるマンボウ航海記』（一九六〇年）によると、「その真白な肉はイカとカニとエビをつきまぜたような味がする」［北、九三頁］という。同じ航海記には「わが国は海にかこまれた島国であるのに、海に生きている人々をのぞいて、海に対する関心はおどろくほど希薄である」［北、二〇四―二〇五頁］とあるように、マンボウも以前は、それほど知れわたった魚ではなかった。しかし、現在は愛嬌のある魚として全国的に知れ渡ったために、この魚が捕れる地域では、おおよそ「マンボウ」と呼んでいる。以前の呼称は、北海道ではキナボ、東北ではウキ、瀬戸内ではタユウなどとさまざまな呼称があったようである［高木、一八七頁］。また、「マンボウザメ」という呼称もあるが、マンボウは生物学的にはフグ目マンボウ科の魚であり、サメではない。

現在、マンボウという魚のみを集団で捕獲する漁はあまり見受けられないが、近世後期の菅江真澄による北海道の記録からは、アイヌが少人数ではあるが、積極的にマンボウを捕獲していた様子がうかがわれる。また、江戸時代には、水戸でマンボウの腸を利用して産業化していた。近代に入っての記録には、三陸沿岸でもマンボウを専門に捕獲し、あるいは、その軟骨を利用して産業化したこともあった。現在では、短期間の副業的な漁撈のほかに、定置網に入っていることがあるが、カツオ船では漁の出がけの縁起物として、発見したら捕獲する場合がある。

各地の水族館をはじめとして、今では東京のデパートでもペットのように飼われているマンボウであるが、人間とマンボウという魚は、そもそも、どのような関わりをもっていたかということを、文献資料や聞き書き資料をもとに、主にカツオ漁を通して捉えなおしてみたい。

菅江真澄の記録から

初めに、マンボウ漁の習俗について述べておきたい。その理由は、この漁法や儀礼などが、そのままカツオ船の上でも行なわれ、あるいは習俗として組み込まれているからである。

菅江真澄は寛政三年（一七九一）の五月三十日から六月七日まで北海道の内浦湾（噴火湾）沿いを歩いている。その記録である「えぞのてぶり」の中には、アイヌのマンボウ漁とその料理法について、ほとんど毎日のように記述しているので、ここに列挙しておきたい。

①　このアヰノども、魣鮫《キナボ》ちふ魚のあぶらわたを檜桶《シントク》に入て、鱘《ダン》《ヰルカ》の肉《シン》を岩面に打かけて日にほし腐らかし、鱐《ホジシ》や食ひけん、その臭さ、おもひやるべし。（五月三十日）

②　アヰノふたり舟つけており、けふのレバにて大《ポロ》の浮鮫《キナボ》とりたるとて、此魚しゝどのつくりたるとて、宿のあるじのもとへその肉くれたるを、こよひのさかなによけんとて烹てすゝむ。夕ぐれふかく、キナボとるてふ舟のいくらともなう、沖べよりよりこぎぐ。

百重たつ波路はるかにこぎてきなほのかに見ゆる沖の蝦夷舟

キナボは、気仙の海にいふ浮鮫にことならぬものか。（六月二日）

③女房《メノコ》ども魚のなまじしを爨刀《エビラ》してさきくらふに、日もくら〳〵になりぬれば「シユンネアレ」といひて、樺皮《タッ》の火を木の枝にさしはさみて炉のもとにたて、飯吃《アマムエベ》といひて、粟《ムンジロ》、稗《ピワパ》《ヒアバ》などにブヰ、ブクシヤ、なにくれの草の根入たる糒《チセロフ》〔天註――粥をチセロフといひ、これをシヤモ、あらゆといふ。アラユも近つ蝦夷人の辞ともいふなり〕にキナボの油をさしまぜて、飯椀《イタンギ》ひとつ〳〵に調羹《カシユップ》〔天註――カシユップは、もろこし人のタンビヤウにことならず、世俗の散り蓮華といふものに似たり〕して盛り分ちぬれば、をのれ〳〵が吃食筋《バラバシウ》〔天註――ハラバシウは世にいふせつかひにことならず、うぐひすちふもの也〕といひて、ちいさき飯匙のごとく、鶯のやうなるものして、かいなですくひあげ、居ならびこれをなめて、みなふしぬ。（六月三日）

④棹を梁によこたへて、ちいさき魚の胃《ピセヰ》にキナボの胜《アブラ》を内《イ》れて掛ならべたるは熟菓柿《イロツケルカキ》を梢ながらに見たらんがごとし。あるじのメノコ床を立、此油をとりおろし、あざらけき魚のつくり肉にかけて盤《ニマ》に盈《モ》り、あないし来つるアヰノどもが前にすへ、又ことメノコの来るにも進めぬ。（六月四日）

⑤キナボ突得たるに、ふたところまでハナリ立ながらきりあばき、あぶらわた取いだし、その血にまみれたる、ちひろのゑなはの、栲縄のやうに流て波も汐も紅に染ミたるをたぐり、手にからまき、つくりとるべきしゝは、みなエビラしてきりとり、左右の鰭にヰナヲかい削りさし貫き、ハナリの柄《カラ》の石つきもて海そこにつき入て、舟こぎ散りぬ。（六月七日）［菅江、一〇九―一二七頁］

菅江真澄の行程の現在地を、引用した日付と照合させると、真澄は①砂原《さはら》町松屋崎→②物岱（八雲町東野《ひがしの》）→③シラリカ→④長万部町→⑤豊浦町礼文華《れぶんげ》と進んでいる。

アイヌはキナボ（マンボウ）の肉を煮て酒の肴にしたり、アブラ（調味料）として用いていたようである。たとえば、粥に「キナボの油をさしまぜて」③用い、あるいは「あざらけき（新鮮な）魚のつくり肉にかけて盤に盈《も》り」④、ソースとして用いていたようである。

その漁撈の様子は、ハナリと呼ばれる投げ銛を用いている。捕ってからは、「左右の鰭に⿰ナヲかい削りさし貫き、ハナリの柄の石つきもて海そこにつき入て」⑤という儀礼があり、イナヲという木製の御幣をマンボウのヒレに挿すことで、ヒレに対して神聖化していることがわかる。

また、「キナボは、気仙の海にいふ浮鮫にことならぬものか」②とあるように、菅江真澄は「かたゐぶくろ」の中でも、「あぶらわたとる、きなほといふは、魚のかしらのやうなる大なる鮫也。みちのおく、本吉のはまにて、うきざめといふものなり」［菅江、四八四頁］と記している。この蝦夷地の旅より五年前の天明六年（一七八六）の夏、気仙や本吉の浜で見たウキザメ（マンボウ）の記憶が重なったものと思われる。沖の魚であるマンボウを、三陸沿岸でもそのころ、捕獲していたことが知られる。

生まれ変わるマンボウ

菅江真澄が内浦湾を旅行した年から八年後の寛政十一年（一七九九）、江戸幕府の役人の松田傳十郎も、幌別（登別市）や白老《しらおい》のキナンポー（マンボウ）について、『北夷談』（一七九九―一八二二年）の中に、次のように記している。

ホロベツ（地名）、シラオイ（地名）、此辺にキナンポーといふ海獣あり。是を漁して油に〆《しめ》、キナンポー油とて出荷物なり。此キナンポーといふは形ち亀なり。大き成るは畳三畳丈けに、或るは弐畳丈けもあり。右を漁するには、夷舟にて夷人両三人づゝ乗組、沖合へ出て、右キナンポー見付次第ハナレ（ヤスの事）を付て漁し、舟へ引付置て、夷人どもキナンポーの甲に乗り、腹を断割り、臓腹、油わたの類残らず舟へとり入れば、夫よりイナヲを削りて腹の内へ入れ放すといふ。一日に弐つ、三つも取獲、前の如くいたし放すと云。右のキナンポー助命して再度とらるゝといふ。右様臓腹を抜れしものゝ助命いたすべき道理なし。仁三郎（引用者注――傳十郎のこと）は信用せず。夷人の語るを聞に、二度め取れしは入れ置しイナヲのあると云。其上キナンポー油とて出荷物にいたせし程の死甲（骸）、如何様の時化大波にてもひとつも海岸へ打寄り揚りし事昔より聞（か）ずと。支配人、番人などもこれを申。余り不思議なる事なれば聞まゝに爰に顕す。［松田、九八頁］

蝦夷地の内浦湾では、アイヌのマンボウ漁が盛んであったことがわかるが、食料としてだけでなく、「キナンポー油」という名で出荷していたことも触れている。おそらく、キナンポー油は、「運上屋」と呼ばれる商人が、アイヌと煙草などの物々交換によって手に入れたものと思われる。商人は松前藩に運上金を上納することで独占的に漁業経営を行なっていたからで、これを「場所請負制」という。

また、真澄の記録と同様に、その漁撈の方法はハナレ（真澄の記録ではハナリ）を用いている。ハナリ（投げ銛）やハナレ（ヤス）は、マンボウを突いたのちに、舟に引き寄せていることから、銛綱が結んであったものと思われる。真澄の「えぞのてぶり」には、寛政三年（一七九一）六月八日の虻田での記述として、イルカ漁の様子も記され、「ハナリ撃てんとアリンベ（一本銛）にギテヰ（銛頭）てふものをさし、アヰドスとて細き縄をギテヰに付て、柄もひとつにとりもて」とある。そのイルカ漁の挿絵に描かれているのも、「離頭銛」である。マンボウも、おそらく「離頭銛」のような漁具で捕獲したものではないかと思われる。

マンボウの捕獲後の儀礼は、ここでは左右のヒレではなく、内臓をくりぬいた腹に、イナオを入れて流している。このようにして流すと、再度その同じマンボウが捕れると思われていたらしい。また、アイヌがマンボウを捕ると、マンボウの上にあがって、肉や腹の中から腸や肝臓をとって、耳のところに欠木幣（チメシュ・イナウ）をつけて、「神様の木幣をやるから、生まれ変わってたくさんでやっておいで」と言って流したという［更級、五〇五頁］。マンボウは、内臓が取られて肉がなくなっても、まばたきなどをするために、すぐに生き返る魚と思われていたらしい。

白老《しらおい》では、マンボウなどの沖漁に行くときに、海岸の砂原でヌサ（イナオ）を立てて、カムイノミという儀礼をしたという。イナオはアイヌのサケ漁のときも、捕獲後に顎骨に結びつけて川に流すが、この場合は舟の役を果たしたという。

また、マンボウの死骸が海辺に寄りつくことがないという観察も興味深い。マンボウはウミガメなどと相違して、浜へ寄りつくことが少なく、海の彼方から到来する生物としてではなく、海の底と海面を往来するだけの沖の生物と思われていたようである。真澄の記録にあるように、イナヲを挿したヒレを「海そこにつき入て」から、その場を去ったことにも通じる考え方だと思われる。陸《オカ》の人間にとって、マンボウは馴染みの薄い、一種の怪異も感じる魚として接していたのである。

栗本丹州の『翻車考』

容易に人の目に触れる機会のなかったマンボウは、そのために、ひとたび陸に揚げられると、珍魚の一種として見世物にもなったことが、江戸時代の記録にある。たとえば、『武江年表』の明和二年（一七六五）の記事には、次のように記している。

芝浦より一丈余の魚上る。後、両国橋畔にて見せ物とす。色白く鱗なし。鮫の類なり。名をマンボ

ウと云ふ（筠庭云ふ、まんぼうは常州水戸に多し。日本橋魚市場にて見ることあり）［斎藤、一七七頁］

『武江年表』の補訂者である喜多村筠庭によると、マンボウは常州の水戸に多いことが注記されている。水戸では、マンボウの腸を加工して、売買もしていたらしく、『毛吹草』（一六四五年）には、常陸の名物として「水戸浮亀《ミトノウキキ》　魚也」（マンボウのこと）とその名が出ている［竹内、一七〇頁］。

江戸で初めてマンボウの博物誌である『翻車考』（一八二五年）を著したのは栗本丹州（一七五六―一八二五年）である。栗本は中国の『福州府志』や『閩《びん》書』の南産志に記されている「翻車魚」をマンボウと同定した。「マンボウの昼寝」という言葉が伝えられているように、マンボウは呑気に波にたゆたうばかりでなく、海上に勢いよく飛び上がり、翻る性質があることが、この「翻車魚」という当て字から理解される。

三陸沿岸のマンボウ漁

一方で、三陸沿岸では近代に入ると、マンボウに関する文献資料も少しずつ目に触れてくる。たとえば、マンボウ専用の銛があったことは、『宮城県漁具図解』（一八八八年）で、次のように記している。

銛（翻《さめ》車魚捕獲器）（第廿五号）

鉄製長さ貳尺一寸五分又は一尺九寸五分のものへ根もとより五寸程のところに麻糸縄を結びつけ又長さ貳丈五尺の指柄嵌《は》め翻車魚の海上に飛揚り遊泳《およぎあそび》を視認《みとむ》る時これを投げ突にして捕るなり。［宮城県農商課、二一四頁］

『宮城県漁具図解』には、この記述と対照させた「第廿五号一図」も掲載されている（図1）。おそらく、アイヌのマンボウ漁も、基本的には、このような漁撈の方法とほぼ等しいものであったろう。

図1　マンボウを銛で捕獲する図（『宮城県漁具図解』・1888）

現在のマンボウ漁について述べると、カツオ船・マグロ船やカジキの突きん棒船などの近海漁だけでなく、ホヤ捕りなどの沿岸漁でも見つけることがあり、これをたまたま捕獲している。しかし、最近ではマンボウの値段が上がり、一匹で二十～三十万円することもあり、マンボウを捕獲するためだけに漁に出ることがある。三陸沿岸では五月中旬ころから七月中旬にかけて、よくこの魚を見ることができる。

現在、三陸沿岸のマンボウ漁を行なっている宮城県唐桑町馬場の川村亀佐雄氏（昭和七年生まれ）によると、マンボウには、背中が黒くて大きいマッカブという種類と、白くて小さいが味は良いシラザメという種類があるという。

捕獲するときは、銛が電気銛で、解体するときのサメ切り包丁は、刃わたり一尺五寸のマンボウ専用の漁具で、鍛冶屋に作ってもらったという。解体の順序は写真6（一八〇頁参照）のとおりであるが、マンボウの胃をつぶさないように、血を流さないようにするのがコツで、もし青い胃液などが流れたりすると、ミが苦くなってしまうために、絶えず水を流しながら移動し、腸を引き出すときも水を流し続けるという。

手で裂いたサシミのことをナマザケと呼び、浜の同業者・船主・友人・幼稚園などに分け、七十軒くらいに渡り、マンボウという魚は分け与えるものだということが、慣習として残っている。マンボウのコワダ（腸）は十二間くらいの長さがあり、身より値段がよく、ゆでても生でも食べられ、これもサシミと共に酒の肴にされる。肝臓はマンボウの油で煎り、ビロホダレと呼ばれる食べ物の余りものや野菜を入れると特においしい。これをトモアエ・トモイレ・キモイレ・アブランケなどと呼んだ。三陸沿岸では、マンボウの家庭料理としてはサメノミと呼ばれるサシミ、カツオ船などの船上の料理としては、サシミにして酢味噌で食べるか、トモアエが一般的であった。三陸沿岸の内陸の山間部でも食され、サメノミはサギザメ（裂き鮫）という名で親しまれ、マンボウの魚肉を手で裂いてサシミにつくった。

マンボウを捕獲すると、漁をした船のタツ（オフナダマが込められている）に、マンボウの胸ビレを上げ、「おかげさまで漁しました。また漁するように」と祈願したという。このような儀礼が、後述するように、カツオ船の上でも行なわれているのである。

『宮城県漁具図解』が発行された翌年、宮城県気仙沼町の宮井常蔵は、マンボウを用いた水産加工品のサメスガを考案した。このことについて、『気仙沼町誌』（一九五三年）には、次のような記述がある。

【明骨・さめすが（鮫氷）】明骨はまんぼう鮫の軟骨を製し色沢琥珀の如く、さめすがは同じく同魚の軟骨薄片として紙状に漉いたものであるが、之は明治二十二年頃宮井常蔵が従来何等顧られない同魚の利用を研究して創製したもので、支那料理に用ひられ支那貿易品として重要な物産になつた。創始者は一説に魚町三丁目傳兵エ屋佐藤傳兵衛（明治十八年）ともいはれてゐる。〔気仙沼町、一一三頁〕

サメスガは氷のように透き通っていて、酢味噌であえて食べるものであった。なお、宮城県唐桑町宿浦の村上友太郎翁（大正七年生まれ）によると、戦前、マンボウのヒレがよく売れて、気仙沼の町の「迎い上げ舟」がやってきて、買い上げていったというから、この記述と一致している。また、岩手県の釜石地方では大正二年（一九一三）に釜石電灯株式会社が設立するまでは、行灯《あんどん》の油としてマンボウの油の需要が多かったという［奥寺、六五頁］。

それでは次に、船上での人間とマンボウとの関わりを、主にカツオ漁を通して、北から南へ一覧してみよう。アイヌのマンボウ漁で行なわれていたような儀礼は、カツオ船でマンボウを捕獲した場合の儀礼と一脈通じるものがあった。

東北地方のカツオ漁とマンボウ

マンボウは北海道以南の海に棲息しているが、マンボウに関する民俗も、岩手県北部から太平洋沿岸を南下して、西日本まで採集することができる。たとえば、岩手県普代《ふだい》村の大田名部《おおたなぶ》では、カツオ船がマンボウを捕ると、カツオの「万本祝い」として祝ったという（太田徳次郎〈明治三十五年生まれ〉談）。同村の黒崎では、「若い時など、よく妻が妊娠したことを隠している。まんぼうという魚は、平たくなり、浮んでいて、鷗に突つかれても驚ろかない。それが、医者よりも何よりも、家に妊婦が出来たものが船に乗っていると、まんぼうはすぐ予知し、海の底へ沈んでしまう。だから家に妊婦がいるものが乗っていると、まんぼうは取れなくなるということがある」［早坂、四〇頁］。田野畑《たのはた》村でも、「まんぼうは、船に乗っているものの家に妊婦がいれば、すぐに予知し、海の底に沈むので、その人を隠さなければ、取れない」［早坂、四一頁］。マンボウは、妊婦を嫌う魚として捉えられているわけである。

岩手県山田町大浦では、マンボウを捕獲したときには、その真ん中の丸いヒレを、タツに供えた。タツとは、接岸するときに港とロープで結びつける、船首の短い柱のことであり、三陸沿岸の漁船では、オフナダマ（御船霊）が祀り込められている箇所である。マンボウの身を取ってから海へ流すときは、先輩たちから「オニギリ作ってやれよ！」と言われて、マンボウの口の中にオニギリを詰め込んでから流したという（小林忠栄〈昭和六年生まれ〉談）。

岩手県大槌町の安渡《あんど》では、「マンボウ様」と敬称を付けて呼ばれている。「マンボウ様」が捕れると、コビレ（胸ビレ）を船首のタツに上げた。この魚はすぐに料理されるために、船のカシキ（炊事係）は油だらけになって働かなければならなかった。「カシキが釜の蓋をたたくとマンボウが逃げる」と言われていたので、故意に釜の蓋をたたいたりした。そのために、マンボウを逃がしたときは、いつでもカシキのせいにされたという（岩崎博〈昭和三年生まれ〉談）。

ここでのカシキとは、主にカツオ船のカシキであることが注意される。以下の事例でも、マンボウと関わる民俗は、カツオ船が大半であることを確認しておきたい。マンボウとカツオは同じ時期に黒潮に漂う魚であるためである。

宮城県唐桑町の津本でも、マンボウは黒潮（暖流）と親潮（寒流）の潮目に浮かんでいる魚であり、そのような海域はカツオの多い漁場であるために、選定の目印になったと言っている。マンボウを捕ると、その胸ビレを持って、タツの頭をピタピタと撫でた後に、「トゥ、オエビス！」と語りながら、海に納めたという（三浦清六〈大正五年生まれ〉談）。同町の馬場でも、マンボウは「位牌を背負っている」と言われ、死ぬために船に近づいてくるという。また、マンボウは「万ボウ」としてマワリ（縁起）が良く、捕獲した場合、包丁を入れるときに、胸ビレを先に切り、タツに上げたという（川村亀佐雄〈昭和七年生まれ〉談）。また、同町の小鯖でも、カシキが炊事場で釜の蓋をヘラでたたくと、マンボウが逃げて行くという伝承がある（鈴木忠雄〈昭和十二年生まれ〉談）。

宮城県の気仙沼市でも、マンボウはカツオ船で好んで捕った魚である。マンボウを銛で突く場合には、コウベ（頭）と尾ビレの付け根を狙う。後者を「スカマス三寸突き」と言った。サメ切り包丁で解体するときは、まず、その尾ビレ（スカマス）を切り取る。次に背ビレを取り、ウチワビレと呼ばれる丸いヒレ（胸ビレ）も取る。最後に、ミドコロ（身）とコウベ（頭）を切り離す。コワタグチと呼ばれるアゴに当たるところで、最も旨い部分は、マンボウを切った人の分け前になる。マンボウが捕れると、カシキはウチワビレをタツ（オフナダマ様）に上げる。頭だけになったマンボウを海に流すときにも、カシキは御飯を噛んだものをマンボウの口に供え、「マンボウさん、あと、大漁させらいんや」とか「友連れて出はれ！」と声をかけてから流す。「友」とは、この場合はマンボウではなく、カツオのことを指しているという。マンボウの目玉はホタルを入れる籠がわりに、大きな背ビレの方は子どものオモチャにするために、これらは持ち帰ったという（尾形栄七〈明治四十一年生まれ〉談）。

気仙沼市の大島では、カツオ船が出船にマンボウを捕ったら縁起が良いとされ、マンボウを捕ると、カシキがその胸ヒレを一〜二寸くらいに切ってオフナダマへ上げた。ただし、泳いでいるマンボウを指でさすと良くないとされ、必ず握りコブシでマンボウをさしたという（水上亀吉〈大正四年生まれ〉談）。

宮城県本吉町で聞いた話でも、マンボウを見つけると、沖へ向かって進んでいるカツオ船を戻してでも捕ったものだという。昔、静岡のカツオ船が八丈島付近で遭難したとき、カシキだけがマンボウの背中に三日間乗っていて助かったことがあるという話も伝わっている（及川静雄〈大正十一年生まれ〉談、写6）。

雄勝町の船越のカツオ船では、マンボウは「マン（運）が来る」と言って、積極的に捕獲するが、この場合はカシキが包丁で切り落とした背ビレでもって、タツの上を三回たたいた後、トリカジ側から「トーヤ！　神様」と言って投げ与えたという。これは、カツオが大漁したときに、カシキがカツオを持ってタツを右回りに三回撫でまわしたあとで三回たたき、そのホシを指で抜いて、トリカジ側から「トーヤ！　神様」と言って投げ与えることと重なっている（生出太一郎〈昭和七年生まれ〉談）。

写6　マンボウの解体
（本吉町日門，1986.6.29）

福島県いわき市江名のカツオ船では、「マンボウはアヤモノ（縁起物）だから、見つけたら捕れ」と言われ、小さい方のヒレをフナダマ様へ上げ、上げた後は海に納めた。見えていたマンボウがいなくなったときは、カシキが釜の蓋で呼ぶと、マンボウが寄ってくるといわれた。うまく、マンボウに銛が当たらない場合は、身持ちの奥さんのいる船員が船に乗っているためと言われ、その人を甲板に出さないようにしたという（福井清〈明治四十三年生まれ〉談）。

妊婦の夫を甲板に出さないという伝承は岩手県の普代村などと同じ

だが、こちらではカシキが釜の蓋をたたけばマンボウが寄ってくるという大槌町と逆の伝承も聞かれる。

関東地方のカツオ漁とマンボウ

関東地方に入ると、茨城県北茨城市の大津では、マンボウは漁を授ける魚だから食べるが、魂の入っている魚でもあり、突き損じて逃げられると、怨まれたり祟られたりするという（石川寅雄〈大正十四年生まれ〉談）。

千葉県銚子の外川では、マンボウは「摂待の魚」であり、人に呉れて喜ばれる魚であり、売るものではないといわれた。また、船員の中で、身内に大腹（妊娠している人）がいる者が乗っていると、マンボウに出くわすといい、うまく突けるという（田中勝夫〈昭和六年生まれ〉談）。岩手県北部や福島県いわき地方の例とは、まったく逆の伝承が残されている。

神奈川県では、三浦半島の漁業民俗を扱った、内海延吉の『海鳥のなげき』（一九六〇年）の中に、次のようなマンボウの記述を読むことができる。

このマンボウを見かけることはめったにないことなので、これを見ると仕合わせがよい、自分の舟だけに幸福が訪れて来たと感じたものだったろう。

三崎でも腰越でもマンボウはめでたい魚として、捕れば沖で料理して食べたり、分けて家へ持ち帰ったりして決してこれを売らなかった。神の授かりものと考えたからであろう。

この皮がちょうど西瓜のように厚く、内側の肉を取るとお盆のような丸い形になるので、それに飯粒を載せて流し漁を授かるように祈り、その背ビレを三崎では舟玉様に供え、腰越ではタイリョタイリョ（大漁大漁）の名があり、これを家の神棚に供えた。……

三崎の漁師はマンボウは海の医者だと言い、銛で突いたカジキに逃げられると、「あのカジキは今頃マンボウのところへいって、傷を治してもらっているだろう」と戯談を言ったものである。……マンボウを釣ると家が絶えるとは腰越でも三崎でも言われた。これはマンボウの小さい口がマグロやサメを釣る太い針にかかるはずがないのに、その釣れるはずのないマンボウが釣れることに凶兆としたことから出たのであろう。［内海、二三―二四頁］

関東地方に入ると、マンボウは売ってはいけない「神の授かりもの」、さらに人間に祟ることもある特異な魚としている点がめだってくる。

東海地方のカツオ漁とマンボウ

静岡県西伊豆町田子のカツオ船では、マンボウはめでたい魚として捕り、その場合には必ず脇ビレ（胸ビレ）を、オモテのマストを立てるシャダツと呼ばれているところに、お洗米と塩を上げてから吊るしておいた。陸《オカ》に着いてからも、ヘノリと呼ばれている若い衆頭が、そのヒレと米・塩を持ち歩いて寺社を参詣し、最後に船主の氏神へ上げた。船主の家では、そのヒレを氏神に吊るしておいたものだという（山本克治〈昭和三年生まれ〉談）。しかし、平成八年（一九九六）を最後に一艘もカツオ船がなくなってしまった田子では、今ではマンボウのヒレを吊るしてある氏神は見つけられない。マンボウの習俗もカツオ漁とともにあったことを知ることができる。

この地方では、マンボウは何万本もカツオが釣れるようにという願いをこめて捕獲されたらしい［静岡県教育委員会文化課、一六五頁］。マンボウは「万本」という数字にも通じ、これは「カツオ万匹」につながるという縁起の良い魚であった。特に、カツオ漁では「万祝い」という言葉もあるように、「万」は大きな意味をもたせた数字である。田子湾の入口にはエビス様が居り、そこには「鰹万供養塔」が十基建立されている（写7）が、これらの碑からも「万」という数字へのこだわりが感じられる。

静岡県松崎町の岩地では、マンボウは縁起の良い魚であり、これを見つけると、カシキに釜の蓋とシャモジを持って「浮いてこい！〳〵」と語らせた。マンボウを解体した後には、その皮に洗い米を供えて海に流したものだという（斎藤元久〈昭和二年生まれ〉談）。

静岡県の焼津市岡当目でも、マンボウは縁起物として突いた。マンボウを船に上げてから、背ビレの先端を切って、船の神様に持っていって上げたという（岡田昭八〈昭和八年生まれ〉談、写8）。

同市の石津でも、マンザイ（マンボウ）は船に揚げると、背ビレを取ってフナダマ様へ上げ、片身の皮にはお洗米を乗せ、大漁を祝って海へ流してやるという。また、この地方でも「女房が妊娠中の者はモリを持たない事」にしており、「それはマンザイに限って、もしモリの当たり所が悪くてとれなかった場合、そのモリの当たった所が生児のからだにアザになって出るといって忌むから」［倉光、四〇頁］だという。

静岡県御前崎町のカツオ船でも、マンザイは、必ず突くものとしていた。マンザイの油は、一升瓶に入れておいて、傷などに付け、キモも切傷に良いので、バイ取り合い（取りっこ）をするほどであった。肉は醤油味と砂糖とで煮付け、サシミはつくらなかったという（服部巽〈昭和四年生まれ〉談）。マンボウのトモアエやサシミを食べるのは焼津の漁師だけで、御前崎では煮るだけであったといわれる。黄色のワタを取り出してからは、ヘノリと呼ばれる若い衆頭が、マンボウの皮にお洗米とお酒を注いでから、「大漁させて下さい！」と語って、海へ投げ入れたという（松尾長作〈昭和五年生まれ〉談）。

東海地方に入ると、オフナダマに上げるマンボウのヒレは、東北や西伊豆地方のように胸ビレではなく、背ビレが多くなってくるようである。

写7（右）　西伊豆町田子の「鰹万供養塔」（2001.6.25）
写8（左）　漁船に揚げられたマンボウ（昭和35年ころ，焼津市岡当目の岡田昭八氏所蔵）

紀伊のカツオ漁とマンボウ

　西日本に入ると、三重県南勢町田曽浦のカツオ船では、マンボウを捕ると左舷から上げ、その皮にアライネ（洗米）とお酒を供えて、「ツヨ！　大漁させろよ！」と言って左舷から海に放った。マンボウはタコクラゲを食べるので、黒潮にいることが多く、「マンボウジオ」という言いかたもした。そこにはカツオも多くいる。カメの場合も、その甲羅に対して同様のことを行なったという（郡義典〈昭和二年生まれ〉談）。

　また、三重県南島町慥柄浦のカツオ船では、マンボウは「万本」と言って縁起がいいので、とにかく捕った。そのキモを取っておき、浦に帰ると、カシキがそれを氏神様へ上げ、「ツヨ！　万本授かるように！」と言って拝んだという（小林俊一〈大正八年生まれ〉談）。

　三重県では、三陸沿岸のようにマンボウのヒレをオフナダマに上げる習慣はなく、むしろマンボウのキモ（心臓）を上げるようである。志摩町和具では、カシキが船頭にそのキモを渡すことが習いであった（山本憲造〈昭和五年生まれ〉談）。南勢町の相賀《おうが》では、マンボウは「大漁マンボウ」と言って、喜んで突き、マンボウのホシ（心臓）と目の先の皮をフナダマに供えたという（畑正之〈昭和六年生まれ〉談）。南島町古和浦では、カツオ船が沖から戻ると、カシキは船から裸足のまま、三宝にマンボウのヘソ（心臓）を載せて、村の神様へ供えにいった（上村辰也〈昭和三年生まれ〉談）。紀伊長島町では、マンボウの心臓を船上のフナダマさんに供えたという（石倉義一〈昭和九年生まれ〉談）。

南勢町相賀で、マンボウの目の皮を上げたように、マンボウの皮をオフナダマに供えるところもある。同町礫浦でも、マンボウはカツオ「万本」に通じるとして、見つければ必ず突いたが、このときも皮を小判型に切って、「ツイヨ！」と言ってオフナダマに供えたという（福田仁郎〈大正八年生まれ〉談）。また、海山町の白浦では、マンボウを捕獲するときに、妻が妊娠している船員には、みだりに殺生をさせないために銛を持たせなかったという（奥村聞太郎〈大正十五年生まれ〉談）。尾鷲市の三木浦では、マンボウを捕るときは、カシキがシャモジを持って招くと良いといわれた。また、カシキが鍋の蓋を取っておいただけでも、マンボウが捕れるといっている（三鬼福二〈大正二年生まれ〉談）。熊野市の二木島で聞いた話では、マンボウは船の「満船」につながるために、よく突いて、カツオ船上でのオカズにした。特に、二重アゴでよく肥えているエビスマンボウは好まれた。マンボウの心臓を取って、フナガミに上げたともいう（浜戸楢夫〈昭和六年生まれ〉談）。

和歌山県新宮市の三輪崎では、マンボウは不漁のときに見つけると吉相。突くと調子が良くなるという。マストの上方にフナダマさんが祀られているが、ヒレを切って、「ツイヨ！」と言って、上げた。海へ返すときは、ミヨシのハナか、後ろか、真ん中から、米と酒を上げて、「また頼みます」と言ってから捨てる。マンボウを捨てた場所には、塩をかけたという（西村治男〈昭和六年生まれ〉談）。和歌山県の田辺では、マンボウのことを「エビス」と言った例もある（昭和十年〈一九三五〉十二月四日付岩田準一宛南方熊楠書簡）。同県のすさみ町では、マンボウは水揚げしない魚と言われ、「分け捕り」をしたともいう（中村繁治〈大正十年生まれ〉談）。

西南日本のカツオ漁とマンボウ

四国のカツオ船では、マンボウを突くことを嫌っているが、例外として、徳島県牟岐町の出羽島のカツオ船はマンボウを捕った。しかし、ここではウミガメもマンボウと同様に縁起物として捕っている（田中兼一〈大正八年生まれ〉談）。高知県でも、カツオ船から海に落ちたカシキがマンボウに助けられた話がある。昭和四十年（一九六五）ころのことで、その船はマンボウを神様として崇め、それからは突くことを止めたという（徳島県海部町鞆浦・乃一大〈昭和十七年生まれ〉談）。

高知県のカツオ船も、ほとんどがマンボウではなく、ウミガメであり、高知県中土佐町の矢伊賀や佐賀町では、ウミガメを捕るとヒレ（足）の先をオフナダマに上げたというから、その儀礼もマンボウと等しい（田所春之輔〈大正十三年生まれ〉・喜多初吉〈昭和六年生まれ〉談）。

宮崎県日南市大堂津のカツオ船では、マンボウはマンゾエとも呼ばれる。「マン（幸せ）をもらう」とか「マンがいいぞ！」と言って喜んだという（金川寛〈昭和二年生まれ〉談）。マンボウは「友を呼ぶ」というから、この「友」もカツオのことである。同県の南郷町目井津のカツオ船では、マンボウはラワン材などの流木によく付いていることがあり、それを捕ったという。マンボウは「海のお医者さん」といわれ、傷ついたカツオがマンボウの体を擦っていくことがある。マンボウの表面がサメのようにガサガサしているからである。その油を澄まして飲むと、胃潰瘍の特効薬にもなったという（渡辺治美〈昭和七年生まれ〉談）。「海の医者」という呼称は、神奈川県の三浦半島と一致する。マンボウの油が民間薬として重宝されることから、そのためにマンボウを「海の医者」と呼ばれるようになったことも考えられる。

マンボウとウミガメ

以上のような聞き書き資料を、北から南への太平洋沿岸に沿って、おおよそ概観してきたが、次のようなことを導き出すことが可能ではないだろうか。

一つは、南北のカツオ船の漁師が、ほとんど同じようなことを語っていることだが、カツオ船の出船のときに見つけたら必ず捕獲する縁起物として、三陸から東海にかけてはマンボウ、土佐ではウミガメが該当することである。しかも、この二つの生物は捕獲したら必ずヒレと呼ばれる部分を船のオフナダマに上げる儀礼があることも共通している。マンボウの場合は三陸沿岸では胸ビレ、東海地方にかけては背ビレが多く、紀伊半島に入るとキモ（心臓）を上げている。さらに、それはマンボウとウミガメに対する食事習慣とも一致する。つまり、マンボウを食べ、ウミガメを食べないところでは、マンボウを捕り、逆にウミガメの食事習慣のあるところでは、マンボウではなく、ウミガメを捕まえるわけである。

マンボウは潮目にいるタコクラゲを食べるために、そこに浮遊することが多いのだが、その潮目はカツオの好漁場であった。マンボウを捕獲すると大漁に恵まれるということも、そのような背景があったものと思われる。

逆に、マンボウを突き損じると漁に恵まれないという俗信に関しては、海の底に金物を落としてはいけないという禁忌にも関わるものであった。和歌山県の太地町でも、マンボウを突くと漁があるので、必ず突き、逃がしてしまうと明日から漁がないといわれた。突きそこないを悪く言うのは、銛先のチョキが金物なので、海へ金物を持っていかれるのを嫌ったためだという［藤井、二二頁］。

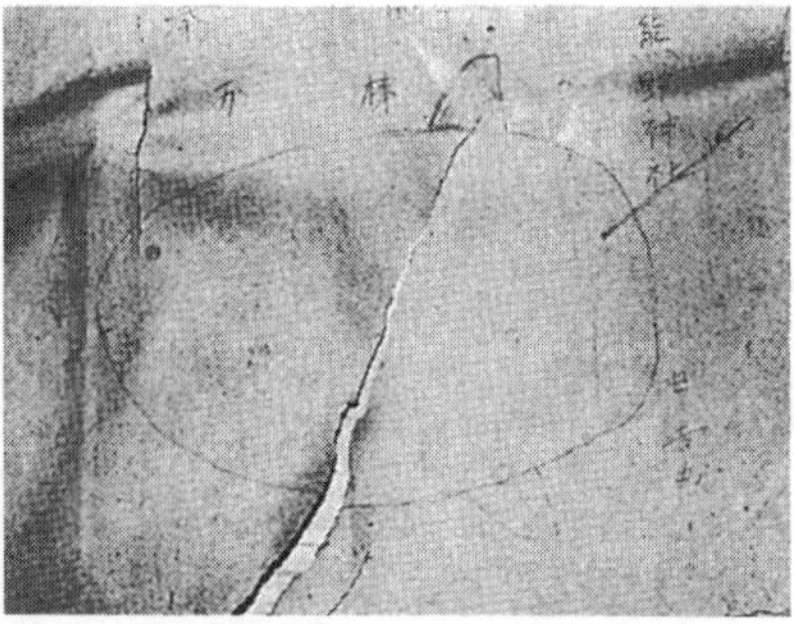

写9　唐桑町馬場の熊野神社に奉納されたマンボウの「失せ物絵馬」(1997.4.6)

海上の禁忌の一つとして、船から金物を海に落とすことを嫌うのは全国的に伝えられている。岩手県の釜石地方から牡鹿半島までの三陸沿岸と福島県のいわき地方では、その対処方法として、もし海に金物を落とした場合には、その落とした物を紙に描いて地元の神社に奉納すればよいとされている。その紙絵馬のことを「失せ物絵馬」ともいう。たとえば、宮城県唐桑町馬場の熊野神社の拝殿に奉納された絵馬には、銛が尾の部分に挿さったままのマンボウ（「万棒」という字が絵馬にある）が描かれている（写9）。おそらく、マンボウを取り逃がして、銛を海中に持っていかれたのであろう。マンボウは、いざ逃げるとなると、海の底へ底へと深く潜っていく魚だという。銛が失われたわけだから、これも「失せ物絵馬」には違いないが、マンボウを捕りそこなうと、漁に当たらないという俗信も、その背景にはあると思われる。そうでなければ、他の「失せ物絵馬」と同様に失われた銛だけを描くはずだからである。

三重県では、捕獲後の儀礼は、マンボウもウミガメも両方行なっている中間地帯だが、マンボウはそのキモ（心臓）を、ウミガメはそのヒレ（前足）をオフナダマに上げるようである。また、三重県では、以前はマンボウを捕獲しなかったという伝承もある。たとえば、三重県のカツオ漁師たちは、「マンボウの昼寝」のことを「死んだ魚」として捕らなかったという（宮城県歌津町寄木の畠山吉雄〈昭和二年生まれ〉談）。また、宮城県の唐桑から三重県の田曽浦のカツオ船に乗船した漁師が、マンボウのサシミや、肝煎り・トモアエなどの料理法を伝授したという事実もある（村上友太郎〈大正七年生まれ〉談）。

図2 海上でのマンボウの解体（和歌山県田辺市教育委員会編『紀州田辺万代記』第一一巻、清文堂出版、一九九三）

和歌山県の田辺で、マンボウのことを「エビス」と呼んだ事例もあるが、同県の東牟《む》婁《ろ》郡では、大漁を願って昔からトモ（マンボウのこと）の捕獲を禁じていたという。トモとはこの場合も、カツオの「友」のことと思われる。ただし、この当時、紀伊の漁師たちは、密かにマンボウを捕り、その腸や肉を塩煮にして、船上のおかずや子供たちのお土産にしたという〔農林省水産局、二一七頁〕（図2）。和歌山県のすさみ町で、マンボウを「水揚げしない魚」と伝えているのは、同じ禁忌に従うものであろう。

三陸沿岸や静岡では、ウミガメが聖なる生物であるために、捕獲もしなければ食べることもなかった。しかし、同様に縁起の良い聖なる生物であるために、逆に捕獲して、それを食べるという捉え方もあり、それが東日本のマンボウであり、西日本のウミガメであった。そして、それとちょうど逆の慣例として、東日本ではウミガメを、西日本ではマンボウを捕獲して食べることは本来なかったものと思われる。東日本では例外としてウミガメを捕獲する伊豆七島でも、以前はマンボウを食べることはなかった。房州の突きん棒船へ出稼ぎに行って、その味を覚えてきたという（神津島・前田吉郎〈大正十年生まれ〉談）。

三重県の事例で、マンボウのヒレではなくキモ（心臓）をオフナダマに上げる理由は、ヒレ（前足）はウミガメだけに限っていたからであろうと思われる。おそらく、三重県における、カツオ船でのマンボウの食習慣や儀礼は、明治末期からの石油発動機による和船の動力化の後に、東日本のカツオ船との、漁船員の相互の乗り入れが頻繁になってきてからではないだろうか。

また、紀州藩におけるマンボウ漁について詳しい考察を試みた藤井弘章によると、同藩ではマンボウの捕獲奨励が行なわれており、和歌山や江戸まで運ばせることがあったという。ただし、この政策は、漁師のあいだにマンボウをそのままで持ち帰ることの禁忌が根強かったので、うまく定着しなかったという［藤井、一三一一九頁］。

さらに、近世のアイヌのマンボウ漁と現代のカツオ船での捕獲には、その儀礼において近似する点がある。アイヌのマンボウ漁では、捕獲後、「左右の鰭」（胸ビレ）にイナウを指してから海へ入れるが、カツオ船でも胸ビレ（脇ビレ）をオフナダマや船主の氏神へ上げている。また、アイヌでは皮だけになったマンボウの腹にイナウを投げ入れるが、カツオ船でも、その皮に洗米とお神酒を供えてから海に放る船がある。ただ、アイヌでは、その儀礼を行なうことで再びマンボウが捕れることを望んだことに対して、カツオ船ではマンボウの「友」であるカツオの到来を望んでいる点が相違する。しかし、もともと「友」と表現されている実体は、マンボウのことではなかったのかと、アイヌの習俗から推しはかることができる。

東北日本の多くの漁業技術は確かに西南日本から伝えられたが、海の信仰や呪術に関しては、以前から伝えられていた伝承をそのまま抱え込んでしまったことも多かったのではないだろうか。それをたとえれば、南からの黒潮に対して、北からの親潮がその下に潜り込むことにも似た伝承の様相が見られ、北から南へと伝えられた民俗事象も少なからず存在したのではないかと思われる。

妊婦とマンボウ

宇井縫蔵の『紀州魚譜』にはマンボウについて次のような注記がある。

この魚は漁獲されても、大抵沖にて割き全形のまゝ持ち帰る事がない。「形を妊婦に見せてはよくない」とか「姿のまゝ持ち帰るとたゝる」とかいふ迷信によるらしい。［宇井、二一七頁］

松田傳十郎が記したアイヌの伝承にもあったように、マンボウは浜に寄りつかない魚であったために、そのまま陸に揚げることを忌んだものでもあろうか。

福島県のいわき地方では、「はらんだ人の親父（夫）乗っていっとき」は、その者がマンボウを見ると「鮫肌の子供」ができると言われている［佐藤、一七六頁］。和歌山県那智勝浦町の宇久井では、「マンボウを姿のまま持ち帰り、万一妊婦がそれを見てマンボウに似た子供を産んでは困るというので、やはり沖合で料理して、食べられる部分だけ持ち帰るようにしている」［福井、六五頁］という。

静岡県の焼津でも同様の事例があったが、ここでは、妊婦やその家族の船員の方がマンボウを避けているわけである。それは東日本のカツオ船でマンボウを首尾よく捕獲するために、家に妊婦のいる者を甲板に出さないという禁忌と、元は同じであったものと思われる。

マンボウが縁起の良い魚とされている一つの理由は、そのマンという言葉が組み込まれているためであるのは言うまでもない。マンには、幸せや良運の意味があり、大漁を続けている場合には「マンカがいい」と語られ、不漁祓いのことを「マン直し」と呼ぶ地方もある。また、マンは「万」に通じ、特にカツオ漁では、「万祝い」という言葉があるように、カツオを「万本」釣ることが一つの目標とされていた時代があった。

さらに、マンは「満船」の「満」にも通じている。かつて気仙沼地方では、漁船の船下ろしのときに、オスミノ綱を切って海へ下すのは妊婦であった例もある。船いっぱいの大漁をするようにとの豊漁祈願であったという。ことさらに妊婦の髪の毛を選んで、オフナダマ（御船霊）に込める地方もある。マンボウも妊婦も「満船」にたとえられたわけであり、マンボウの姿を妊婦のように捉えていたことも考えられる。

つまり、マンボウと妊婦が共に避けあう理由は、妊婦のタブーから発しただけではなく、「相孕み」を嫌う禁忌からも発したものではなかっただろうか。

西日本のように、一般に妻が妊娠中に出漁すると不漁が続いたり、反対に予期せぬ大漁になるといわれるところもあるが［桂井、五二一―五三頁］、全国的に漁家では、子が産まれてからの「産忌」を嫌うようである。

産忌を避けるための産屋の伝承をほとんど聞くことがない三陸地方でも、特に漁師の家でお産をするときに、納屋で行なった例がある。そのような中で、よく耳にすることは、一軒の家の中で二人の妊婦を持つのを忌むことで、必ずどちらかの女性が納屋や蔵の中で産んだそうである。昔のような大家族では、兄弟で、あるいは親子で同時に子を持つ機会が多かったらしく、それは二人の子に「勝ち負け」ができるから、別の建物に分かれて出産するのだと言われている。

「満船」の隠喩にされているマンボウと妊婦は、それゆえに共に避けあう伝承をもち続けたのではないかとも思われる。

マンビキの民俗

カツオのナムラにはシイラに付くカツオもあり、シイラツキとも呼んだ。大きいシイラのことをクマンビキと呼び、室戸ではシイラをトーヤクとも言った。普通の魚とは思われなかったらしく、「トーヤク、

写10　高知県東洋町甲浦に揚げられたマンビキ（2002.7.21）

写11　船上でのシイラの解体（高知県土佐市宇佐の浜口徳吉氏所蔵，1969）

魚か。カシキ、漁師か」という地口もあったという（室戸市奈良師・福吉博敏〈昭和四年生まれ〉談）。マンビキ（シイラ）という魚自体が、マンボウとともに縁起のよい魚だということは、宮崎県日南市の大堂津で伝えている。マンボウはマン（幸せ）をもらうと言って喜び、曳き縄にかかったマンビキもまた喜んだものだという（金川寛〈昭和二年生まれ〉談）。

高知県東洋町の甲浦でも、シイラは縁起の良い魚であった。この地方ではシイラのことをクマンビキと呼び、腹の中に子が九万匹も入っているそうだ。嫁入りのときに、子に恵まれるための縁起物として、クマンビキを用いたものだという（竹林保〈大正九年生まれ〉談、写10）。同県の宇佐市でも、カツオ船の上でトーヤクを調理して食べていた。トーヤクの頭の部分を切り取ってオフナダマに納め、それから調理をはじめたという（写11）。

しかし、同じ高知県でも奈半利町の加領郷では、シイラのことをトウヒャクともクマビキとも呼んで、縁起の悪い魚としている。特に紀州の漁師は、この魚のことを「死人食い」と呼んで嫌い、捕獲することはなかったという（安岡重敏〈昭和三年生まれ〉談）。シイラが死体を食らう魚であることは、静岡県の焼津でも伝えている。この言い伝えを聞いている女の人は、特に食べることはなかったという（久保山俊二氏〈昭和五年生まれ〉談）。マンビキ（シイラ）は、陸《オカ》で生活する者にとっては、マンボウと同様にめったに見ることのなかった魚だけに、一方では縁起物として重宝し、他方では、その姿に醜怪なものを感じたものと思われる。

ウミガメ

土佐の漁師とウミガメ

カツオ漁の縁起物としてウミガメを捕獲するのは三重や土佐の漁師である。高知県土佐清水市戎町の植杉豊氏（昭和十四年生まれ）の話では、三重や土佐のカツオ船では、カメ（アカウミガメ）を捕ると、カシキは、カメの左手の、水かき（シデ）の先を最初に切り、これをシラゲエ（白米）の入った枡で受け、「ヤット！エビス」と語ってフナダマさんに上げた。これはカメが捕れるごとに行なったという。

同県奈半利町の加領郷では、カメ（アカガメ）を見つけたら、銛二丁で突き、トモカジに回して甲板に引っぱり込んでから、米と酒をカメにかけて祀り、海へもそれらを上げた。それから、頭に桶をかぶせてから、首を切り落とし、左のヒレ（手）の先をフナダマ様へ祀った。港に着いたら、甲羅を海岸に埋め、砂をかけて酒を供えたという（安岡重敏〈昭和三年生まれ〉談）。

ところが、カメは奈良師（高知県室戸市）の浜に上がったときは、米を上げ、お神酒をカメに飲ませてから海へ返したという。浜へ上がる前だったら、カツオ船でも突き殺して食べた。カメの油は竹筒に入れて田へ流し、クロカメムシなどの害虫除けにした。船を浜から下ろすスベリにカメの油を塗ったこともある（福吉博敏〈昭和四年生まれ〉談）。

室戸の大半の漁師はカメを敵のように扱い、カツオ船の上からも捕ったという。室戸では「カメの料理ができないと一人前の漁師ではない」と言われ、その首を切るときは頭に桶をかぶせ、米を上げてから「大漁させて下さい！」と言って首を落とした（室戸市奈良師・川辺貞彦〈昭和四年生まれ〉談）。

同県東洋町甲浦でも、カメは「シアワセ先取る」と言われ、カツオがいても先にカメを捕ってからカツオに立ち向かった。カシキはカメのヒレをフナダマ様に上げた。カメが好物でない者は、コック場へ行って、釜の蓋を逆さにしておくと、炊かれることがないという意味もあって、カメが捕れないといわれた（竹林保〈大正九年生まれ〉談）。この呪術は、東日本ではマンボウに対して行なわれている。

土佐のカツオ船では、一本釣りの操業中でも、カメを見つけると、銛で突いて食べるという。それには一つの由来譚があった。高知県に接した徳島県宍喰《ししくい》町竹ヶ島の島崎正男翁（大正十四年生まれ）は、次のように語っている。

弘法大師が足摺岬から室戸岬に渡るときに、カメの背中に乗って渡ろうとした。ところが、室戸の近くの行当《ぎょうとう》岬に来たときに、カメが沈んで、大師は海に投げ出されてしまった。行当岬には大師の衣のような形に見える崖があり、そこは漁師たちの聖地でもある（写12）。大師は、カメを捕って食べたなら、行当岬を四回参詣するくらいの御利益を授けると語ったそうだ。そのために、土佐の漁師はカメを追いかけるのだという。

ところが、徳島県海南町浅川でも、カツオ船でウミガメを見つけたら必ず捕り、お神酒とフマ（白米）をカメに上げてから切り始めた。漁のシアワセ（運）の悪い人は、生きたままカメを買ったりしていたと

写12　ウミガメが背に乗せた弘法大師を落としたところといわれる室戸市の行当岬（2001.5.3）

いう（高知県鵜来島・高見重男〈大正十五年生まれ〉談）。

三重県のカツオ船でも、ウミガメは突いて捕獲した。たとえば、三重県の海山町の引本では、出船後に発見したカメは縁起物として銛で突き、その肉は食べた。カメの甲羅をはぐと油がのっていて、それを煮てから傷薬に用いた。特に、山で傷ついたときに、よくきくという（坂長平〈昭和二年生まれ〉談）。

南勢町の宿や尾鷲市三木浦でも、カツオ船が出がけにカメを見つけて捕ると、「一《ひと》カメ（魚槽）釣れた」と語って喜んだという。南勢町の田曽浦では、カメを船で食べたときには、その甲羅にアライネ（洗米）とお酒を与えて、「ツヨ！　大漁させろよ！」と語って左舷に上げ、海に放ったという（郡義典〈昭和二年生まれ〉談）。

カメを食べる地域は、伊豆七島と三重県から南へかけて見られる。その食習慣のある四国や種子島では、ウミガメのことを「カメノイオ（魚）」と呼び、動物ではなく魚のように捉えていた。このような地域のカツオ船で、以上のような習俗が見受けられたのである。

カメの枕木

青森県八戸市鮫《さめ》に亀遊山浮木寺《ふぼくじ》という寺院がある（写13）。昭和六十三年（一九八八）に発行された『浮木寺誌』には、「『浮木寺』縁起伝説」と共に、天保六年（一八三五）に三峰館寛兆によって書かれた「蕪島之記」も原文のまま次のように掲載されている。

此菩薩の昔話を尋るに、此鮫に喜八と申船頭有。海路の営を業となしけるに或時遠沖を走り、懸るの砌、しら魚のえさわり共詠ずべき夜の静きに、睡眠を催す折から、盲亀の浮木に乗曇優花の花見るなるか告て曰、此の浮木を取揚三十三観音となし、我在所に勧請すべしと。夢醒て後忘るべくも非ず、船中の者共と語ひ、しかるべき幸ひあらんと神酒なと捧け、船霊を祭りける。然處にその翌日海上遥に浮木とおほしき物漂ふ有。順風矢を射る走り帆の習ひならめ、角してちか〳〵と漕き寄見れハ、正敷夜前の霊夢に違ハす。奇異の思ひをなし信心肺腑鳴動し材木を流しやり、浮木と被替取揚けれハ、亀は被替し材木へ乗よろこべるければ沖へ出ぬ。扨こそ浮木を積登り、大都会にて毘首燭摩共可讃佛師を尋ね、其次第こま〳〵と話諾しつゝを置、喜八存生のうちは更也、後に迄も伝ひ置出入船年々の寄進自他の本願を以て三十三観音の成就の日至り、上の山に於て地面免許、寛延二年始は僅の草庵を立、浮木観音と尊敬し奉り、海上安全の祈禱所に敬愛善院道師にて遷官せしとかや……

（引用文の前後を八戸市立図書館所蔵の複写本にて補い、適宜、句読点を付した）

写13　青森県八戸市鮫の亀遊山浮木寺（2002.5.27）

ここで浮木寺の御神体である三十三観音に彫られた木とは、全国的には「カメノウキキ」などと呼ばれる、ウミガメが海で枕にしていたり、背負ったり、回したりしている流木のことであった。

この縁起の根幹に関わる「盲亀の浮木」とは、もともとは涅槃経の説話で、大海に棲む盲目のカメが、海原に浮き上がり、漂う浮木に巡り会うことを表現しており、きわめて稀な出来事を指すときに語られる。この「盲亀の浮木」と対になるように「曇優(優曇)花の花見るなる」という表現があるのも、優曇華《うどんげ》の花は三千年に一度開花すると伝えられることから、双方共にきわめて稀な出来事をたとえたものであることがわかる。

カメが浮木に出会うことが稀である上に、人間がそれらと沖で出会うことも、非常に珍しいことであった。カメの浮木にカツオ船などが出会った場合には、それが大漁を授けるものと珍重されたのは、そのためである。

岩手県釜石市箱崎白浜の佐々木勘四郎翁(大正七年生まれ)の話では、カツオ船などで「カメの止まり木」を見つけた場合は、それを持って帰り、氏神に上げて拝むという。

宮城県唐桑町宿の畠山徳吉翁(大正元年生まれ)も、カメは小さな材木を枕に浮かんでいることがあり、そのような材木は「カメのマスギ」と呼ばれて縁起物であり、拾うことがあったという。逆に、沖でカメを見つけると、カツオ船などでは「大漁させろよ!」と語って、カメの枕に当たる木っ端を投げ与える船もあった。この伝承は、浮木寺縁起で「材木を流しやり、浮木と被替取揚けれハ、亀は被替し材木へ乗よろこべるければ沖へ出ぬ」の部分と重なるところである。さらに、徳吉翁は「カメのマスギかオトゲの花か」という地口のような言葉も伝えており、この「オトゲの花」も「優曇華の花」であることは間違いないだろう。

ところで、和歌山県の印南町では、カメが木片などを抱いて浮いているのに出会ったら、その木片を拾うことは吉兆とされ、「カメの浮木か優曇華の花か」と唱えてから拾うという〔浜口、五頁〕。つまり、徳吉翁が伝えていた言葉は、単なる地口ではなく、唱え言の一種でもあったわけである。

和歌山県では他に、湯浅町で「亀の廻し棒」、田辺で「亀の浮木」などと呼ばれているが、その「亀の廻し棒」という表現に近い民俗語彙が三陸沿岸にも伝承されていた。

たとえば、次のような「陸前の桃生・牡鹿の方の沿岸」の「亀のしょい木」の報告がある。

この辺の海には大きな海亀がいるが、どういうものか、かなり長い材木などを一本、甲羅にのせて、ゆっくり廻しながら船のまわりを悠々と泳いだり、岸の方まで来ることがある。それをいうのである。そんな時は見付けた者が拾い上げ、招福の宝物にする習わしである。〔丹野、二二頁〕

また、岩手県釜石市に在住していた山本鹿州が「阿波の牟岐地方」から聞き書きをした中にも「亀の浮木」があり、その木片を採取しておき、フナダマ（船霊）に込めるサイコロの材料にすると大漁があるという〔山本、一三頁〕。釜石の鹿州は、このことを釜石港に立ち寄った阿波のカツオ船から聞いているが、近世の廻船や、近代から現代にかけての近海漁船などが、西日本からウミガメの伝承を伝えた可能性が高い。

各地の「カメの枕」

この「カメの枕木」について、現在でも伝承され、実際にカツオ漁において、これを拾い上げている地域がある。

たとえば、千葉県銚子市の漁村の一つ、外川には、「カメの枕」を拾ったという漁師さんがいる。外川の田村勝夫氏（昭和六年生まれ）は、昭和三十八年（一九六三）十月に、カツオの曳き縄漁に出かけたとき、

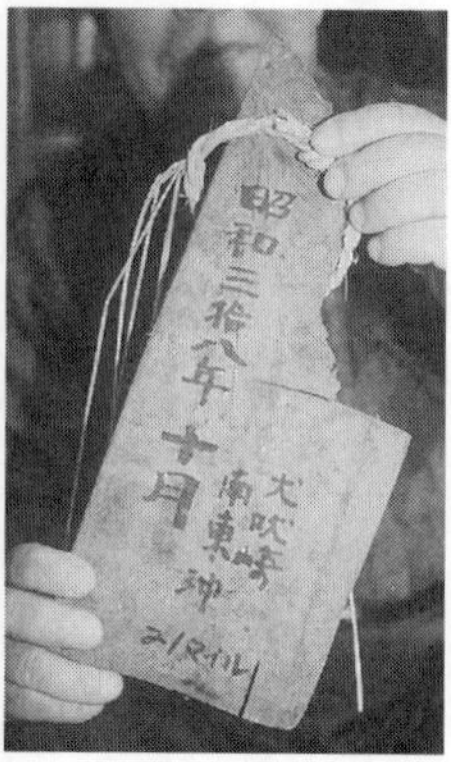

写14　千葉県銚子市外川の田村勝夫氏が拾った「カメの枕」(2002.11.3)

写15　ウミガメの墓（千葉県銚子市の川口神社，2002.8.17）

犬吠埼の南東二一マイル沖で拾った（写14）。

カメが流木に頭を乗せて昼寝をしているような様子を見つけた田村氏は、昔からそのような流木は「カメの枕」として縁起がいいものと聞いていたので、船を近づけてカメのそばに薪を投げた。「カメの枕」をいただく代わりに、板ゴを与えることも、伝えられていたからである。

拾い上げた流木は、一部を切って床の間に上げておき、他は「カメノコさん」と呼ばれる祠に納めたという。その後の十三年間、田村氏は外川の小型船で一番の漁を続けた。

そもそも、この銚子市の川口神社や妙福寺には、網に入って死んだカメなどを葬ったカメの墓が建ち並んでいる（写15）。人間の墓よりも風格のある墓石で、拾い上げた漁船によって建立されたもので、大正時代から昭和にかけて多い。漁船の動力化にともない、寄り上がるカメだけではなく、沖で出会う機会が増えてきたことによって生じてきた習俗のようである。

他にも外川や天津《あまつ》小湊《こみなと》町の漁師たちが、カツオの曳き縄漁を通して、この「カメの枕」、あるいは「カメの枕木」と呼ばれるものを拾い、床の間や神棚の上に上げて大事にしている。

静岡県御前崎町女岩《めいわ》の松尾家の屋敷内にも、ウミガメを祀っている祠があり、この祠には「カメの枕」が供えてあったという。松尾長作氏（昭和五年生まれ）によると、昭和三十三年（一九五八）の七〜八月ころ、御前崎町のカツオ船が中硫黄島西三〇マイルくらいの瀬にいたときに、木ツキのカツオの大漁があった。この木にカメが付いていたので、この「カメの枕」ともいえる流木とそのカメとを、家に持ってきたところ、カメが死んでしまった。そのために、家の神様の下にカメを埋め、「カメの枕」も置いていたのだが、枕の方はいつのまにか無くなってしまったという。

カメそのものにカツオの群れが付いているときは大漁をすると言われているが、高知県宿毛市鵜来島の出口和氏（大正十五年生まれ）の話では、昭和三十三〜三十四年ころ、カツオ船に乗っていて、沖ノ島沖で、流木に付いていたウミガメを発見した。そのような流木は、島では「カメのカブリギ」と呼んで、大漁の縁起物にしていたので、それを拾い上げてから船に積んでいたという。カメの甲羅に付着していたフジツボなどを取って、フナダマ様へ上げておくこともあった。

宮崎県日南市の大堂津では、大漁中でもウミガメを見つけると、突いて捕獲するが、カメが「ウケギ」を持っていたときなどは、代わりの木を投げてやって、それを拾ってきてから、床の間などに置いていたという（金川寛〈昭和二年生まれ〉談）。

鹿児島県坊津町でも、ウミガメが木ツキに付いてくることもあり、そのようなときには、カメをつかまえて酒を飲ませ、「エビス様！」と呼んで、海に放した。カメは、この地方では食べないという（市之瀬是〈昭和十四年生まれ〉談）。これは、東北日本の言い伝えに、むしろ近いといえる。

写16　カメを描いた紙絵馬．あやまって捕獲したために奉納したという（気仙沼市三ノ浜の御嶽神社，1987.10.18）

ウミガメを海に返す

気仙沼市小々汐では、カメを捕まえてしまったら、頭に赤い手ぬぐいをしめさせ、酒を飲ませ、海に放してしまうという。カメは頬を膨らませて喜んで酒を飲むので、大酒飲みのことを「カメ」ともいった。同市の三ノ浜では、網でカメを捕まえてしまったために、そのお詫びに三ノ浜の御嶽神社に、紙にカメの絵を描いて奉納した漁船がある（写16）。不漁の原因をオカミサン（巫女）に尋ねると、カメを殺してしまったためだと語られることがあるという。

気仙沼地方のカツオ船の場合でも、カメを見つけたら、わざわざデッキに上げてから、船頭がオフナダマに供えられている一升瓶を持ってきてカメに酒をかけ、カシキが生米をカメの口に入れてから、「大漁させてけろ！」と言って、海に放したという（気仙沼市北沢・熊谷光夫〈昭和六年生まれ〉談）。

三陸沿岸では、捕獲したウミガメの背中に「祝大漁満足」という文字をペンキや「紅妙丹《べにみようたん》」（紅色の錆止めの薬品）で書いてから放すことも方々で聞かれる。

ウミガメに大漁を願ったことが象徴的に示されている儀礼は、石巻市の田代島にもあった。田代島仁斗田《にとだ》の尾形一男氏（昭和二年生まれ）によると、大網などにカメが入ったときは、浜に連れてきて、一人の者がカメに向かって「大漁させろよ！」と語ると、別の者がカメに成り代わって「捕らせっから、捕らせっから」と返事をしてから、カメを放したという。

このことを田代島では「モチギリをして、カメを放す」と言っているが、この大漁を約束させる問答は、沖で水死体を拾うときにも行なわれている。和歌山県でも、カメを捕えたら、酒を飲まし、腹に「南無阿弥陀仏〇年〇月〇日某々これを放つ」と朱書し、酒を飲ませて送り出すというから［鈴木、一五五頁］、カメに他界からの死者や、海で命を奪われた者のイメージを重ね合わせていたのかもしれない。

高知県土佐清水市戎町の植杉豊氏（昭和十四年生まれ）も、沖で死んだカメや犬や猫が流されているのを見つけたときは、「これで身を隠せ！」と言って、カゴを投げてやったという。土佐でも死んでいるウミガメは捕ることはなかったのである。伊豆の神津島でも、カメとアシタバを炊き込んだカメ汁などを食べるが、捕獲してから次に出航するときは、船のオモカジから真水を海に上げたという（土谷忠〈大正九年生まれ〉談）。船のオモカジは、水死体を拾うときに上げる側でもある。

三陸沿岸でも、唐桑町小鯖の梶原甲三翁（大正十二年生まれ）の話では、カメを捕ってしまった場合は、口にオニギリを詰めて、お神酒を飲ませてから放したという。また、岩手県宮古地方では「海上で亀を見つけると、宝物に遭ったとて慶び、早速『真水を上げろ』といって飲ませる」［沢内、一一八頁］という。唐桑町神の倉でも、カメを発見したときに、カシキが真水を三回カメにかけながら、「カメさん、大漁させてくれよ！」と唱えたものだという（千葉富嘉雄〈明治四十一年生まれ〉談）。福島県いわき市の江名でも、カメを見ると、ヒシャクで真水を上げたという（福井清〈明治四十三年生まれ〉談）。これらのオニギリや真水も、死者供養には欠かせない供物である。

東北の太平洋沿岸では、ウミガメと遭遇する機会は海上以外では、網の中に入っていたり、浜に寄り来たった場合であるが、おうおうにして死んで発見されることが多かった。そのようにして死んだカメに対しての供養碑も各地の沿岸に見受けられる。

写17　ウミガメの供養碑「丸亀神社」（宮城県志津川町滝浜，2004.1.31）

ウミガメの供養碑

たとえば、宮城県志津川町滝浜の舘山にある「丸亀神社」は、次のような経緯で建立された。明治三十八年（一九〇五）に、カメが一匹網にかかっていたので、それを助け、船の乗組員十三人でカメに酒一升を飲ませ、「竜宮さんへ送れ」と語りながら、海へ放したという。ところが、カメは赤くなって、陸へ這い上がり、まるでカラスが飛ぶように暴れ苦しんで死んだために、漁業協同組合で供養碑を建て、法印を頼んで供養をしてもらったのが「丸亀神社」であったという（後藤彦四郎〈明治三十八年生まれ〉談、写17）。

福島県鹿島町烏崎《からすざき》の「亀明神」も、たまたまヒラメの刺し網に入って死んだウミガメを祀ったものだという（桑折馨〈昭和三年生まれ〉談）。もともとは、海の近くに建てられていたものだが、奉納月日の四月十二日は烏崎の津神社の祭典日であることから、この日にウミガメの供養を行ない、後には津神社の境内に移されたものと思われる。

弱ったり死んだりしたウミガメが沖で浮かんでいたり、陸に上がって死んだときは、必ずしも祠や供養碑を建てるわけではない。そのことから、他にも多くの近似した事例があったことが推定できる。

たとえば、宮城県の山元町山下の岩佐岩治翁（明治三十七年生まれ）が体験したのは、甲羅の長さが七尺、幅が四尺もある大ガメで、渚に来て上がって動かなくなった例である。カメは半死の状態で酒を一升瓶の半分ほどあけたが、カメが飲んだ残りの酒を飲むと長命になるという言い伝えがあったために、家に持ち帰ったという。そして、カメをこのままにして腐れたら祟るかもしれないと思い、漁師だけで「供養」のために、カメを食べた。カメの頭だけは、海に向かわせて、浜のアンバ様の前に埋めたという。東北地方には珍しい、カメを食べたという事例であるが、常習的なものではないだろう。

また、宝暦十一年（一七六一）の『奥州里諺集　巻之四』にも、大谷（宮城県本吉町）に上がった「大亀」の、次のような記録が残されている。

本吉郡岩尻村のうち、大谷町の者五十年計以前に漁りに出し者共沖中に七八尺程の大亀死して浮たるを見付、船にて引揚しよし、同町の出放れ磯際山路にて奥海道の脇に埋ミ、柵貫を立置たり、年経て今ハ柵貫も朽失たり［菅原ほか、一七七頁］。

以上の例は、東北の太平洋岸では、カツオ漁など沖で操業する漁師を除けば、弱ったり死んだりしたウミガメとの遭遇がいかに多かったかを示している。

しかし、ウミガメに対する単なる供養に終始するものではなく、一種の「寄り物」として神に祀り上げることによって大漁や海上安全を祈願する習俗でもあったと思われる。

大漁を招くウミガメ

カツオ漁では、キツキ（木付き）と呼ばれ、材木などの漂流物に付いたカツオの群れに出会って大漁をすることがある。この木にウミガメが付いている場合などは、「亀の浮木《うきぎ》」として神格化され、縁起ものとして陸に上げられるが、ウミガメ自身も実際の大漁の指標となるシンボルでもあった。

そのウミガメが「浮木」だけでなく、「浮穴《ふけつ》の貝」などの宝物を陸《オカ》にもたらした場合もある。気仙沼市

写18　ウミガメの供養碑「亀大神」（福島県いわき市中之作，2004.2.8）

大島の「薬師の尊像」は、網にかかったウミガメが背に負ってきたものである。そのカメが死んだために、山の頂上に埋め、それから「亀の森」（亀山）と呼ばれるようになったということが、『奥州里諺集　巻之一』（一七六〇年）に出ている［菅原ほか、一四九頁］。沖で大漁をもたらすと同様に、陸《オカ》に財宝をもたらす媒体として、ウミガメが捉えられていたことが理解される。

そのウミガメが死んで陸に上がった場合には、供養と同時に、神として祀られなければならなかった理由はどこにあったのだろうか。

小島孝夫が作成した「全国の海亀一覧」表には、濃厚な分布を示す銚子の四九例を含んだ一三三例がデータ化されている［小島、一八八―二〇一頁］。その中でも、東北地方の一〇例のうち八例が、石碑表題に「神社」などの「神」の字を用いている。「大漁」や「海上安全」という文字が刻しているものは全国的にも珍しい。その他の地方では、数県に一～二例だけで、「海亀之霊」や「亀塚」の表記が目につくようである。

このような供養碑を建立する指針を与える存在としては、宗教的な職能者が考えられる。東北地方の十例のうち、確認できるのが、志津川町の滝浜といわき市の中之作である。滝浜では法印であり、中之作の「亀大神」と刻された供養碑は、「ユウキチ稲荷という拝み屋」であったという［小島、一五三頁］（写18）。供養碑ではないが、気仙沼市三ノ浜でのウミガメの紙絵馬は、オカミサンと呼ばれる巫女の指導によるものである。

茨城県波崎町以北からは、ウミガメのストランディング（生物の死亡漂着）が多くなるそうであるが［小島、一七六頁］、東北地方では沿岸におけるウミガメとの接触の多くが、産卵ではなく死亡漂着であったことは、より深く宗教的な職能者を介在させたものと思われる。しかも、そのような避けることのできない不幸な遭遇を逆手にとって、「神」に祀り、供養をすることで「大漁」や「海上安全」を直接的に願う方法は、この地方で特に顕著であったように思われる。

和歌山県で生きたカメを海に戻す場合には、腹に「南無阿弥陀仏〇年〇月〇日某々これを放つ」と朱書したことは前述したが、東北地方では甲羅に「祝大漁満足」や「大漁叶〇〇丸」と書いて放す。海上の禁忌の一つである、海に金物を落としてしまった場合も、東北地方ではその落とした物を紙に描いて村の氏神に奉納するだけでなく、その紙絵馬（失せ物絵馬）に「大漁満足」という文字を書く場合もある。

これらは、いずれも、好ましくない状況を早急に好転させる方法の一つであった。死んだ生物の「祟り」や、禁忌を犯したことで不漁につながっていく回路を、主に宗教的職能者の介在を通して、逆転させていく考え方であった。東北地方の太平洋岸では、死に至る生物というイメージの強いウミガメは、それゆえにこそ「神」に祀られなければならなかった存在であったように思われる。

船で泊まる

お灯明

三重県尾鷲市の三木浦のカツオ船では、夕方になると必ず船でオヒカリ（灯明）を上げて拝み、皿をきれいに洗って、カツオのサシミを海へ供えたという（三鬼福二〈大正二年生まれ〉談）。

三陸沿岸での「お灯明」とは、カツオ船が沖で泊まるときに行なわれるものであった。薪を花の様にけずって、火が付きやすいように作り、この同じものを三個束ねてから竹に挿し、火を点じ、これを高く差し上げながら「祈り言」（御祈禱）を語った。祈り言が終われば、竹を放物線を描くように動かしてから、先端の火を切って、夕方の空に放り投げる儀礼の一つであった。

岩手県山田町の船越では、カシキはエサ運びなどもしたが、そのほかにカツオ船だけで行なっていた沖泊りのときの儀礼にも関わった。「お灯明」と呼ばれ、沖留めのときに、タイマツに火を付けてから、それを炭俵の上に乗せて拝み、「お灯明、〳〵、〳〵、讃岐の国の金毘羅様に手向けます」と三回唱えた。拝む場所は、船のツツマエのオモカジ側であった。ツツとは、和船の時代には帆柱の立つ場所であり、この下にはオフナダマが祀られていた。タイマツはアカマツのヤニの強いところを細く割って乾燥させたものを用いたという（五十嵐将平〈明治三十八年生まれ〉談）。

同県釜石市の室浜のカツオ船では、陽が沈むときに、エンジンを止めて、船を陸《オカ》の方へ向け、カシキがオモテ（船首）の高いところに立って、「お灯明〳〵、〳〵」と語って、火を上げた。その後で、「高い山の権現様、崎々の神様」などと言って拝んだ。頼りになるのは山の陵線だけであった帆船時代のことである（佐々清〈明治四十二年生まれ〉談）。

同県大船渡市の綾里では、カシキはトモ（船尾）のツリパナに立って、お灯明を上げた。「お灯明、〳〵、良い日あるように、明日もいいアラシを下さるように！」と語るが、アラシとは風のことであった（綾里白浜・三浦勇〈明治四十年生まれ〉談）。

各地のお灯明の詞章と、その伝承者を、岩手県から宮城県へかけて北から順番に挙げてみると、次のとおりである。ほぼ明治時代に生まれたカツオ船の漁師に限られているのが特徴的である。

「お灯明、〳〵、金毘羅大神宮」（岩手県釜石市室浜・佐々春松〈明治四十四年生まれ〉）

「島々弁天、高山権現、八百万の神」（同市箱崎白浜・佐々木勘四郎〈明治四十年生まれ〉）

「隠岐の国焼火《たくひ》の地蔵権現様にお灯明上げます。明日はナムラなら大きなナムラを授けて下さい」（同市尾崎白浜・佐々木晃太郎〈明治四十年生まれ〉）

「お灯明、〳〵、〳〵、隠岐の国焼火の権現様にたむけます」（同県大船渡市三陸町根白・小坪新太郎〈明治三十年生まれ〉、寺沢三郎〈大正二年生まれ〉）

「お灯明イットウ隠岐の国焼火の権現様にたむけ申します。金華山弁才天、崎々は御崎大明神、ところはつんつん大島さん、遠山権現、大山は善宝寺、岩倉の大明神、手長の明神様にたむけ申します。明日は良いヨに遇わせ、良いアラシを下さるように」（岩手県大船渡市三陸町下甫嶺・三浦勝之助〈明治四十年生まれ〉）。

「お灯明イットウ西の国タコヒの権現様にたむけ申します。灯明、〳〵、〳〵、金華山は弁財天、崎々は御崎の大明神、ところはちんちんオボシナ（産土）さん、遠山の権現、大山は善宝寺、手長の明神様にたむけ申します。塩竈の六社の明神様にもたむけ申します。明日は戦場の一船として良いヨに会わせ、良いアラシをくなはるように！」（同町綾里・川原芳松〈明治四十四年生まれ〉）

「お灯明、献上します。西の国は焼火の地蔵権現様、四国は讃岐の金比羅様、出羽の国は大山善宝寺様、金華山は弁財天、塩竈六社の明神、ところは鎮守の産土《うぶすな》の神に手向け上げます」（同町綾里・磯谷芳右衛門〈明治四十四年生まれ〉）

「お灯明、〳〵、〳〵、トウヤ大山善宝寺にたむけ申します。明日は良いヨにさずかるように！」

（同町綾里田浜・村上栄之助〈明治四十年生まれ〉）
「お灯明、〳〵、〳〵、四国の金毘羅さんにたむけ申します。海上安全をお祈りします」（同町綾里舘・舘下金太郎〈明治四十年生まれ〉）
「お灯明、〳〵、〳〵、隠岐の国焼火の権現様、四国の金毘羅様、大山の善宝寺さたむけます。朝は朝凪、出船入れ船、いいアラシ吹くように！」（同県陸前高田市広田町泊・志田高七〈明治三十七年生まれ〉）
「お灯明、八大竜神様、明日は大漁さずけるように！」（宮城県唐桑町岩井沢・高舘正之進〈明治三十七年生まれ〉）
「閼伽井嶽《あかいだけ》のお明神さ上げます」（同町小鯖・梶原平治〈明治三十九年生まれ〉、同町小長根・佐々木利男〈明治三十七年生まれ〉）
「お灯明御祈禱、タカヒの権現様さ上げ申す。……」（一回目）、「お灯明御祈禱、閼伽井嶽の権現様に上げます……」（二回目）（同町中・佐々木新吉〈明治三十七年生まれ〉）
「お灯明、〳〵、タカスの権現様にさし上げます。明日の夜明けには底ドーシ底ナムラ、たくさん来るようにお願いいたします」、「お灯明御祈禱、閼伽井嶽の薬師様、タカスの権現様にさし上げます。明日の夜明けには底通し、底ナムラ、大ナムラを下さるように！」（同町神ノ倉・千葉富嘉雄〈明治四十一年生まれ〉）
「トウエビス！　閼伽井嶽の薬師様に上げます」（お灯明を付けたとき）。「お灯明御祈禱、焼火の権現様に上げ申す。明日の夜明けにはデキヨウ、ハセカカリ、底通し、底ナムラ、大ナムラ、つっかかってヒトサンドウにカメを干して、浦一番のタテフネするところ。入れ船にはアラシを下さい」（就

寝のとき）（同町鮪立・浜田徳之〈明治三十四年生まれ〉）
「閼伽井嶽の薬師様さ上げ申す。……」（同町鮪立・菅野茂一〈大正六年生まれ〉）
「お灯明、御祈禱、焼火の権現様に上げ申す。デキヨウ、ハセカガリ、底通し、赤ナムラ」（同町上鮪立・鈴木政蔵〈明治二十九年生まれ〉）
「お灯明、南無御祈禱、閼伽井嶽のお薬師様さ上げ申す。明日の朝はデキヨウ、ハセガカリ、底通し、底ナブラ、ひとさんどうにカメ干して、タデフネするところ」（同町上鮪立・小松勝三郎〈明治四十三年生まれ〉）
「お灯明、南無御祈禱、閼伽井嶽のお薬師様さ申し上げます。明日の朝は底ナムラ・赤ナムラ・デキウオ、ハセガカリ、つかかってタテフネするところ」（同町馬場・小山友松〈明治三十八年生まれ〉）
「お灯明御祈禱、タカヒの権現様さ上げ申す。明日の夜明けにはアズキ俵ヒョウの口を切ったように下はれ」（唐桑町東舞根・畠山峻〈明治四十一年生まれ〉）
「お灯明御祈禱、隠岐の国地蔵菩薩焼火権現に上げます。明日は良いヨに遇わせて下さい。上ヨウ、上ナブラ、底ヨウ、底ナブラ、出ヨウ、ツッカカリ、十万八千、良いヨに遇わせて下さい」（同県気仙沼市横沼、村上清太郎〈明治二十六年生まれ〉）
「お灯明御祈禱、隠岐の国地蔵菩薩焼火権現に上げます。朝のデキヨウ、底ナブラ、ナス・ナンバンの色を着て、千コウ万コウ引き連れて、一息にカメかっ干して、出船入れ船、良いアラシを下さい」（同市横沼・伊東熊吉〔明治三十二年生まれ〕）
「お灯明、〱、南無タカヒの権現様さ上げす。明日早朝より赤ナムラ、大ナムラに遇わせて、ヒトサンドウにカメを干して、タデフネすっとこマブリ（守り）させて下はれせ」（同市松崎大萱・千葉

写19　福島県いわき市の閼伽井岳薬師神社
(1992.2.11)

章次郎〈大正十四年生まれ〉

「西の焼火の権現様さ上げます。ところは鎮守オボスナ（産土）様。明日は良いナムラありますように」（同県歌津町名足・及川宝三郎〈明治三十三年生まれ〉）

「お灯明イットウ西の国焼火の権現様に上げます。金華山弁財天、崎々は御崎大明神、岩倉大明神、手長の明神、塩竈六所の大明神、八大竜王、オブスナ（産土）様さ上げます」（同町名足・三浦平左衛門〈明治二十八年生まれ〉）

「南の沖の、タコスの権現様へたむけます」（同県雄勝町大須・阿部勝三郎〈明治三十三年生まれ〉）

「トーヤ！　大漁させて下さい」（同町大浜・千葉嘉平〈明治四十一年生まれ〉）

「隠岐の国は焼火の権現様に上げます。四国は讃州中の郡、丸亀金毘羅さんに上げます。明日は千艘の本船でクロゼリモノの大ナムラを止めてツノばたきするように」（同県女川町出島・阿部勝治〈明治四十年生まれ〉）

「タコスの権現様さ上げす。四国の金毘羅様さ上げす」（同県牡鹿町泊・平塚薫〈明治三十九年生まれ〉）

これらのお灯明の詞章に唱えられる神仏は、遠くは四国の金比羅神社をはじめとして、日本海側の隠岐の焼火神社や鶴岡の善宝寺、太平洋側ではいわき市の閼伽井嶽薬師神社（写19）や金華山、高い山や崎々の身近な神様、そして産土神まで上げている。このような日本海の聖地まで唱える詞章の理由は、日本海航路の廻船（北前船）から伝わったためであることは、前著の『漁撈伝承』でも触れた〔川島、一七五―一七七頁〕。お灯明の詞章の中に「閼伽井嶽」の名が現れてくるのが、宮城県だけであるのも注意される。実際に参詣まで行なったのは、太平洋側の聖地が多く、善宝寺の参詣は昭和三十年代以降にこれらの地で隆盛し始めた。隠岐の焼火権現に至っては言葉だけが伝承されている。

また、イワシを撒くときの「餌声」の詞章とも等しく、あるいは混じり合っているものがあるのは、「餌声」も「お灯明」の言葉を唱えるのも、同じカシキの役割であったためかと思われる。

星と漁師

宮城県気仙沼市小々汐の尾形栄七翁（明治四十一年生まれ）から、星の話を聞いたことがある。十月から十一月ころの夕方四時から五時半にかけて、西の方角にひときわ光る星が見え、それをカメドリボシと呼んだという。そのころは、気仙沼湾でもイワシが捕れていたころで、冬網のとき、タモを持って、網から船のカメにイワシを汲み上げるときに見えていた星だという。

この話を聞いたとき、大漁をした漁師が、胸のすくような気持ちでその星を見上げたであろうと感じ、その命名に、たいへんすがすがしい思いがしたものである。

仙台市の天文台にいて、宮城県の星の方言を調査していた千田守康氏にその話をすると、おそらくその星は「宵の明星」のことであろうと教えられた。

唐桑町の鮪立からは、「宵の明星」のことを「流し網のトモシ星」と長い言葉を採集した。カツオ漁に関して、私の最初のインフォーマントだった、唐桑町鮪立の浜田徳之翁（明治三十四年生まれ）からの伝承である。流し網の舵取り責任者であるトモシが、この星が山に入るまで操業し続けたために、この名が付いたという。

同じ「宵の明星」を漁師が見ていても、その魚種と漁法によっては、大漁をして切り上げるときの目印になったり、あるいは、これから辛い漁が始まる前触れの印にもなったりしている。

それでは、気仙沼地方では「明けの明星」(金星)の方は、どのように呼ばれていたのだろうか。この星は、浜田徳之翁からの伝承では、カシキナカセと呼んでいた。炊事当番であるカシキが朝早く起こされることから命名されたもので、この星が見えるのをうらめしく思った、睡眠不足のカシキの心がわかるような星の名である。

ところが、野尻抱影の『日本星名辞典』(一九七三年)には、紀州大島(和歌山県串本町)の例として「かしきなかし(炊夫泣かし)」があった[野尻、二一二頁]。内田武志の『星の方言と民俗』には、静岡県賀茂郡三浜村(南伊豆町)の言葉として「カシキオコシ」があるが、こちらは「宵の明星」のこと、「夕飯を炊く頃現れるのでこう呼ぶ」とあるから、仮眠をとっていたカシキを起こす星の意味であった[内田、三一五頁]。「暁(明け)の明星」のことを指した、単なる「めしたきぼし(飯炊き星)」だけだったら、静岡・三重・高知・函館にある[野尻、二一二頁]。

函館は別として、宮城・静岡・三重・和歌山・高知と並べたら、もはやカツオ船を通しての伝承としか考えられない。唐桑町の鮪立には、延宝三年(一六七五)に紀州の三輪崎(新宮市)から、カツオの「溜め釣り」漁法が伝わっている。そして、カシキナカセとともに、主に西日本で呼ばれる星の名と一致していたのが、鮪立で聞かれた北斗七星のことを指すシゾーという星の名である。

北斗七星のことを、その形態から「カジボシ(舵星)」と語る地方は、岡山・愛媛・静岡・富山・石川・佐渡・男鹿半島で採集されている[野尻、三五頁]。主に日本海側の、おそらく北前船の船頭たちが伝えていった星の名であろう。

ところが、太平洋沿岸では主にシソウノホシで、この星の名は、愛媛・広島・山口・高知・和歌山・三重・静岡・神奈川・千葉・茨城などに見いだされる［野尻、二八頁］。シソウノホシのシソウとは、サイコロ二つを振って四と三とが出たときの目を指す。いわゆる北斗七星を「四」と「三」と二つに分断して命名した星である。唐桑町の浜田徳之翁は、北斗七星を単に「シゾー」と語っていた。

ミクロネシアのサタワル島のように、星を用いての精緻な航海術は、日本では発達しなかったものの、廻船の漁師などにとって北極星や北斗七星は、方角の目印として親しい星であった。廻船の伝承は、やがて沖船の象徴であるカツオ船に伝わった。唐桑の鮪立で偶然、耳にすることができた星の名も、黒潮を通した交流の物語を、歴史の闇の中に、きらめかせていたのである。

船上の踊り

カシキの生活

カツオ船の炊事係であるカシキの生活について、宮城県雄勝町分浜の大槻秀雄翁（明治三十六年生まれ）から話をうかがった。大槻翁は雄勝町大浜のカツオ船に乗っている。船主の椿氏は、カシキを大切にして、船の別当さんだからと言って、カシキを誰よりも早く風呂に入れたという。

出船のときは「出船茶」と言って、乗組員全員がお茶を飲んだ。出港した後に、乗組員の奥さんたちが神社参詣をして、その帰りに船主の家に行って、甚句節などの唄や踊りを行なったという。

カシキは、初漁のときに、オフナダマの祀られているタツに水をかけ、カツオの頭でそれをたたいた。

次に船頭がそれを拝んでからサシミにして、「オフナダマさ上げます！」と言って、海へ投げ与えた。さらに、カシキはカツオを二本、船主に届けるが、船主はそれに対してお神酒をカシキに持たせ、船に戻ってから、オフナダマの頭（タツ）にかけ、次に井戸から汲み上げてきた水をかけた。

港に着くと、初めに、カシキが尻ハショリをして、年寄りを背負い、水の上を歩いた。エサマキもカシキの役割で、ヒシャクで「ホウホウホウ！」と呼びながらイワシを撒いたという。

マエロシのことを「カシキのオッカサン」、ワキロシのことを「カシキのオットサン」と呼ばれ、両者はカシキの世話などをした。漁がないときは、「カシキさん、嫁ゴとっぺ」などと言われて、カシキが裸にされ、ヘソビ（釜の墨）を付けられ、唄も歌わされた。

また、岩手県大船渡市三陸町田浜の村上栄之助翁（明治四十年生まれ）は、次のように話している。カシキは、他の船員が全部食事を済ますまでは、御飯を食べることは許されず、甲板に雨の降る日でも正座をして待っていなければならなかった。カツオ漁では、「ツノカケ」と称して、鹿の角などを擬餌鉤として用いることがあるが、カツオを釣り上げるたびに、甲板を忙しくエサイワシを運んでいるカシキに、そのツノが勢いよくぶつかりそうになるので、カシキは絶えずびくびくして仕事をしていたという。

船員の中には、カシキにいつも意地の悪いことばかりする者もいたが、その者に対しては、カツオ釣りのときになると、イワシをあまり投げてやらなかったりして、カシキもまた、ささやかな報復をしたものであった。カツオを呼び寄せるためには、イワシを投げるほかに、ケェペラ（カイヘラ）という道具で、水を撒くこともあるが、このときにはカシキは、日ごろ憎いと思っている者の前に必要以上の水を撒き、釣竿を伝わって、その者の股の部分まで濡れてしまうように企んだりもしたという。

金華山踊り

三重県尾鷲市三木浦の大門弥之助翁（明治三十七年生まれ）によると、初めてカツオ船に乗り、三陸に行ったときに、金華山が見えると、シャモジとシャクを両手に持って船の上で踊りをさせられたという。初めてカツオ船に乗った少年は、カシキと呼ばれる炊事係を果たすために、この炊事道具を手に持たせたわけであった。この風習のことを「金華山踊り」と言った。

同県南島町の古和浦のカツオ船での「金華山踊り」は、一人前の漁師になる儀式であったという。口紅と白粉を付けて、輪になって踊らされた。昔は、イケエサがなくなると、「乗ッ込み」と言って、どんな沖からも戻ってくる。帆を巻き上げ、オモテにカバーを覆い、七〜八ノットで二〜三日かかったので、このような退屈なときにも、若い者に唄を歌わせたりした。三陸の唐桑や女川の人から渡島甚句などの民謡を教えてもらい、これを歌って帰港してきたこともある（磯崎邦雄〈昭和五年生まれ〉談）。このように、カツオ船を通して全国的に知れ渡った民謡も多かった。尾鷲市古江のカツオ漁の昭和四十二年（一九六七）の映像記録「第三金宝丸――ある鰹船の一年」では、金華山踊りのときに、三重の漁師たちが宮城の民謡の「斎太郎節」を歌っている。

同県南勢町の相賀でも、三陸へ行って、初めて金華山を見たときには「金華山踊り」を行なった。これはカシキが行なう踊りで、石巻や女川に入港するときに、年寄りの唄のうまい人が歌う「伊勢音頭」に合わせて踊った。歯磨きで顔を白く塗り、鍋の墨をオイルで溶いて眉毛を描き、シャモジ・ヒシャクなどの炊事道具を持ち、フライキ（大漁旗）を体に巻きつけ、神主さんのように、カッパのフードを冠のようにして、白いハチマキをしめた。特に、網地島と田代島のあいだを通って石巻へ行くときに、六〜七人くらいで、デッキで踊ったという（畑正之〈昭和六年生まれ〉談）。

同県志摩町和具のカツオ船、源吉丸の場合は、昭和四十年代までこの風習が行なわれていた。カシキなどの若い衆が顔に墨を塗って変装し、大漁旗を腰に巻いて、船が金華山と牡鹿半島の狭間を通過するあいだ、カシキたちは船の中を右回りに三回、踊り歩いたという（山本憲造〈昭和五年生まれ〉談、写20）。

大黒舞と勇み踊り

昭和四十三年（一九六八）発行の『唐桑町史』（宮城県唐桑町）には、次のような記述がある。

不漁のときは、「かしぎ」に風呂敷を背負わせ、赤い手拭いをかぶらせて大黒舞（恵比須舞ともいう）をやらせ、しまいに「南無御祈禱……御崎さん、早馬さん、塩竈さん、金華さん（いろいろな神様を念ずる）明日の夜明けよりナムラ（魚群）のいるところへ会わせて下され」と唱える。すると不思議に漁があったものだと伝えられる。［唐桑町、六八九頁］

不漁が続いたときの対処法として、十四、五歳の少年であるカシキ（炊事係）に「お灯明」のときのような御祈禱と大黒舞の踊りをさせるわけであるが、同様のことは、宮崎県日南市のカツオ船でも行なわれていた。

日南市大堂津の金川寛氏（昭和二年生まれ）の話では、漁のないときにカシキがシャモジに飯粒と煤を塗り付けて持ち、「見いさいな、見いさいな」と言いながら、船内の乗組員の顔に煤を付けて歩いたものだという。この「見いさいな、見いさいな」という一種の囃し言葉は、詳しく尋ねてみると、どうやら「大黒舞」であったらしい。大堂津の祭日に出る神楽の舞でも、見物人に墨を塗ったりするが、墨を付けられた人は縁起がよいという。

同様の事例は、日南市の南、南郷町でも行なわれていた。南郷町目井津の渡辺治美氏（昭和七年生まれ）

によると、初めてカツオ船に乗ったカシキが、「見いさいな、見いさいな」と言いながら、シャモジに御飯とヘグロを付けたものを手に持って、乗組員の顔に墨を付けてあるいたという。この「見いさいな、見いさいな」という踊りは、初航海をするカシキが、船が都井岬を回るときに踊り、乗組員にヘグロ（煤）を付けて歩いたものだという。南郷町の栄松《さかえまつ》でも外浦《とのうら》でも同じような話を聞くことができた。この外浦は、唐桑の御崎神社が、ここから招来したと伝えられているところでもある。

ところが、この「見いさいな」の囃しで踊る船上の踊りは、静岡県にもあった。静岡県の伊豆半島の戸《へ》田《た》村の荒川育蔵翁（明治四十二年生まれ）の話では、初めてカツオ船に乗り、先々の港に入る者は、船の上で頬かむりになり、シャモジとオタマを持って茶碗をたたきながら、この囃しで踊ったものだという。これを「バカ踊り」とも呼んだ。

この「バカ踊り」、あるいは「勇み踊り」と呼ばれる踊りが、祭礼の中に残っているところが、西伊豆地方にある。伊豆半島の根元に位置する、沼津市内浦の大瀬《おせ》神社の祭礼や、西伊豆町田子の港祭りが、そうである。

大瀬神社の祭礼は四月四日、沼津や西伊豆地方の漁船が大漁旗を立てて集まるが、船の舳先やマストの上では、顔に白粉を塗り、花襦袢《じゅばん》を着て女装をした若者たちが扇を持って元気のよい踊りを披露する（写21）。ただし、特に大黒舞やエビス舞と呼ばれる踊りではない。

田子の八月十五日の港祭りでは、それが町を練り歩く山車の上で同様の姿で踊られる。山車の上に若者たちが乗って、「にくずし」とも「バカ踊り」とも呼ばれる奇矯な踊りをするが、昔はほとんどが女性のユカタを着て踊ったという。今でも何人かは、そのような姿で踊っている（写22）。

カツオ船の上で踊られた、これらの踊りについて、もう少しその背景について探っておこう。

写20　カツオ船の「金華山踊り」（上右）．金華山が見えると若い船員たちがおどけた踊りをさせられた（三重県志摩町和具の山本憲造氏所蔵）
写21　大瀬神社の祭り（下）．白粉を付け襦袢を着た若者たちが船の舳先で踊りを披露する（静岡県沼津市，2004.4.4）
写22　静岡県西伊豆町田子の港祭り（上左）．山車の上で「バカ踊り」を踊る若者たちの中に女性のユカタを着ている者（右端）もいる（2002.8.15）

絵で見る船上の踊り

「関船」と呼ばれる祭礼用の船の舳先で、赤い着物を着て女装した子どもが踊る儀礼は、三重県熊野市の二木島で十一月三日に行なわれるが、これは御船祭りの系統の踊りである。同じく三重県の、日本で一番小さい村として有名な鵜殿《うどの》村では、十一月二十三日の祭礼で、ハリハリ踊りが船型の山車の舳先で、赤い衣裳を着た男によって行なわれる。千葉県館山市の相浜《あいのはま》御船祭りでも、船形の山車の上で道化の踊りが行なわれている。

熊野市二木島の室古・阿古師神社の祭礼で行なわれる子どもの踊りは、江戸時代の、各藩の御座船の絵にも見受けられる。戸田のカツオ船でも、大瀬や二木島の祭りの中でも、入港するときに踊られるように、これらの絵も入港のときに画面を設定している。

たとえば、現在、徳島城博物館に所蔵されている「徳島藩参勤交代渡海図屏風」は、藩の船団が帰国した場面を描いている。朱塗の大きな船である御召御座船の舳先には、その飾り房に、赤い上着と下衣をつけた子どもが、すがりついている。この役を「日和猿」と呼び、御座船では雑用を担った、漁船のカシキに相当する少年の役であったという〔神野、二三六―二三九頁〕。

また、熊本藩細川家の御船入港の図は、巻物になって、東京都の永青文庫に所蔵されているが、同様の図の絵馬が大分市の剣八幡宮にも奉納されていて見ることができる。この絵馬でも御座船の舳先に猿の格好をした者が踊りを踊っている（写23）。注意されるのは、その脇で襦袢を着て、脛を出している姿である。これを女装の姿ととらえれば、そのまま大瀬祭りの勇み踊りにつながっていくように思われる。

徳島藩の渡海の屏風絵では、鯨船が連絡用として付いているが、鯨船でも大漁のときに踊りながら入港してきたことが、和歌山県の「太地浦捕鯨絵巻」からも、うかがわれる。一部の水夫たちが、喜びのあま

写23　大分市の剣八幡宮に奉納された熊本藩御船入港図の絵馬．御座船の舳先で踊っているのが「日和猿」である（2002.9.21）

り舟の上で踊り出したようにも見受けられるが、この踊りは、なかば儀礼的なものであったと思われる。宮城県気仙沼市の鮎貝家所蔵の「鯨漁巻絵図」にも、同様の踊りの様子が描かれている。この捕鯨絵巻にも、クジラを持双船《もっそうせん》で固定して曳航しながら、船の舳先で喜んで踊っている者や、朱の盃を飲み干している者などが描かれている。クジラを捕獲して浜に戻るときは、一種の祝祭に近いものであったことがわかる。

漁船の場合も、御座船の御船祭りの流れをくむものと思われるが、大漁をして帰港するときに踊られたことが多かったらしい。

大漁の踊り

長崎県の中通島（五島列島）の奈良尾では、巻網の大漁である「万越祝い」において、舳先に若い者が酒に酔った赤い顔に厚化粧を塗り、女の派手な襦袢に赤いたすきをたらして、阿波踊りに似たしぐさをして餅を投げたものだという［梶原、三〇〜三一頁］。

鹿児島県笠沙町の野間池では、万越しをした船の上で、乗り組みの漁師たちが、赤い帽子を被り、赤い襦袢を着て踊る習わしだったという。これを「赤《あか》布被《ねかぶり》」とも呼んだ［日高、二五六頁］。アカネカブリに類したアカネ祝いは坊津のカツオ船でも行なわれている。

高知県のカツオ船では大漁をすると、カツオの心臓を手で抜いて、オフナダマをそれで赤く塗ったりするが、大漁の赤手ぬぐいや大漁カンバンの原色も、通常は紺青一色の海を生活の舞台にしている漁師にとって、その喜びを表現する色であった。各地の船上の踊りで、女物の赤い衣裳を着て女装しているのも、同じ理由からではなかったかと思われる。赤はカツオの血の色に通じ、さらに、東北日本のカツオ船の場合、その〈赤〉は、カツオの群れが、エサの食いが良いときに変える体色でもあり、大漁の兆候の色でもあった。

ところで、初めてカツオ船に乗ったカシキが、初めて見る港を前にしての、船上の踊りのことも、各地でさまざまに呼びならわしている。

高知県奈半利町加領郷の安岡重敏氏（昭和三年生まれ）によると、カツオ船で土佐から伊豆の下田の港に入るときに、初めて港に入る者が桶を持って踊ったというが、これを「なるこ舞」と呼んでいた。また、静岡県賀茂村宇久須《うくす》の鈴木巳之助翁（大正十二年生まれ）によると、初めてカツオ船に乗ったカシキに、銚子などの港に入ったときに、飯台やシャモジを持たせて踊らせたという。これを「ミコ（神子）の舞」と呼んだというから、一種の大漁祈願を望んだ習俗であった。

これらの儀礼も、おそらく大漁時の儀礼と同じことを、これからカツオ漁を始めるという若者に行なわせることに意味があり、それによって大漁を呼び寄せることに、ねらいがあったものと思われる。

カツオ船で伝えられた話

カシキが釜を落とした話

磐城《いわき》七浜の「昔ばなし」三百話を『昔あったんだっち』（一九八七年）として編集した、いわき市江名の佐藤孝徳が、そのあとがきとして載せたのが「鰹文化の展開と昔ばなしの成り立ち」であった。佐藤は、この中で「どこの鰹船の中でも一人か二人、昔ばなし（技術、礼儀作法、信仰、日和見）を良く知る『物知り』が乗船していた」と述べ、「かしぎの教育に役立っていたのが、昔ばなしであった」という［二八〇―二八二頁］。佐藤の用いている「昔ばなし」は、狭義の昔話だけでなく、伝説や世間話、ことわざや教訓なども含むようであるが、ここでは、そのようなカツオ船で語られ、伝えられた話の一部を扱ってみる。
たとえば、気仙沼市尾崎の尾形熊治郎翁（明治二十八年生まれ）が、『松岩百話集』（一九七三年）に載せた「鰹船の飯焚き弥助の傑作」の中に、次のような世間話が記録されている。

　次に風を横に受けて間切って走ってると、船側で弥助が釜を洗っているので、誰かが弥助釜を落すなよと大きな声で叫ぶと、弥助トックにトックにと、声をかけられたときは釜はすでに海の底へ、此の弥助の釜は、後世例えば人混みの中などでスリに注意するようにと言うと、すでにそれ以前に盗られてしまっている事などに使われる例《タトエ》話《バナシ》になっている。［松岩地区老人クラブ連合会、一六一―一六二頁］

熊治郎翁は、この「弥助の釜」のような話を「例話」と呼んでいるが、民俗語彙として貴重な言葉を書き残してくれた。固有名詞を持つ者のある出来事や性格が、限られた社会の中で、一つの状況を示すに実に適切な表現を得られるのが、このタトエバナシだからである。「弥助の釜」もその一種であろうが、このような飯炊き（カシキ）が釜を海に落とした話は、固有名詞を換えて、実は各地の漁村に伝えられていた可能性がある。
たとえば、大船渡市三陸町根白の寺沢三郎翁（大正二年生まれ）は、次のような話を伝承している。

　あるどき、こんな話があったんです。センマという子どもだったらしいんだが、たいがい昔が、カシキという炊事当番の者が水夫の中でも一番若い者がやったもんだから、そのセンマが、カツオ船から小舟を出して、その脇から海で釜を洗ってだ。

そうすっというど、そいづが洗ってるうちに手からはずして落としてしまった。本当に大事な物を落としてしまったから、「落とした」って言えねかったわけ。ふんで、どうしたらいいべなと思って、自分で悩んでおった。

それを見てたフナカタが「センマ、釜は？」と、こういうふうなハナシ言ったたってね。そしたら、「いっつに（早くに）落としてしまった」ということを言った。そして、釜を洗わねで、言うに言われねから、自分の手、洗ってだったたって。そして、海の底さ指したっていうハナシがあるんだがね。

（一九九七年三月九日採録）

写24　大船渡市越喜来の八幡神社に奉納された釜の絵馬（2002.4.22）

弥助が「トックに」と言い、センマが「いっつに」と言ってはいるが、この二つの話は同型の話である。何か、現代のわれわれには伝わりにくい面白さが、この話にはあったものと思われる。

寺沢三郎翁は、この話をする前に、船から金物を落とすことを忌むタブーを語っていた。たとえば、油缶を半分に切って作ったツルべなどを落とした場合は、落とした本人が紙に、落とした物の絵を描き、「奉納」という文字と船名を記して、お神酒とともに根白の弁天様に上げてきたという。

これは「失せ物絵馬」と呼ばれる風習で、金物を落とすことを嫌う禁忌は全国に聞かれるが、この紙絵馬を上げる地域は、三陸沿岸の釜石以南と福島県のいわき市周辺しか分布していない［川島、四一―六四〕。「失せ物絵馬」には、包丁や錨・マキリなどが多いが、釜も描かれていることもある。三陸町越喜来《おっきらい》の八幡神社には釜を描いた一枚の「失せ物絵馬」が奉納されている（写24）。宮城県気仙沼市二ノ浜の熊野神社では二枚、牡鹿町泊の五十鈴神社にも釜を描いた絵馬が一枚見られる。

おそらく、前記の「カシキが釜を落とした話」には、カシキが金物を落とさぬように、一種の教訓として語られたものだろう。笑い話の主人公にされた弥助やセンマには気の毒だが、彼らのような笑われ者にならないように、この話を聞いては気をつけたのが、カツオ船のカシキたちであった。

しかし、どんなに気をつけても、それでも釜が海に沈んだことがあったのは、何枚かの「失せ物絵馬」が証明している。

海人魚と海坊主

宮城県唐桑町津本の小野寺与市翁（明治四十三年生まれ）は、二十五歳のころに、カツオ船に乗っていて、「海人魚《うみにんぎょ》」と言われるものを見たことがあるという。

二十五、六でもあったったかねえ、ここの岩手県の、大船渡の沖だもの、沖ってもだ、まっから前の方だね。そのときね、船通ったあとだから、北向いたんだから。俺が柱さ上がって、カツオのナムラ見んべってね、上がってるわけっさ。そのとき、海人魚見かかったわけっさ。ぽっと飛び上がってからに、そのとき、ヒレ、見えたんだから。髪毛のこと、長かったでば、クジラみたくヒレあってね、胴はすっかり人間みてにあったの、そして、顔は美しくてね。そいづ、海人魚っていう。（一九八八年四月十七日採録）

翁の祖父に当たる人も、沖で不思議なものを見たことがあった。それは「タコ舟」と言われるもので、凪の良いサッと風が吹くときに、アワビの貝の上にタコ（蛸）が乗って、風を受けた帆かけ船のようにして現れたという。このタコ舟に会えれば縁起が良いとされていたそうだが、翁自身は一度も見ることはなかったという。

次に紹介する話も、海の怪異譚の一つであるが、こちらはカツオ船の上で実際に多くの話をした経験のある人の話である。宮城県牡鹿町網地島《あじしま》の桶谷源一翁（明治四十四年年生まれ）は、次のような「海坊主」の話を伝承している。

そうとう古いことだなぁ。そこの家がさ、オライの婆様の姉様が行った家なんだよ。だからオラドの親戚なんだけんとも、その人、カツ船の船頭してで、そして熊野神社あっとこのどころさ来っと、沖から釣ってきたカツオをね、「トーヤ！　熊野さん」ってマルコで（一匹をそのまま）海さ上げたもんだっつ。そうすっと、漕いであるく船だから、あんまり沖、あるかねからね、その人、家さ来っと、カツオ船のときだから、あったけえどきだから、よく、「もったいねえ」つので、海さ上げだの、潜って取って来い来いしたんだと。

そしたら、あるどき、暁に「万三郎！」って起こされだ。ところが、本当は、船頭とこっつもの、起こさねもんだ。昔の仕来りでは、船さいってね、船頭が若い者を起こし、若い者が船かた（船員）を起こさせんのが通例だった。そいづ、船頭が起こされた。そしたら豪胆な人だったど。起きでね、大戸《おおど》（玄関の戸）の障子をガラッと開げだらば、手、つかまれだ。手もぬるぬるがったたっつなぁ。そしたら、何か雲突くような大坊主だった。そいづと、引っぱりくれえした。そうしたらね、シキリ（敷居）さ足かけて、こっちは柱さ引っぱりけえしたら、下のシキリ抜けていった。そしたら、坊主のスネさ飛んでいって、ぶつかったんだどね。そしたらば、「ぬっさぁ（おまえが）行がねこったらば馬、連れでっから!」、その坊主、言ったんだと。次の日、馬屋さ行って見だらば、馬いねかったっつんだ。だから、あそこのどこ、「馬の下」って言うんだね。(一九八八年五月三日採録)

桶谷翁の語りには、「馬の下」という、村はずれにある地名の由来とともに、「だから、一声で起きたりすんなって、このへんでは言い伝えになってだんだね」と語っており、妖怪は人を一回しか呼ばないことを伝えている。

さらに、この話には、カツオ船の上から神社にカツオを丸ごと海に上げたことや、カツオ船の船頭は、朝は船員よりも先に起きて、若い者を起こしてから他の船員を起こさせ、船頭を誰かが起こすことはないという、船上のしきたりも伝えている。同県気仙沼市大島の崎浜でも、「鰹漁では船頭がドウマワリやカシキを起こし、更に彼等が乗子をおこしてまわる」(高倉淳「大島崎浜部落の民俗」)という。

船上の講談

高知県土佐清水市の西川恵与市翁(明治四十五年生まれ)から、カツオ漁についてうかがったときに、こんな話を聞いた。カツオ船の舳先のことをヘノリカジと呼ぶが、この場所に座ることができるのは、その船の中で、カツオ一本釣りの一番上手な者であったという。その者のことをヘノリと言い、そのカツオ船の看板として、他の船と争った。釣りの上手な人は、「宮本武蔵」や「佐々木小次郎」、「近藤勇」などの、あだ名があったという。

漁師たちは、剣豪のタトエを用いて、カツオ一本釣りの速さと、釣る姿の美しさを競ったわけである。宮崎県南郷町目井津の渡辺治美氏(昭和七年生まれ)によると、「日向《ひゅうが》の五丁ぎり」と言うのは、カツオを釣ってから後ろの甲板に落ちるまでのあいだに、宙に三匹のカツオが扇型に舞っている状態を指し、カツオを釣っている姿を横から見ると、釣り人の前後にある二匹のカツオを入れて、五匹のカツオが同時に見える様子のことを意味している。それは、キラキラと魚体が光りながら弧を描き続けている、素晴らしいながめだったという。

漁師たちは、ことのほか講談が好きで、カツオ船の上でも披露するものがいた。たとえば、唐桑町鮪立の鈴木吉三郎翁（明治三十一年生まれ）は、船頭のとき、カツオ船の上で、港から漁場の往来にかかる退屈な時間に、若い者に講談本などを読んであげた一人である。

そのことを覚えている小松勝三郎翁（明治四十三年生まれ）によると、講談本は『岩見重太郎』・『宮本武蔵』・『塚原卜伝』・『尼子十勇士』、新しい本では中里介山の『大菩薩峠』などがあったという。節がいくらかあったが、力の入った読み方であり、映画を見ているようで聞きやすかったという。そばにいた年かさの者は、浪花節や講談のおもかげがあるので、喜んで聞いていた。

講談の場所は、年かさの者と年少者が集まるトモ（船尾）が主で、車座になって聞いたという。漁場に着いてからは、ナムラ（魚群）を探すような目を使う仕事があるので、「講談読み」や「ヨウ本読み」をすることはなく、特に若い者には読ませなかった。

このような習俗は、昭和五〜六年の、船に備え付けたラジオの普及により、少しずつ本を読む人がいなくなったという。彼らは陸《オカ》では読んで聞かせることはなかった。

以上のような、船上の「本読み」は、この地方だけに限られるものではなかった。

たとえば、福島県いわき市江名の福井清翁（明治四十三年生まれ）によると、カツオ船ではどの船でも「小説」を読んでくれる人が乗っていたという。「侍もの」が多かったが、節を付け、声色も使い、「書いだなり（字をなぞるように）」読んでいる人は、駄目な読み方とされた。昼間の退屈なときに、誰かが「本読んできかせたらよかっぺ」と言うと、読む方も聞く方も横になった姿勢で楽しんだものだという。

また、昭和五十四年（一九七九）に鹿児島市の『南日本新聞』に連載された、枕崎のカツオ船の船頭、町頭幸内翁（明治三十二年生まれ）の回想録には、次のように記されている。

島（口永良部島）にカツオを揚げたあとも、シケが続けば、二日も三日も島に足止めを食う。ことに春先は季節風のような強い北西の風が吹くので、波が高く操業には出ずじまい。じぃーっと船の上でナギを待つことが多かった。退屈な時間が流れる。乗組員たちは、思い思いにサオの手入れや着物の繕い、昼寝などで日がな一日を過ごしていたが、幸内が楽しみだったのは、オジドンの一人が語る「講談」を聞くことであった。

緒方という人で、講談本や小説を船に持ちこみ、楽しそうに読みふけっていた。なかなかの博識。幸内も〝開演〟が近づくと、オジドンたちがたむろしているトモ（船尾）の方へ、みんなと一緒に走っていった。

「語らんか、オジドン」。いいころを見計らって、だれかが催促すると、緒方ジイは、得意の「巌流島の決闘」を語り始める。調子をつけて、興に乗ると、甲板を平手でたたきながら朗々とまくしたてることもあった。宮本武蔵が大好きであった幸内は、みんなより前に進み出て、熱心に聞いた。

口永良部島は、上陸する浜と反対側の浜近くに温泉があり、そろって出かけたものである。岩ぶろの中でも緒方ジイは講談を披露、島の人たちも聞きほれていた。（「鰹群れを追って」10）

おそらく、この枕崎船の「緒方ジイ」は、温泉では手に本を持たずに語ったものであろう。この地点からは、講談本の口承化、あるいは「昔話」化は、もう一歩である。それにしても、カツオ船のトモで読んだこととといい、演題に「宮本武蔵」が好まれたこととといい、なんと三陸の漁船の「本読み」と状況が似かよっていることか。日本中に「宮本武蔵」の名を広めたのは、俗説にあるように、一人吉川英治だけの業績ではない。その潜在的な読者を培っていた、漁船の、素人の講談師たちの力も大きかったことは否めない。彼らは、その講談本だけでなく、語りの芸やその内容も、浜々や遠方の島々に伝えたのであった。

第六章　大漁を願う

乗り初め

カツオ漁の儀礼

カツオ漁に関わる儀礼としては、「初乗り」などの正月の予祝儀礼、実際の出港儀礼と入港儀礼、初めて漁をしたときの初漁儀礼、大漁をしたときの儀礼、不漁のときの祓除儀礼などがある。しかし、これらの儀礼は、ところによって微妙に重なっている。

たとえば、模型のカツオを用いてカツオ漁の真似事をする模擬儀礼は、枕崎や坊津などの南九州や沖縄では、正月の予祝としてではなく、実際の大漁儀礼に行なわれている。また、南九州では正月にフナダマを入れ替えるが、同様のことが三陸の雄勝町船越では出港時に行なわれる。三陸の金華山周辺で行なわれている「オオバヤシ」という、藁に火を付けて船内を祓ってから出港する儀礼は、三重県のカツオ船では「ヒボアワセ」と言って不漁のときに行なわれている。出港儀礼と入港儀礼も、船上から見える陸の聖地に対して同様の儀礼をするカツオ船もある。

また、カツオ船そのものに関わる信仰は「船霊信仰」であるが、沖縄の渡名喜《となき》島では「船霊信仰はマーランシン（運搬船）や鰹漁船の帆船、動力船に取り付けられるようになると深くなった」という〔渡名喜村、三九三頁〕。動力船になって、沖へ沖へと漁場を求めるにしたがって、信仰も深まったことを述べている。

この章では、これらの儀礼を広く見渡しながら、カツオの大漁を求めて、どのように漁師がカミと上手に付き合ってきたかを探ることにする。そのカミとは、神道の神でもなく、キリスト教の神でもなく、漁師それぞれの心の中にあり、絶えずそれと向き合っていなければならないカミのことである。このカミのことを考えることが、実は環境に対する認識や民俗的な資源管理と呼ばれるようなものにつながる深い知恵であったことを、われわれは知ることができるかもしれない。

正月に船霊を入れ替える

日本最南端の島、沖縄県竹富町の波照間島では、正月二日を「初オコシ」と呼び、カツオ船の株主たちが集まった。北風が冷たいと、タカサゴなどのエサが捕れなくなるので、実際の漁期は四月中旬から十五夜（八日十五日）までであった。八月十五日は「月見会」と称して、カツオ節工場でヤギなどを食べながら、カツオ船の乗組員の解散をしたという（本比田順正〈昭和十七年生まれ〉談）。沖縄本島の本部《もとぶ》町でも、正月二日は「初オコシ」と呼んでいる（具志堅用権〈昭和四年生まれ〉談）。

鹿児島県の奄美大島（名瀬市大熊）では、正月二日は「船祝い」、あるいは「船のミタマ祝い」として、船頭の家で酒盛りをした。また、以前には漁期の始まりと終了時に、それぞれ行なわれていた「願立て」と「願なおし」は、最近では一月と十二月に実施されるようになった。八十八夜から秋までのカツオ漁が、漁礁の設置によって、年中漁が行なわれるようになったためである（藤島義長〈大正十年生まれ〉談）。

鹿児島県の枕崎市では、フナダマさんは、毎年、正月の初航海にあたって入れ替えた。これは「ゴシン入れ」とも呼ばれ、フナダマさんを入れた。また、漁期中に不漁が続いたときとか、事故があったときなども、マンナオシと呼んで、ゴシンを入れ替えた。

正月には、カツオ船を錨だけで振らしておき、テンマ船に船大工と、船主の家から船の役付きの者が乗って、本船へ向かった。船大工が持参するものは、サイコロを作る材料となる柳の木・墨ツボ・鋸・金槌などである。船主の家で用意するものは五穀に古銭、処女に和紙で作らせたメヒメとオヒメ、それから、苧《お》と呼ばれる大麻の芯がある。苧は、漁具にも用いられ、針に道糸をつないだりした。本船に乗るのは船大工だけで、左舷から乗り、ゴシンを入れた後に、右舷から下りた。

また、元日の夜中には、枕崎周辺では「塩祝い申す」と呼ばれる、青年や子供たちの行事があった。シオテゴ（シオカゴや鹿児島テゴとも言う）を持った子供たちが、船をかけている家に、大匙一杯の塩を配って歩く行事である。塩をもらった家では「志《こころざし》」（お礼）としてお金を渡した。二日の朝には、その塩を持って船とエビス様に供えにいった。塩を持っていくときは、たとえ知っている人と出会っても、ものを言ってはいけないとされた。これはマンナオシのときも同様である。

鹿児島県の枕崎でも坊津町でも、フナダマのことをエビスとも言っているが、坊津町でも、初航海には、「ユベス（エビス）様入れ」と呼ばれることを行なった。エビス様は女の神様で、生理の始まらない女の子に麻緒を芯にして青と赤の色紙を巻いた（着せた）人形を作らせ、船の神様に入れた。だいたいが、暮れの十二月から一月にかけてであるが、どの子が作ったかは極秘とされた。この人形を入れるのは神主の役で、沖で錨を下ろさずに「振らし」にしている本船にテンマで近づき、左舷から乗り、御神体を入れてから、右舷に降りた。テンマを漕いできた者は、左舷から神主を船に上げた後は、ミヨシを回って、右舷で待機した。漁の神はトリカジから上げて、オモカジへ下ろすという（市之瀬昰〈昭和十四年生まれ〉談）。

各地の正月行事

宮崎県日南市大堂津では、正月十一日は「漁祈念」や「大漁祭り」が行なわれ、神楽衆が「見いさいな、〳〵」と言いながら踊り出た。この日には、昔は船主と船頭が、今は漁労長が三社参り（本庄稲荷・米良稲荷・一ツ瀬稲荷）に参詣した。漁期が始まる前には、船員ともども、鵜戸《うと》神宮などに参詣した。漁があったときは、観音様の祠に、船内の若い子が、「お観音様、上げます」と言って、シシゴロ（カツオの心臓）を一個供えた（金川寛〈昭和二年生まれ〉談）。

南郷町の外浦では、一月十日に「エビス祭り」が行なわれた。神楽衆が、スリコギ・シャモジ・メシゲに米粒を付けたものを持って「見いさいな〳〵」と言って現われ、メシゲにはさらに墨を付けて、集まってきた村人の顔に付けて歩いた。「メシゲに付けられたら縁起いい、漁に当たる」と言われた。カツオ船は、出港二～三日前に鵜戸さん参りをしている（贄田太一郎〈昭和五年生まれ〉談）。同町の栄松では、正月二日の「初乗り」には、船に集まって焼酎を飲んだ後、船主の家でお神酒上げをしたという（玉田和男〈昭和三年生まれ〉談）。

高知県中土佐町の久礼では、正月の二日は「乗り初め」で、船主の家では、餅を付けた笹竹と色タンザクを吊るした笹竹を二本、玄関前に立てる。餅の笹竹の上には、三角に折った紙に口紅を塗ったものを付ける。これらの笹竹は、午後にカツオ船のトモにフライ旗（大漁旗）と一緒に立て、船に祀られているフナダマさんに笹に餅をつけたものなどを上げ、後で海にあました（捨てた）。船から下りてからは、久礼の双名島（観音島と弁天島）に向かって米・塩・お神酒を上げ、住吉神社などを参詣する（写1）。

同県土佐市の宇佐では、正月二日の行事は「船祝い」と呼び、雇用契約に類したお祝いをしたという。

徳島県の出羽島では、正月二日は「初乗り」があり、薪をカツオに見立てて釣る真似をしたという。

三重県の紀伊長島町では、三陸沖で釣った最後の航海でのカツオは、その二匹から臓腑を抜き、塩を一〇キログラムくらい詰め、二日くらい置いて、カケノヨを作った。カケノヨの腹と腹を合わせ、サカキとイワシを付けて、船主の家に飾るのは大晦日のときである。このカケノヨは、年が明けての一月十一日に八つに分け、船頭や機関長など幹部たちに配る。昭和の時代までは、この一月ころから、グアム島付近でカツオ漁を行なっていた（石倉義一〈昭和九年生まれ〉談）。

同県南島町の慥柄《たしから》浦では、正月二日は「乗り初め式」で、旗を上げて見江島の沖まで行き、船を横にしてから見江島のお宮を拝み、帰りは船同士で競争して戻った。青峰山の「青峰参り」は、正月中に行き、賢島《かしこじま》まで船で行って、そこから走って登った。できるだけ早く登ることが縁起の良いこととされた。その時期に、「出初め（乗り組み）祝い」ということをした（小林俊一〈大正十一年生まれ〉談）。

同県大王町の波切《なきり》では、大晦日の夜に「名のり」という行事が、今でも行なわれている。「名のり船頭」と子どもたちが十人くらいで一組を作り、何組かが、波切の町内をめでたい言葉を唱えてあるく。これを「名のる」、あるいは「喚く」と言った。名のりが来たときは、神様や仏様のお灯明を付け、名のりが去った後で、若水汲みに行くという。特に漁師の家では「オオドノ瀬大イワシ、オオドノ瀬大ガツオ一番よ！」と口上を述べた（写2）。町内を歩くときには、子どもたちが「祓いや祓いや」と言いながら歩いた。元日の午前一時ころに山の神が祀られている二カ所の村境で、藁に火を付けて注連切りをした後、その火を浜に下ろしてから藁に付け、漁師たちが釣竿でこの火を跳ね上げた（写3）。これはカツオ釣りの所作であり、火が高く上がれば上がるほど、その年はカツオが大漁であるという。この行事を終えると、

船頭たち二人が久礼の住吉神社（上）と双名島（下）を拝む

写1　高知県中土佐町久礼の「乗り初め」（1998.1.2）．上：餅と短冊を吊るした竹を船に立てる

波切神社に釣竿を奉納して、竿は皆、火に燃やしてしまうことになっている。

船祝いと乗り初め

静岡県の焼津のカツオ船では、正月二日の「船祝い」は、初めに船主の家に集まってから焼津神社に参拝した。それから、カツオ船の船首の上で、カケヨウ（塩ガツオ）を用いて、ボースン（若い衆頭）が「ヤリダセ、〳〵！」と言いながら、カツオを釣る真似をした。木をカツオの形に切ったものを用いることもした。その後、舟子の家を借り、芸者を上げてお祝いをしたという（岩本熊太郎〈大正三年生まれ〉談）。

焼津市の浜当目では、正月二日の「船祝い」には、主に若い衆が朝の四時ころ、機関場にあるフナガミ様に、紅とお白粉をお酒で練ったものを、指でもってタテに三筋、塗りにいったという。一升徳利で紅のところにお

写2　三重県大王町波切のナノリ（2002.12.31）

写3　波切の「カツオ釣り」（2005.1.1）

神酒をかけ、塩も上げた（久保山俊二〈昭和五年生まれ〉談）。

賀茂村の安良里《あらり》では、正月二日の「乗り初め」には、船員たちが集まって船主のカケノヨを船に持って行き、フナガミにお供えしてから合掌する。その後、カケノヨを小さく切って船員たちに分配し、カツオ節工場に働く人にまで分け与える。その次には、船のトモから陸《オカ》へ向かって塩漬けのサンマやミカンを投げ与え、近所の者などが拾いにくる。「乗り初め」の日にカツオの大漁をまねる儀礼であるが、エビス講の日にも家の二階からミカンを投げ、それを子供たちが拾いにくるという（高木豊作〈明治三十一年生まれ〉談）。

西伊豆町の田子でも、正月の風習の一つに、カツオ漁の終了期に塩漬けした塩ガツオを「正月魚《しょうがつうお》」として家に入ってすぐの所にかけておくが、このことを「カケノヨ」と呼んでいる（写4）。正月二日の「乗り初め」のときには、幟（大漁旗）を持ち、この塩ガツオと供え餅とミカンをフナガミさんなどに上げた後に、ミカンを投げ、それを拾おうとして人が集まった。ミカンは撒きエサに、それを拾う者はカツオに見立てられたために、大勢の人が集まると縁起が良いとされた。この日には、その年のカツオ船の漁労長・船長・機関長・ボースン（甲板長）などが決められたという（山本佐一郎〈昭和五年生まれ〉談）。

この田子の「正月魚」は、一本ずつ塩を付けて陰干しをしてから、十二月の三十日か三十一日にハンギリの上につるした。正月二日の「乗り初め」に、乗組員が船主の家に集まって、この「正月魚」（塩ガツオ）を食べるときには、酢を付けただけで食べる。実際の初漁祝いのときに食べる「塩ナマス」もサシミを酢と塩だけで食べるためであるという（山本政治〈大正七年生まれ〉談）。

松崎町の岩地では、「乗り初め」のときには、テンマやハシケが皆、陸《オカ》に上がっている浜へ行き、乗組員が浜に上がっているカツオ船に乗ってから、「今日はいいナギだ」とか、「鳥が見えるぞ。ナブラ（ナムラ）でないかな」と語る。それから、ジョウズ（エサ桶）を手に持って、エサナゲの真似をした後、「参った、参った！」と、カツオが餌《え》付いたときに使う言葉を語る。最後に、カツオ代わりの薪を用いて、カツオのハネ（一本釣り）の格好をしてから、「満船したから帰ろじゃ！」と語って帰ったという（斎藤元久〈昭和二年生まれ〉談）。

伊豆七島の神津《こうず》島でも、正月二日は「乗り初め」という行事があった。カツオ船の船頭が薪を持って、陸《オカ》につながれている船に乗り、その薪をカツオに見立てて、釣る真似をする。船頭は「トーリカジ、トーリカジ！」と、縁起の良いトリカジ（左舷）のことを叫んだ後に、「船主、エサ飼え、エサ飼え！」と船主を呼ぶ。すると船主は船に上がって、船上から餅やミカンを撒き、子どもたちがそれを拾いに集まってくる。この子どもたちは、ここではカツオに見立てられているという（前田吉郎〈大正十年生まれ〉談）。

写4　ハンギリとオミキスズの上に飾られた塩ガツオ（正月魚）とカツオ節（西伊豆町田子，2003.1.2）

モノマネ

明治二十七年（一八九四）の『静岡縣水産誌』には、戸田《へた》村の正月行事として、次のような記述が見える。

二日の早朝亦節ヲ済シ直ニ家ニ帰リテ再ヒ乗初メノ式ヲ挙行ス　其式ハ兼テ用意ノ掛魚ヲ船ニ備ヘ且ツ神酒ヲ捧ク　鰹釣船ニ模擬シタル飾付ヲナス　又或者ハ自ラ船中ニ立テ双足テ以テ響ヲ起シテ以

テ鰹ノ死ニ臨テ体ヲ振フニ擬シテ帰ル　後チ宴席ヲ張リテ各乗子ニ饗応スルヲ以テ例トス〔静岡縣漁業組合取締所、二〇〇頁〕

つまり、正月二日に、カツオ船に乗り、体を震わせてからカツオが船上で死ぬ仕草をしていたという記録であり、予祝儀礼の類と思われる。

千葉県の千倉《ちくら》町の船主宅でも、正月二日に「船祝い」ということを行なった。この日には船頭や船員が全員そろわなければならなかった。二日にそろわないとトバ人（死傷者）が多い年と言われた。船の網の中で、一年の「下《お》りお神酒」なので、カツオ漁の三十二人と突きん棒漁の十一〜十二人のことで、船主のオソナエを転がし、「アンジャアンジャ、トーリカジを！」、「アンジャアンジャ、オーモカジを！」、「今日の舵はヨーソロウ」などと、語ったという（青木勝次郎〈大正三年生まれ〉談）。

千倉では、この日を「船下《お》り」と言うところもある。船員が船主の家に集まってから、ミカン、金を包んだオヒネリ、串柿などを持って、船（カツオ漁兼用船）の上に乗る。船には旗を立て、「東西や〳〵……」などと、おめでたい言葉を語ってから、船の上からミカンを投げるので、人が集まってくる。特に前年に漁をした船は、オヒネリを投げたという。この後、船主の家に戻って、新年の顔合わせのお祝いをした（保坂明〈昭和五年生まれ〉談）。

三陸沿岸では、この予祝儀礼は正月十五日に行なわれている。宮城県唐桑町鮪立の浜田徳之翁（明治三十四年生まれ）によると、旧暦の正月十五日は、「モノマネ」と称して、カツオ船の乗組員たちが、船主の家に幟（大漁旗）を立て、「大漁唄い込み」を唄い込んだ。唄い込んだ後で、船主が「ただいま参りましたか！」と皆に語ると、若い人たちが「ただいま参りました。オオナムラ出だがら、ヒトナムラで釣りました」と、儀礼的な問答をした。この後、船主の家では「銭まき」と称して銭を投げた。昔は穴のあいた一文銭や二文銭だったが、後にはそれが一銭になり、昭和に入ってからは、五銭や十銭になり、やがては十円になった。この銭とミカンを同時に撒いた。このような行事のことを「カツオ船のコト始め」ともいう。

雄勝町の船越では、正月十四日の晩には、それぞれの家がカツノキでバチを作り、戸口にあてがっておく。すると、子どもたちが「トーヤ！　エビス！」と言いながら回ってきて、その家が船主の家ならば、「今年もカツオ大漁するように！」とお祝いを語った。正月二十日のエビス講には、船主がカツオ船の幹部たちを呼んでお祝いをしたという（生出太一郎〈昭和七年生まれ〉談）。

岩手県釜石市の室浜でも、小正月の十五日は、モノマネの日であり、ブリキでカツオの形に切ってから、それを竿に紐で結び、大人たちが「大漁だ！〱」と言って騒いだという（佐々春松〈明治四十四年生まれ〉談）。

また、正月十五日は、その年の漁の具合を占う日でもあった。釜石市の大石では「老練な漁夫が小正月の夜に船へ乗って耳を澄ますと鰹のはねる音が微かに耳に伝はる。之を聞いてその年の鰹漁の豊凶、多少を判じた」〔守随、三六〜三七頁〕という。

出港の儀礼

赤い腰巻で見送られる

宮崎県南郷町の目井津では、初航海にテープが切られるときに、船主の奥さんが、海に塩と飴玉を撒き、送り火のように杉葉で火を焚いたという（渡辺治美〈昭和七年生まれ〉談）。

愛媛県城辺町の深浦では、出港にあたって、カツオ船のカメにイワシを活けると、舳先に家を表わしたシルシバタを立て、漁労長は米と塩と酒を、ブリッジのフナダマに上げ、オモテから左舷↓トモ↓右舷の順で、それらを上げて一巡した。それから、乗組員たちが東へ向かって拝んでから、船に乗り込んだという（浜田伊佐夫〈昭和十二年生まれ〉談）。

高知県土佐清水市の西川恵与市翁（明治四十五年生まれ）の体験では、カツオ船が出港するときは、船頭はハチマキを振って名残を惜しんだが、港ではアミハリ（網張り）とヘノリの奥さんが、自分の赤い腰巻を竿に付けて、大きく左右に振って見送ったものだという［西川、三〇頁］。

同県佐賀町では、フナダマさんはオモテで綱を結ぶデンヅクというところに祀られているが、航海ごとにエサ買いのおじさんが、サカキや杉の葉などの青木とお神酒を用意しておき、出港のときにデンヅクに青木を供え、お神酒をかけたという（喜多初吉〈昭和六年生まれ〉談）。

同県奈半利町加領郷のカツオ船では、エサを入れて出港する航海の始めには、船主のおばあさんが、船のトモで線香を焚き、海へ花束を放ったという（谷岡泰一〈昭和三年生まれ〉談）。

同県室戸市では、出港のときに太夫さんに航海の安全と大漁などを祈ってもらう。ナマグサ一対・小魚・ダシジャコ二匹・食塩・アライゴメなどをフナガミに供えた（福吉博敏氏〈昭和四年生まれ〉談）。

三重県尾鷲市の古江では、漁期が始まるときの「乗り組み祝い」の前に、船主の代表が那智山へ参詣に行き、船員全員が青峰山に出かけた。出港して、カツオ船が走り出すと、カシキが「洗い膳」をフナサマ（フナダマ様）（写5）に、先に唇で「ツィ！」と音を立ててから「ツィヨ！」と口で言って上げた。洗い膳には、米と小豆を海水に清めて置き（写6）、それにスナマス（ダイコンの千切りを酢で揉んだもの）を加えて上げた。洗い膳に上げたものは、トリカジ↓オモカジの順で海に供えた。フナサマはブリッジの中心に祀ってあるが、その代わりとして船尾のトリカジ側にも置いていて、ここに洗い膳などを上げたという

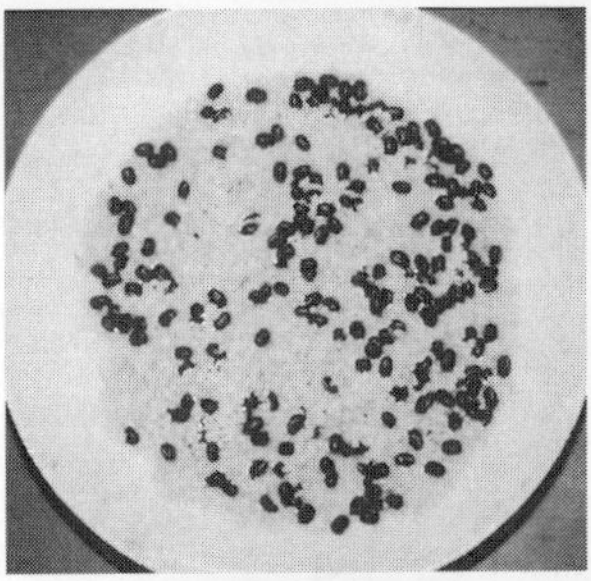

写５　機関場に祀られたオフナダマ（中央）（三重県熊野市二木島，2004.1.12）

写６（上左）　米と小豆を入れて洗ったアライネ（三重県浜島町の宇気比神社，2004.3.1）

写７　アライネなどを上げるトモ（船尾）のフナサマ（三重県熊野市二木島，2004.1.12）

（写７）（熊野市二木島・浜戸楢夫〈昭和六年生まれ〉談）。

尾鷲市須賀利のカツオ船が出港のときには、アライネ（米と小豆）とダイコン・ニンジンのきざんだものとイワシ二匹を、船主がカツオ船に持って行き、漁労長（船頭）がフナガミ様へ上げたという（森田兵治〈大正九年生まれ〉談）。

オミキスズと出船のお神酒

三重県海山町の引本では、出船のときに、オミキスズを船主がフナダマに供えた。オミキスズは、ナマス・サシミ、それにアライニ（洗い米）とアズキを水でさらっと洗ったものである（坂長平〈昭和二年生まれ〉談）。

西伊豆町田子の山本佐一郎氏（昭和五年生まれ）によると、田子の女性たちは、他の土地の漁村と同様に漁撈と大きな関わりを持っていた。まずは、カツオ船の出港のときに、船主の婦人は、スズイレと呼ばれる小さな箱（写8）を手に持って、船のそばへ行く。そこで彼女は、スズイレに入っていたオミキスズ（銚子）から盃に酒をつぎ、陸《オカ》から船へ向けて「ツイヨ！」と言いながら酒を撒く。次に、スズイレの引き出しに入れてあった塩とお神酒を甲板長に与え、甲板長はトモ綱が離れたときに、その塩とお神酒を船首から撒いた。

カツオ船の見送りは、船主の婦人だけでなく、船長・機関長・甲板長・無線長の婦人たちも出て、船が見えなくなるまで見送った。彼女らは、その後、半日くらいをかけて「神さん参詣」を行なう。田子神社を始まりとして、不動さん・権現さん・半僧《はんそう》さん・弁天さんなどを順番に、イワシのエサ買いのおじいさんが案内をして彼女らを連れて歩いたという。これらの寺社は、カツオが入港したときに、甲板長とカシキが、三枚おろしにしたカツオを三きれずつ上げながら参詣する同じ場所でもあった。

新造船の船下ろしのときには、「センドをやれ！」という声がかかると、その船主と漁労長の奥さんは海の中に放り込まれた。女性は造船儀礼の中でも、重要な役割をしめていたのである。

一昔前までは、船には女性を乗せるなというタブーが、沖船には、ことに多かった。しかし、それゆえにこそ、陸《オカ》の漁村の生活では、女性たちでなければできない役割や仕事が、必要とされ続けてきたようである。

宮城県の唐桑町のカツオ船では、船が出るときは船員が全員、桟橋に下駄を脱いで乗船し、居残る者はその下駄をつないで船主に持って行った。入港してくると、それを桟橋に並べたものだという（浦・畠山福松〈大正十年生まれ〉談）。カツオ船の上では、以前は皆、裸足《はだし》で生活していたからである。

同県雄勝町名振のカツオ船、名振丸は、明日が出港というときは、船員全員が金華山参詣をした。この船が出港するときは、お神酒を親類が二本、普通の場合は一本、その船に乗船している者でも一本は船主にお祝いとして持っていった。初めてカツオを釣って入港してきたときは、それらの家にカツオを一本ずつ返すことになっていた（和泉久吾〈大正十三年生まれ〉談）。

気仙沼市の大島のカツオ船でも、乗組員の家族や親戚、近所の者が酒（濁り酒）を二～三升持って、見送りにきたという。その酒は全部エサガメに注いで、空き瓶を返すために、お祝いに酒を持ってくる人たちは「瓶コ空けてけらい！」と言ってきたという。出港してからは、乗組員が三十人くらい、一人一升は寝ないで飲んだために、餌場《えさば》の館山に行くまでに、すっかりなくなってしまった。初航海で戻ってきたときに、一升につきカツオを二本ずつ返したという（気仙沼市北沢・熊谷光夫〈昭和六年生まれ〉談）。

唐桑町の鮪立では、出船のときに酒をもらったお礼は、秋になって「お神酒代」としてカツオのお返しをした。そのときは必ずカツオのホシを抜いて渡したという（菅野茂一〈大正六年生まれ〉談）。

オフナダマ祀り

雄勝町船越の生出太一郎氏（昭和七年生まれ）によると、氏が初めてカツオ船に乗ったころは、「カツオ船にさえ乗れば一人前の漁師になれる」と言われた時代であった。三月二十日前後に出港するが、一艘の船にカシキが三～四人も乗るために、中学校の卒業式が終了すると、午後には学生服の姿のまま、カツオ船に乗船したものだという。金華山に大漁旗を持っていって御祈禱をしてもらった後に、塩竈神社へ参詣、そのまま三浦市の三崎へ行き、カツオ漁の操業を開始した。

写8　カツオ船の船主の婦人が港へ持って出たスズイレ．上の引き出しには塩とお洗米を入れておいた（静岡県西伊豆町田子，2003.1.2）

一航海は二十日くらいで、三崎を水揚基地に、館山を餌場にした。

オフナダマは毎年、出港前に入れ替えた。丑三《うしみ》つ時《どき》に船大工がヘサキに入れるもので、他に船主と船頭だけが立ち合った。入れ替える御神体とは、鏡に化粧道具、サイコロなどで、サイコロは文房具屋から買い、「天一・地六・トリカジに（二）ぎわい・オモカジご（五）いわい」と目をそろえて入れた。このような「オフナダマ祀り」は、不漁が続いているときにも行なわれるという。

乗船ごとにオフナダマを入れ替えるのは、南九州や福島県のいわき地方と共通している。

オオバヤシ

宮城県石巻市桃浦《もものうら》の後藤市之助翁（大正九年生まれ）の場合は、おじさんが乗っていたので、牡鹿町大原のカツオ船大原丸を皮切りに、昭和八年（一九三三）のころから十年くらい乗船した。旧暦の四月ころに金華山や塩竈神社を参詣した後に、オモテの若い衆が、カヤを束ねて火を付け、タイマツにして、厄祓いをしてから出港した。一昼夜半かけて三浦半島の三崎に着いて、ここを根拠地にしてカツオ漁を開始した。途中の船上から見えてきた房総半島は、麦で黄ばんで見えたものだという。

同県女川町桐ヶ崎のカツオ船では、出港すると、船を金華山の方へ向け、藁にシキビ（樒《しきみ》）を入れたオオバヤシを焚いて、それを持ってオモテからトモへと祓ったという（女川町江島・宮淵八太郎〈明治三十四年生まれ〉談）。女川町の出島では、産忌や死忌を祓うときにオオバヤシを行なった。藁に金華山のシキビを付けて、火を付け、このタイマツでもって、オモテから祓った。これは二番口の役割であったという（阿部勝治〈明治四十年生まれ〉談）。

雄勝町立浜の八竜丸というカツオ船では、出港するときには必ず、金華山の方を向いて、オフナダマが入っているタツにお神酒を上げ、ツルベでオッショ（潮水）をオフナダマの頭に三回かけた。また、カイロシはオオバヤシというものを作って、船に持ってきておいたという。オオバヤシは米俵をほどいた藁で作り、藁の中に金華山参詣のときに取ってきたサカキを入れ、三カ所をしばって二本を用意する。それらを二つに割って組み合わせた後に、火を付けて、それを振りながら船のオモテ（舳先）からトモ（船尾）まで、トリカジ（左舷）側だけを持ち歩き、そのままトモへ流してしまうという。これは、カイロシか二番口の役割であった。二番口はカツオの群れを見つける役でもある（女川町出島・須田政雄〈昭和二年生まれ〉談）。

同町の大浜の出船でも、藁を二把、手に持って、これに火を付け、オモテからトモへと船を清めてゆき、トモから流した。これを「オオバヤシ」と呼んだ。ケヤキで作られたタツに入っている「オモテのオフナダマ」には、二番口が毎朝、水をかけて清めた。「オフナダマの目を覚まさせる」ためだという（同町大須・阿部勝三郎〈大正三年生まれ〉談）。

このオオバヤシのような儀礼は、三重県のカツオ船や宮城県の気仙沼地方で、不漁を祓うときに行なわれていたヒボアワセと同様のものである。

宮城県気仙沼市のカツオ船では、出船のときは、右回りで回って、ホシ（心臓）を三個、ワラミゴで薪につないで、海へ薪のまま上げた。これはドウマリの役目であって、気仙沼湾口の北から出港するときは、氷上神社に向かい、南口から出るときは大島の黒崎へ向けて上げたという（気仙沼市長崎・水上亀吉〈大正四年生まれ〉談）。

岩手県陸前高田市広田町のカツオ船では、出船と入船にあたって、カシキが一種のお呪いのようなことをした。はじめに、エサ投げ用の桶にカツオのホシを九個入れ、薪を三本、火にあぶり、その薪にホシを三個ずつ藁で結んでおいた。次に、亀山（気仙沼市）や金華山などのオヤマが見えてきたときに、そのオヤマに向かってオモテのタツの前に、三本の薪を乗せた桶を捧げ持って立った。そして、出船のときは「いっぱい捕るように！」と拝み、入船のときは「無事に帰ってきました！」と言ってオヤマに対して拝んだあと、その薪のままホシを海に投じたという（宮城県気仙沼市浅根・村上義勝〈大正十三年生まれ〉談）。

初漁祝い

初漁をもらう人たち

沖縄県竹富町の波照間島では、カツオの初漁のときは、カツオの左側の部分を六枚ずつサシミにして、塩水に漬けてから、カツオ船の船首・フナダマ様・舵の神様の三カ所に上げて拝んだという（本比田順正〈昭和十七年生まれ〉談）。

宮古島の佐良浜では、初漁のときには、船の上でカツオをぶつ切りにして、陸《オカ》に近づくと岸に集まってきた島人に向かって、それを投げ与える。これをオオバンマイと呼んだ。カツオ漁の模擬儀礼が、初漁のときに行なわれているように思われる。漁期が始まって最初に捕れたカツオは、ツカサとかモノシリとかニガィンマと呼ばれる、宗教的な力能のある女性に与えたという（武富金一〈明治四三年生まれ〉談）。

モノシリとはクミアイで選ばれる女性、ニガィンマとは、ある特定の一つの船だけの大漁と安全を願っている女性である。ニガィとは「願い」のこと、ンマとは母親あるいは主婦のことである。三陸沿岸では、オカミサンと呼ばれる巫女、あるいはエビスガァサマと呼ばれる家の主婦に当たり、やはり初漁や大漁のたびに魚をもらった。

船霊とエビス

鹿児島県の枕崎では、四月から五月にかけて初ガツオが上がるが、オブシ（カツオの背の部分）を二つに割り、中の部分のサシミに血を塗りつけて、フナダマ様に供えた（図1）。フナダマ様はエビス様でもあって、これをカシキが上げるときには「ユベシ（エビス）さん！」と言って上げた。これは食事ごとに上げるものであったが、初漁で釣ったカツオのうち大きいものは、そのカツオ船を造った船大工の家に持っていったという（立石利治〈昭和十五年生まれ〉談）。同じ枕崎でも「初漁祝い」のことをオツケ祝いと呼ぶ船もある。初めの水揚げを終えた後に、船の上で行なわれた祝宴で、オツケとは味噌汁のことを指す。この日は、黒砂糖を焼酎に入れて、黒い色にしてから飲んだという（下園利夫〈昭和四年生まれ〉談）。

同県の坊津では、初航海のことを「走り祝い」とも言われるが、このときには乗組員の役付きの婦人が付近の神社参りをして、その帰りに婦人たちの祝いを行ない、鮨を食べたり、踊ったりした。

ユベスさんに初漁などのカツオを上げるときは、カツオのオブシの、中央の部分を取り、皮を付けたままでサシミにした三切れを上げた（図1）。村の小さな祠にも、一匹持ってきて丸ごと上げる場合もあり、これもカシキやコドンなどの役割で、「エビスさま！」と言って上げた。

宮崎県南郷町目井津では、最初に漁をしたときには、女の人たちが漁師たちに御馳走をしたというが、これをナダイワイと呼んだという（渡辺治美〈昭和七年生まれ〉談）。

愛媛県城辺町深浦では、初航海のときに釣ったカツオはすべて市にかけ、売るものといわれ、家には持ってきてはいけないと言われたという（浜田伊佐夫〈昭和十二年生まれ〉談）。

高知県の鵜来島（宿毛市）では、初漁のことをツノヅケと呼ぶが、ツノヅケのときに釣ったカツオは、普通の人には渡さず、島の天照皇太神宮や金毘羅さん・春日神社などに丸ごと上げた。航海ごとにフナダマ様に指でカツオのナマ（血）を付け、宮崎県の鵜戸神宮（写9）の沖を通るときは、お神酒を注ぎ、フマイ（米）を海へ投げ入れたという（出口和〈大正十五年生まれ〉談）。

同県土佐市宇佐では、漁期に初めて釣ったカツオは、すべて宇佐の港に揚げることになっていた。フナダマさんへも、カシキがカツオのチチコ（心臓）を上げ、家のエビス様へも上げた。エビス様はモノを食べたがる神様で、家で皆が食べる前に、カツオを二切れ供えたという（浜口徳吉〈大正十二年生まれ〉談、写10）。

和歌山県田辺市の芳養では、初ガツ（カツオ）は、ヘノリが盆の上にカツオを一匹乗せて、エビスさんに上げた。フナダマさんへはサシミにして上げたという（浜中十吉〈大正十一年生まれ〉談）。

カツオのヘソを上げる

三重県尾鷲市古江のカツオ船では、初漁のときには、トモのマストの根元にあるフナダマさんにホシを上げた。港に帰ると、カシキがコダマ（小さなタモ）にホシを入れて神様へ供えに行った。船主の家にもカシキがカツオを丸ごと持っていき、船主のエビス様の前に、俎板にカツオを上げて供えたという（大川広務〈大正十五年生まれ〉談）。

また、古江では、最初に釣ったカツオは、そのヘソ（心臓）を二個、コック長か船員が「ツイヨー！」と言って、エビスに供えた。出港地に戻ってくる航海の場合は、船主のエビスに上げたという（大川文左衛門〈昭和五年生まれ〉談）。

同市の須賀利では、初漁のときだけ、カツオのヘソ（心臓）をフナガミ様へ上げているという（森田兵治〈大正九年生まれ〉談）。

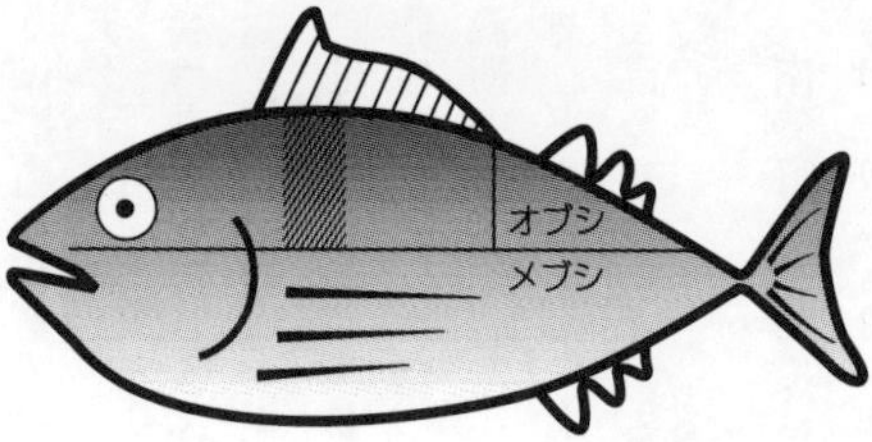

図1　枕崎と坊津でフナダマやエビスに上げるサシミの部分（斜線）

写9　四国や九州のカツオ船が信仰する宮崎県日南市の鵜戸神宮（2002.9.22）

写10　上：台所に祀られる，家のエビス様（高知県土佐市宇佐，2004.5.5）．下：カツオの水揚げ（高知県土佐市宇佐の浜口徳吉氏所蔵，1969）

南勢町の相賀では、初漁をすると、まずカシキがカツオの血でどろどろとしているホシ（心臓）をオフナダマ様の前に、「ツィゾロ！」と言って一個立てておいた。それから、カツオのホシとマナコ（目玉）に塩をふって、まぶしてから、船頭やヘノリ（甲板長）・大船頭・トモにいる年寄り連中に与えたという（畑正之〈昭和六年生まれ〉談）。

志摩町の和具では、漁期で最初に捕ったカツオは、そのヘソ（心臓）を伊勢神宮の神様がいる、船の神棚に上げた。また、船上でその一匹をカツオ節に作って、帰港してから船主の家に上げる。船主の家では、漁期中は毎朝、カミサン（主婦）が、人が浜を歩かないうちに、米・お酒・初漁で作ったカツオ節をそれぞれ平らな小石に乗せて、波打ち際に並べ、沖の和具大島の神様へ向かって「ホイツー！ ホイツー！」と言って拝んでいる（写11）。上げたものは潮に洗われるようにするという（山本憲造〈昭和五年生まれ〉談）。

南勢町の礫浦では、出港のときは、竜宮さんと呼ばれる島へ向かってお神酒と洗い米を上げ、初漁のときは帰りに、カシキかエサ運びが船のトモにあるオフナダマの捧げ場所に、カツオのナマス（サシミ）を三つに切って上げた。カツオの脂の白いところを切るが、必ず「ツイヨ！」と言って上げた。その後も、漁があるごとに、同様のことをしたという。オフナダマを入れる木には、トンビの巣があった木や、人間が首をつった木が良いとされている（福田仁郎〈大正八年生まれ〉談）。

静岡県焼津市のカツオ船でも、出港したときに久能崎の沖を通るときにお洗米を投げ、最初にカツオを釣ったときには、そのヘソ（心臓）を投げ与えた。そのカツオは「十二トウ」と呼んで、十二の切れ目を付けられ、船頭がそれを持って船を一回りしたという。このカツオのことを「上げヨウ」とも言った。「上げヨウ」は、陸《オカ》の神様へも上げた。焼津市内の青峰山・焼津神社・船霊さん（船霊神社）・水天宮、他

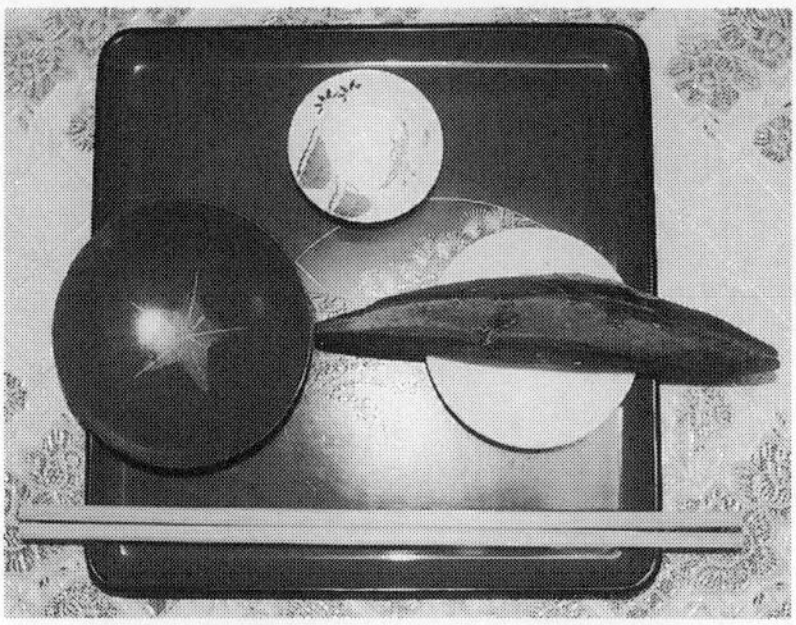

写11　カツオ船が沖にいるときは，船主の家で毎朝，浜から海へ向かって初漁のときのカツオ節をけずって流す（三重県志摩町和具，2004.3.1）

に菩提寺にもオカ役（オカ番）と呼ばれる初老の人たちが、分かれてカツオを一匹ずつ持っていった。オカ役とは、そのカツオ船に乗船していた先輩たちである（石津・鈴木兼平〈大正四年生まれ〉談）。

同県西伊豆町の田子では、初漁のことをニアイと呼び、入港すると、沖から弁天さんやオエビスさんが見えたときは、カツオの心臓を一個、オナマとして、ヘノリが「ツィヨー！」と言いながら、投げ上げた。陸《オカ》に着いてからは、カツオの背ビレの上に切り身を三キレ乗せて、権現様などの田子の神様参りをしたという（山本克治〈昭和三年生まれ〉談）。また、田子では船によっては、「ニアイ」はカシキがカツオの心臓をオナマとしてフナガミさんに上げた。赤飯を炊いて祝い、祝い品などもあった。この初漁祝いのときにだけ、「塩ナマス」と呼んで、サシミを酢と塩とで食べたという（山本政治〈大正七年生まれ〉談）。

同県松崎町の岩地のカツオ船でも、初漁のことをニアイと呼ぶ。ニアイのときに捕ったカツオのことをニアイナマスと言い、船主の庭で火を焚いて、三枚におろしたカツオを火であぶって切った。これを「焼きナマス」とも言う。製法はタタキと同じで塩味にして、それをヨバチ（魚鉢）に入れて岩地の村じゅうに配って歩いた。ツワブキ（フキ）の葉に棒をさして三角の容れ物を作り、それにカツオを入れ、カツオの骨の味噌汁などもつくって、宴会となった。岩地の諸石《もろいし》神社には、ヘノリ（若い衆頭）が、カツオの背皮を三枚塩漬けにしたものを塩水で清めてから、オナマ（ナマス）として上げた。浅間神社へもヘノリが「オナマ！」と語りながら初漁のホシを上げたという（斎藤元久〈昭和二年生まれ〉談）。

神津島でも、初漁のことをニアイと言うが、この島のカツオ船では、船の上に小さな柱を立てて、そこにお神酒を上げ、ニアイのカツオのエラを一枚上げた。これはオモテの長の仕事であったという（前田吉郎〈大正十年生まれ〉談）。陸《オカ》に着いてからは、若い衆がカツオのエラを本家や神社に奉納し、船主の家へ持っていったという（土谷忠〈大正九年生まれ〉談）。八丈島では初漁のカツオのことをニエトリと言った。

エビスシロ

三重県南勢町の相賀では、カツオ船が陸《オカ》に着いてからは、大きなカツオを二本、船主の奥さんに必ず上げることになっていて、これを「エビスさん」といい、一年に一回もらうだけだったという（畑正之〈昭和六年生まれ〉談）。

南勢町の田曽浦では、初航海のときに、ヘノリが水を汲んで、岬に祀られている海神様へ向かって供えた。船が出港すると奥さんたちが、近くの浅間神社などに「出船参り」に行った。船主の奥さんは、漁期後の精算に、エビスシロと称されるものを、水揚げ高の二分（〇・二シロ）をもらう。この奥さんが、エビスシロの中から、乗組員の婦人たちに祝儀を配るが、婦人たちのお宮参りの回数などによって、それぞれの割合を采配したという（郡義典〈昭和二年生まれ〉談）。

なお、この田曽浦では、毎年の五月十五日に、船員の留守家族やエサ買いなど陸《オカ》にいる人たちが、船主の家に集まって、大漁祈願のお祝いをする。これをオヒマチと呼んでいるが、ボタ餅を作って食べた。この日には畑に働きに出てはいけなかった。同町の礫浦では、五月十二日に、カツオの供養と祈禱をしておくという（郡義典〈昭和二年生まれ〉談）。

南勢町の宿浦でも、正月に、カツオ船の船員の妻たちが、大漁旗を両手に持ち、宿田曽《しゅくたそ》の港から出漁していく船を見送った後に、実際にカツオ船が四国や九州から南洋へ出発する日に、お神酒や洗米、清水で洗われた七つの石を持って、浅間山頂の浅間神社をはじめ、町の小さな祠を順繰りに参詣したという。

静岡県の焼津市でも、陸《オカ》に残っている者たちが、積極的に寺社の参詣に歩く風習がある。焼津市の鈴木進翁（大正二年生まれ）と岩本熊太郎翁（大正三年生まれ）によると、焼津のカツオの漁期は四月から十月いっぱいで、「裏作」として、それ以外の季節にマグロ漁を行なった。四月の「乗り換え」のときには、オカ役と呼ばれる、陸《オカ》にいて「上ゲヨウ」（魚を神様に上げる役割）をする人が「七トコ参り」という参詣を行なった。七カ所の寺社は、焼津市内の焼津神社・青峰神社・船霊神社・虚空蔵山・水天宮・弁天神社・豊川稲荷の七つである。五月一日は「一日参り」として、高根《たかね》白山神社（藤枝市）や可睡斎《かすいさい》（寺院・袋井市）にも参った。盆の七月には、伊勢マチ、あるいは伊勢ジマチと呼んで、「お伊勢さん」（伊勢神宮）にカツオ船で参詣に行った。これを「伊勢ヒマチ」ともいう。実際の出港のときにも、虚空蔵山や水天宮の前で船を三回まわしてから、お洗米を子どもが「大漁するように！」と言って上げた。

この石津の水天宮の縁日（四月五日）には、現在でも船主からカツオが奉納され、カケイヨとして軒下に飾られる（写12）。

オンネ祝いとアズケスゴシ

福島県いわき市江名のカツオ船では、初漁のカツオはたとえ一本だけ釣っても食べたりはしないという。初漁で入港するときは、船には旗を立て、菅笠をつるして帰港した。このことを「カサマネ立てて、オン

写12　焼津市の石津水天宮の祭日には，船元からカツオのカケイヨが上がる（2003.4.5）

ネかけてきた」と語る。初漁祝いのことも「オンネ祝い」と言う。

オンネとは初漁したときのカツオのことを指し、船頭の家の者が、江名の諏訪神社へ上げにいった。カツオを多く釣ったときには、船頭や船員の親戚にも配るが、これを「オンネ使い」と呼び、「節一本」を上げた。「節一本」とは、生のカツオ一本の、切り身のことを指し、そのままカツオ節になるような切り方をして、日頃の付き合いによって、一本を渡したり、半分や四分の一を上げた。初漁や大漁のときには、親戚にカツオを一本配ることになっていた。船上で初めて食べたカツオの場合も、その骨を海に投げずに、陸《オカ》に持ってきてカス（肥料）に使ったりしたという（福井清〈明治四十三年生まれ〉談）。

気仙沼市大島のカツオ船では、漁期が始まって一番先に釣ったカツオは、ネノヨウとして注連縄をかけてから神様に上げ、これは年をとった人に食べさせた。この初漁のことを、気仙沼地方ではアズケと呼び、たとえば、漁期中にあまり漁がなく少しだけ捕ってきたときにも、「アズケばかりしてきた」と言う。アズケはどんなに大漁をしても神様に上げ、船員が食べることはなかったためである（気仙沼市本浜町・高野武男〈明治三十三年生まれ〉談）。

大島の駒形浜では、アズケスゴシの魚は、年寄りとカシキしか食べられなかった。カカ（妻）を持っている人と他の船の人たちには食べさせないことになっていたという（気仙沼市要害・小野寺熊治郎〈明治二十八年生まれ〉談）。

大島の崎浜でも、初漁祝いをアズケスゴシといい、お神酒を上げてお祝いをした。船主や船元に上げる魚のことをエビスヨ、神官に上げる魚のことをネノヨウと呼んだ。これらはホシ（心臓）を抜かずに上げた。アズケ（初漁の魚）は、他へ渡さないともいう。船には藁ミゴ（米になった藁の芯）を持って乗船したものだが、初漁のときには、この藁ミゴにホシを三個さし、薪の燃えかすに結んで、唐桑半島の御崎神社が見えたときに、これを上げた。上げる役割をするのは、オモテの若い衆で、水垢離をとり、トリカジ（左舷）前から、「トーヨ、エビス様！　ネノヨウ上げます」と言って上げたという（伊藤熊吉〈明治三十二年生まれ〉談）。

宮城県雄勝町の明神では、最初のカツオは焼いて食べないという言い伝えがある（石巻市小竹浜・阿部菊夫〈大正五年生まれ〉談）。唐桑町の鮪立では、初ナマス（初漁したカツオ）は食べないで売りに出したという（唐桑町馬場・川村亀佐雄〈昭和七年生まれ〉談）。また、妻が妊娠している船員だけがアズケノヨ（初漁の魚）を食べることができなかったという船もあった（唐桑町神の倉・千葉輝夫〈昭和八年生まれ〉談）。

岩手県大船渡市三陸町の綾里でも、初漁は「アズケのヨ（魚）」と言われ、自分の家の神様に上げたが、この初漁だけは、家内が妊娠している人は食べさせられなかったという（村上栄之助〈明治四十年生まれ〉談）。同じ綾里でも、船によっては、アズケ（初漁のカツオ）は女性には食べさせなかったという（館下金太郎〈明治四十年生まれ〉談）。奥さんを持っている人が初漁を食べると、オフナダマがやきもちを焼くので、それを避けるのだと語る人もいる。そのためにアズケ（初漁）は、食べずに市場で売ってしまうことがほとんどだったという（唐桑町神の倉・千葉勝郎〈明治四十二年生まれ〉談）。

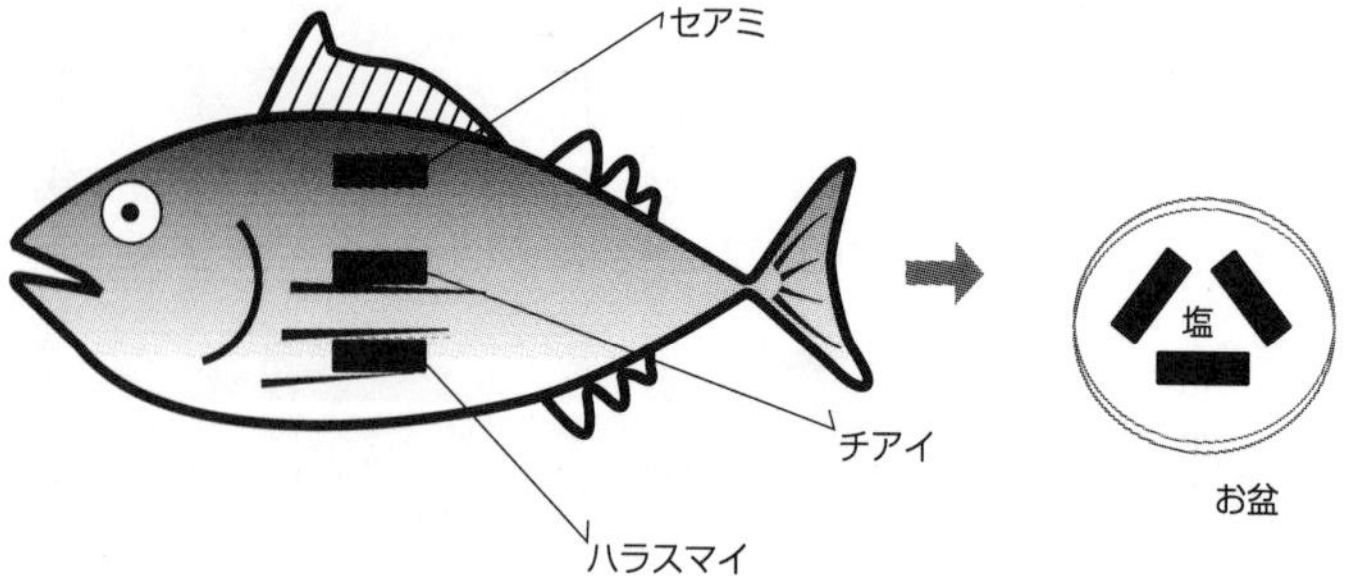

図2　オフナダマへ上げるサシミの切り取り方と上げ方（宮城県雄勝町立浜）

他の三陸沿岸での初漁祝を見渡してみても、船によってさまざまである。たとえば、宮城県雄勝町の立浜の八竜丸では、一番先に取ったカツオのセアミ・チアイ・ハラスマイという部分のサシミを取り、盆にその三キレのサシミを並べて、中に塩を置いてから、オフナダマへ上げた。これを一航海ごとに繰り返したという（末永俊二郎〈大正十五年生まれ〉談、図2）。

同町の大浜では、漁期が始まってから初めて釣ったカツオを、カシキが手に持ってタツに三回当てたりした（同町大須・阿部勝三郎〈大正三年生まれ〉談）。

唐桑町宿の畠山徳吉翁（大正元年生まれ）によると、最初に釣ったカツオは、その背ビレをタモに乗せ、タツのオフナダマに「トーエビス！」と言って上げる。上げる前に先立って、ドウマワリが褌一点で、トリカジからツルベで潮水を汲んでオフナダマを二回きよめ、オモカジから同様に潮水を汲んでから一回きよめた。タモをさし出して拝んだ後に、オブシ（カツオの背の部分）から角に切り身を取って、自分で食べたという。

唐桑町の鮪立では、初漁をすると、ドウマワリがセガナマス（背中の身）を最初にオフナダマに上げた。これをカツオから四角に切り取り、包丁で切れ目を入れ、投げタモの縁にさしかけた。このタモを左手に持ち、右手にセガ（背ビレ）を持って、オフナダマの左右から撫でたという。これはドウマワリが食べた（上鮪立・小松勝三郎〈明治四十三年生まれ〉談）。

大漁祝い

各地の大漁祈願祭

まず、実際の大漁祝いに先立つ、正月以外の各地の大漁祈願祭をみておきたい。

沖縄本島で唯一のカツオ一本釣り船、本部《もとぶ》町の第十一徳用丸では、旧暦の五月五日には今でも「大漁祈願祭」を行なっている。カツオ一〇〇キロくらいを皮の付いたまま輪切りにしたものと線香を持って、本部の龍神・拝所・墓所・テラ（聖地）・井戸など七カ所を、船主や船長・船頭などが拝んで回る行事である。漁期が始まる前と終わりにも、これらの聖地を参詣するが、この二回だけは、遠くのコザ（沖縄市）にいる本家の墓所まで拝みにいくという（具志堅用権〈昭和四年生まれ〉談）。

年中行事や祭礼に組み込まれたカツオ漁の模擬儀礼に関しては、前著の『漁撈伝承』（二〇〇三年）でも取り上げたので重複は避けるが［川島、二八四―三〇九頁］、日本の最南端の土地での事例を一つ挙げておきたい。それは、沖縄県竹富町の波照間島の盆行事、ムシャーマの行列に登場する「カツオ釣り」である。波照間島にも戦後、多いときで十二艘のカツオ船が操業していた。ムシャーマとは、ソーリン（盆）の仮装行列のことで、ミロクを先頭とした行列の中に、稲の予祝儀礼とともに、昔ながらのクバ笠をかぶり、木製のカツオを釣る仕草を行なう漁師が登場する（写13）。

三重県尾鷲市古江のカツオ船は、三陸の気仙沼では夏の港祭りに出場したこともあり、凍結したカツオの尾をしばり、散水して、一本釣りの実況を演じてみせたという（大川広務〈大正十五年生まれ〉談、写14）。模擬儀礼に関わるような信仰は薄いが、旅のカツオ船がこのようなかたちで、寄港地と交流があっ

写14　宮城県気仙沼市の港祭りで行なわれたカツオ釣りの実況（『気仙沼市勢要覧』昭和29年版，気仙沼市役所）

写13　波照間島のムシャーマ（仮装行列）に登場するカツオ釣り（2004.8.29）

たことは記憶に留めておきたいことの一つである。

マンゴシ祝いとマンブシ祝い

沖縄県座間味島では漁期が終了してからのお祝いをマンゴシ祝いと呼ぶ。那覇から舞妓を呼んできて盛大な酒盛りをしたという。カツオ船では、アダンの白い根でカツオの模型を作り、カツオ漁を演じてみせたものだという。カツオ船の上からは団子を撒き、これを子どもたちに拾わせ、団子を餌に、子どもたちをカツオに見立てて吉相としたという（中山正雄〈大正十三年生まれ〉談）。団子を撒くのは、カツオを何万匹も捕ったための供養だと語る漁師もいる。この風習は枕崎のカツオ船と等しいことから、鹿児島のカツオ船から伝わったものと思われる。

渡嘉敷島の方では、カツオ節が一万本もできると、「マンブシ祝い」として神様を拝みにあるいたという。カツオが水揚げされたときに、棒に縄でカツオを二本かけて、海神宮へ持っていくのも、カツオ節工場で働く人たちであった。

渡名喜《となき》島のマンゴシ祝いでも、エサに見立てた珊瑚のバラス（破片）をジャコマキ（エサ撒き）が投げ、アダンの幹で作ったカツオで釣る真似をしたという。漁船から陸《オカ》に向けては、飴玉が投げられ、子どもたちが集まって奪い合った。この後、豚料理で宴会を開いたという（大城樽〈昭和四年生まれ〉談）。

供養釣りとアカネ祝い

鹿児島県枕崎のカツオ船では、大漁をすると、昔は船頭が女物の赤い着物を着て、お神酒を持って枕崎神社へ参詣に行ったという（下園利夫〈昭和四年生まれ〉談）。八月の港祭りには、「供養釣り」ということも行なった。その時期までのカツオの漁獲量が一番と二番だった船が、港内でカツオ釣りの一種の実況を演じた。藁でカツオを作り、散水して、そのカツオを釣る真似をしながら入港してきた。船頭とエサ投げは長襦袢を着て、釣り子は紅白のハチマキをしめた。エサ投げはイワシに似せた大根を、掛け声をかけながら撒いた。鹿児島船のエサの投げ方は見ていてもきれいなものであり、タモをクルクルと回しながらエサを投げたという。岸に近づいてからは、紅白の餅を投げた。「カツオを一万匹捕ると、人を一人殺したようなもの」と言われ、供養と大漁祈願を兼ねて、このような「供養釣り」をしたわけである。枕崎港を見下ろす旧蛭子《えびす》神社の跡地には、大正五年（一九一六）十二月建立の「鰹供養塔」が建っている（写15）。坊津の坊では、船下ろしのときに同様のことをするという（立石利治〈昭和十五年生まれ〉談）。

捕獲したカツオを供養する例は他の土地にも見られる。たとえば、三重県尾鷲市の須賀利では、正月十五日に、魚と水死者の供養として「石経《いしぎょう》」が行なわれている。沖に出て、読経を上げながら一石に一字を書いたものを、海に少しずつ沈めていく行事であり、須賀利の漁業権のある沿岸を一周している（写

写15（右）　大正五年（一九一六）の「鰹供養塔」（鹿児島県枕崎市、03・9・22）
写16（左上）　魚と水死者の供養のため、海に落とされる石経の石（三重県尾鷲市須賀利、04・1・11）
写17（左下）　東京都佃島の「鰹塚」（01・3・19）

16）。東京都の佃島の住吉神社に、鰹節組合によって建立された「鰹塚」もその一例であろう（写17）。ただし、枕崎の場合は、供養が同時にカツオ漁の模擬儀礼をともなった大漁祝いであることが特徴的である。

　大漁祝いのことは、坊津では「アカネ祝い」と呼んだ。漁期が終わりかけたころに、船のオモテとトモから「ハンニョイ、ハンニョイ、サーサー」と赤褌に横ハチマキをした漁師たちが、坊津港に入り、トリカジ回り（左回り）で三回まわる。ハネコミ（一本釣り）を真似するときに使うカツオは作り物で、電柱の払い下げを分けてもらった木で作り、尻尾はゴムで作った。ハネコミや散水をしながら岸に近づくと、赤い襦袢などを着たエサ投げがトリカジから紅白の餅を投げた。坊泊《ぼうどまり》では昭和三十五、六年ころには盛大に行なった。アカネ祝いは漁師の夢でもあったという。坊津でも「供養ツキ」ということをするが、それは漁期の終わった十二月の半ばころに坊《ぼう》の寺で行なわれた。（坊津町・市之瀬昰〈昭和十四年生まれ〉談）。

神に供えるカツオ

三重県尾鷲市古江のカツオ船では、一万八千〜二万貫で「満船」（大漁）と呼ばれ、これが三航海続くとボタ餅を食べさせられた。カシキやナカマワリ（手間取）がカツオのホシを引き抜いて、フナサマに上げたという（熊野市二木島・浜戸楢夫〈昭和六年生まれ〉談）。

南島町の阿曽浦では、一航海ごとの漁があるたびに、「フナダマ祀り」と称して、カシキがトモの枡に、一番先に釣ったカツオのホシを上げた。フナダマさんは操舵室に祀られているが、アカマツの木をくりぬいて、そこにも込められていた。三木浦のカツオ船では、神様の前を通るときに、オモテのヘノリ（左舷の一番前）とトモのカシキが、「ツヨ！」と言いながら、このホシを投げ与えたという（尾鷲市梶賀・小川司〈昭和九年生まれ〉談）。

三重県海山町白浦のカツオ船では、漁があるたびに、カシキはカツオのエラとヘソとスジの部分の三カ所を取ってそろえ、「ツヤ！」と言って上げたという（広瀬鉄次〈昭和五年生まれ〉談、図3）。

同県紀伊長島町では、最初の航海のときには、カツオのエラを六カ所から取り集め、トモのところに供えた。それらの箇所とは、カツオのくちばしの皮・少しだけウロコになったところ・短いヒレ先から三〜四センチ・心臓・シッポの尾のネッケ（根のところ）三〜四センチ・シッポの上皮を順番に剥いでいって取り集めた（図3）。これをトモのフナダマに上げるのは、カシキかナカマワリの役目であったという（石倉義一〈昭和九年生まれ〉談）。

同県南島町の古和浦では、カツオの初漁のときに、カツオの尾を古和浦の氏神である山の神様へ上げ、カツオの頭の部分も、それぞれフナダマ・竜宮・サイノカミへ分けて供え、アギの部分はカツオを盛る器がわりにしたという（図4）。

三日ジルシ

三重県南島町の慥柄浦では、大漁が続いたときの「三日ジルシ」の祝いも、船主の家で酒と魚で祝った。千貫捕れば「大漁」の時代であった。港に入ったときも、船主の神様にカツオ三本とホシを四つ〜五つ供えた。氏神様に上げる生のカツオのことをカケノイオといい、二本を腹と腹とを合わせて藁を編んだものを結んで上げた。正月過ぎに初めて船の仕事をするときには、正月に船主の家に飾られたカケノイオと、船名旗に包んだ米を持って船の神様に上げに行ったという（小林俊一〈大正十一年生まれ〉談）。

同県南勢町の田曽浦でもまた、三航海にわたって大漁をしたときに、ボタ餅（オハギ）で「三日ジルシ」というお祝いもした。このときに船主の奥さんがエビスシロの一部分を出すこともあるという（郡義典〈昭和二年生まれ〉談）。

静岡県御前崎町のカツオ船では、大漁をしたときに神様に上げるカツオのことをオブリと言う。船主の神様へオブリを上げるのは船頭であり、御前崎の駒形神社へ上げるのは船主であったという（小田孫一〈大正十年生まれ〉談）。

同県加茂村の安良里では大漁をしてきたときに、船主の神様にエビスと称してカツオを一本上げるが、船主は後でそのエビスのホシ（心臓）を抜き、海へ向かって「ツィ、ヨゥ！」と言いながら投げ上げたという（高木豊作〈明治三十一年生まれ〉談）。

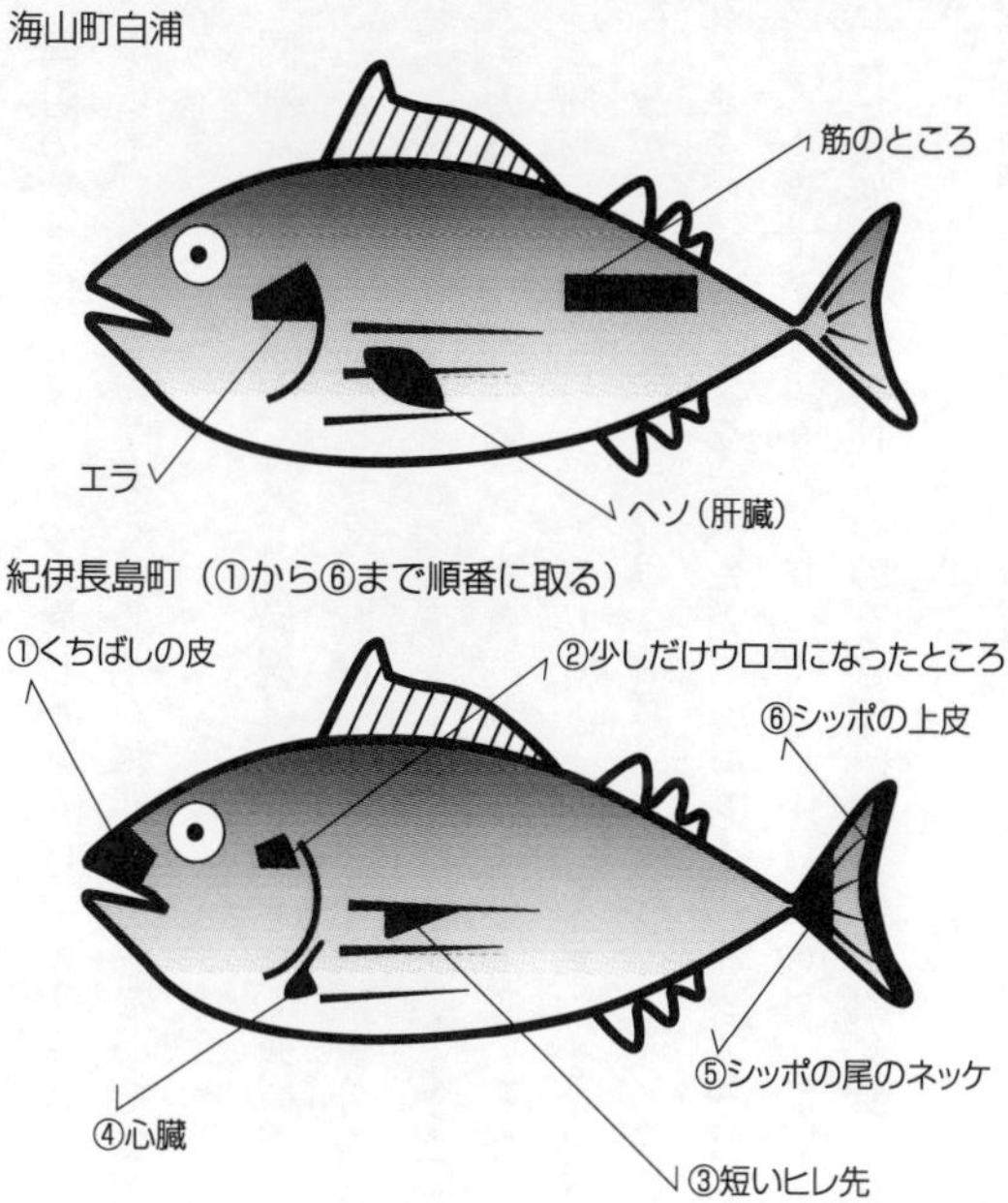

図3　神に供えるカツオの部分

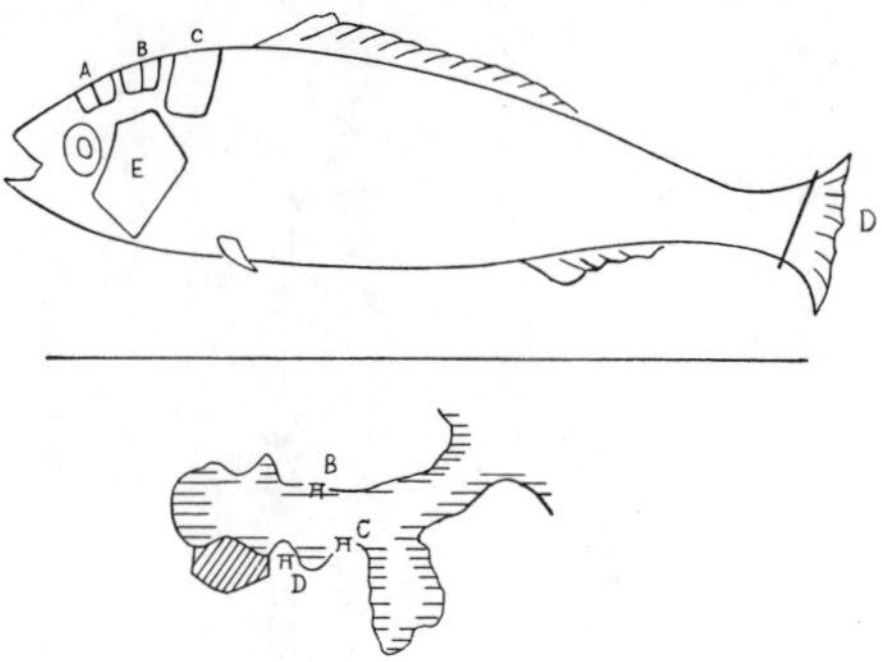

A：船霊，B：竜宮，C：幸神，D：山の神（氏神），E：アギの部分（肴を盛る器とする）（『日本民俗学大系』第8巻［平凡社・1959］より転写編集）

図4　カツオのハツオ（初漁）を供える区分と古和浦の神社の位置

カツオで船霊をたたく

宮城県牡鹿町網地島の明神丸では、漁があるとオナマスと呼ばれるカツオを上げたが、皮が付いたままで三枚下ろしのサシミにしてから、タツに上げたという（石巻市小竹浜・内海泰蔵〈昭和二年生まれ〉談）。同町の泊《とまり》では、カツオを大漁したときは、オナマスと呼んで、皮をひかないでサシミにしてからフナダマ様に上げた。そのサシミは船頭が醤油を付けないで食べたものだという（平塚薫〈明治三十九年生まれ〉談）。

同県女川町の出島では、大漁祝いはシキナカ（漁期中）に、一番祝い・二番祝い・三番祝いと称して祝うことがあり、三番祝いをすれば、それまでの経費分を取ってしまうといわれた。大漁祝いは殺したもの（カツオ）の供養をするに等しいものであったといわれている（植木惣蔵〈明治四十二年生まれ〉談）。この考え方は鹿児島県枕崎の「供養釣り」にも通じている。

雄勝町の立浜では、大漁をしたときに、金華山や竜神様に向かって、「もう一度大漁させてくれ！」と言いながら、カツオのホシコ（心臓）を投げた。カシキは、タツに祀られているオフナダマに対しては、カツオを抱いてタツを三回たたいたりした。サシミを作るのは、ケエロシかシジョウロシの役割で、そのサシミを塩で清めてからオフナダマに上げるのは、船頭の役目であった。この浜では、カツオを一千匹捕ると「大漁」と言われ、そのときは船にフライ旗を皆、立てた。このときの大漁祝いのことを、カメ（魚槽）に入れた餌を払ってしまうために「カメ払い」とも呼んだ。しかし、以上のようなことは大漁にかぎらず、漁をするたびに、一航海ごとに行なわれたという（千葉嘉平〈明治四十一年生まれ〉談）。

同町の船越では、漁があると、カシキがカツオを持って、ヘサキのタツの上を右回りに三回まわして、それから三回カツオでたたく。次に、ホシを指で抜いてから、トリカジ側へ行って「トーヤ！　神様」と言って投げ上げ、拝んだという（生出太一郎〈昭和七年生まれ〉談）。

同県の唐桑町では、大きなカツオを捕ったときには、そのシッポでタツをたたき、その後に、シッポをタツに結びつけておいたという。陸《オカ》に着いてからも、家の玄関にシッポを飾っていた者もいた（岩井沢・加藤孝男〈昭和八年生まれ〉談）。

大漁旗と大漁唄い込み

大漁旗と「大漁唄い込み」については『漁撈伝承』（二〇〇三年）に詳しく述べたが［川島、二四三―二五二頁・二七九―二八四頁］、カツオを大漁したときは、その漁獲量を早くに陸《オカ》に知らせる必要があった。陸《オカ》では、主にカツオを節にするための加工の準備があったからである。その信号には、視覚的には大漁旗が用いられ、聴覚的には櫓声の種類や「大漁唄い込み」などの唄の数によって、漁の多寡を陸《オカ》に知らせた。たとえば、沖縄県本部町のカツオ船では、カツオ四〇〇〇キロ未満の大漁には、赤・白・緑の三色を用いた大漁旗を船に上げて帰港したという。四〇〇〇キロ以上では、赤・白・緑・紫・黄の五色の大漁旗、六〇〇〇キロ以上の大漁には、この五色の大漁旗に、さらに日の丸を上げて入港したという（具志堅用権〈昭和四年生まれ〉談）。同県の渡名喜島でも、大漁をすると八色の旗を上げて入港したものだという。

宮本常一が鹿児島県の屋久島で聞いた、カツオの大漁を家に知らせる方法は「ドンギアイ」（櫓気合）と呼ばれる、櫓を押すときの掛け声である。屋久島の麦生《むぎお》の鎌田仲五郎氏によると、普通のときは「ヤースヨイ、〳〵」、相当にとれたときは「ハンヤガヨイ、〳〵」、船が沈むまでとれたときは「ハランヤー、〳〵」と言ったという［宮本、八三頁］。

宮崎県日南市の大堂津では、大漁祝いのことをナダゴエとかナダイワイと呼ばれ、旗を立てて戻ってくる。そのときは、メブシ（カツオの腹の部分）を三切れ、フナダマ様へ上げたという（金川寛〈昭和二年生まれ〉談）。

三重県尾鷲市三木浦の場合は、出船のときの櫓声は「ハンニャーハ、〳〵」、漁が少なくて帰港するときは「ヤッシンホイ、〳〵」、大漁して帰港するときは「ホーリョコラー、〳〵」と声を出した。大漁したときは、赤ジルシと白ジルシの二つのシルシ（旗）を揚げ、竿の先にはフキヌキ（吹流し）を付けた。赤ジルシには、黒字で「大漁幸吉」と染めてあったという（大門弥之助〈明治三十七年生まれ〉談）。

静岡県賀茂村の宇久須のカツオ船では、「一番大漁」のときはオモテにノボリを立て、三〇〇〇匹以上の「二番大漁」にはトモにノボリを立て、それ以上の「三番大漁」ではオモテにもう一枚の旗を立てた。港にカツオ船が近づくと、テンマを出し、それには子どもが乗って、一升瓶の先に杉の葉を挿したお神酒を船に届け、帰りには船主の神様へ上げるカツオを持ってきたという（鈴木守〈昭和二年生まれ〉談）。

神奈川県鎌倉市の腰越では、「カツオは一尾釣っても船にネアイという旗を立てる。旗は大漁の時と同じ旗でたとえ大きくても、小さくても立てる。大漁の時は沖から立ててくるが、ネアイジルシは家へ来てから立て、陸《オカ》へ上がってから一杯のむ」［土屋、八頁］という。

宮城県雄勝町の分浜では、オシルシ（大漁旗）をトモに立て、「トモジルシ」とした。このお幟に吹流しや笠をぶら下げるのが大漁の印となった。このときには、カツオ一本を丸ごと海へ投じたという（後藤彦四郎〈明治三十八年生まれ〉談）。

同県気仙沼市の大島では、大漁にはオシルシ（大漁旗）を立て、カツオ五〇〇本だと「唄いあげ」を三上げ、一〇〇〇本で「唄いあげ」を十二上げ、船で歌いながら入港してきた。記念として乗組員たちは、カツオ五〇〇本で赤手ぬぐいをもらい、一〇〇〇本だと純毛の手ぬぐいをもらった。牡鹿地方では大漁をしても、唄を歌わずに、ただ櫓をこいでくるだけで、「エンヤトット、エンリャトリ、アリャリャリャー、アカベべだ」などと囃しながら漕いできたという（気仙沼市本浜町・高野武男〈明治三十三年生まれ〉談）。

岩手県釜石市の室浜では、大漁をすると、ハチにカツオのセガ（背中）やホッツ（心臓）を入れて、オフナダマ様に上げておいた。沖からは、お箱さま（御箱崎神社）や赤浜の弁天様などが見えたときに、ホッツ（心臓）を「トエビス！」と語って、投げ与えた。室浜の佐々春松翁（明治四十四年生まれ）が十八〜二十歳ころまでは、雀島から船の速度をゆるめ、船頭の音頭で「唄い込み」をしてきたという。宝徳丸は「ハァヨイ」と言って櫓をこぎ、室浜の山崎久右衛門が経営する感応丸は「ハァヨイ〳〵」と繰り返して櫓を漕ぐので、どちらの船が大漁したかが、陸《オカ》ではすぐ分かったという。

入港の儀礼

各地の入港儀礼

沖縄の座間味島のカツオ漁は日帰りだが、浜に戻ると、必ずイビ神と、村の神様である山奥のマカの神までカツオを二本ずつ上げにいったものだという。夜遅くになって、遠くからカツオの釣果を浜に知らせるには、汽笛一つでカツオ一〇〇本としたという。座間味島の最後の漁労長、中山正雄氏（大正十三年生まれ）は汽笛を十五回鳴らしたこともあると語っている。

三重県尾鷲市古江のカツオ船では、帰港すると、一航海ごとに、カシキに幹部の一人が付いて、土地の神様へカツオ二〜三本、参詣をしながら供えに行った（熊野市二木島・浜戸楢夫〈昭和六年生まれ〉談）。

同市の三木浦では、出船のときは、船主が船にお神酒を上げるが、帰港したときには、船の方からカツオを二本、船主の氏神に供えた。このカツオのことをエビスガト、あるいはオフナダマヨウと呼ばれる。日帰りのカツオ漁の時代は、毎日、漁があるたびに、カシキがカツオのヘソ（心臓）を稲荷様へ供えたという（三鬼福二〈大正二年生まれ〉談）。現在でも、漁があるごとに、船のトモにある神棚にカツオのホシを上げるのはカシキである。その日の漁で一番初めに釣った者も、カツオを一～二本、口を鳴らし、「ツイヨ！」と言って、フナダマに供えた。三木浦に帰港したときは、三木神社にカツオを二本、カミサマヨウと呼ばれるものをお年寄りが上げるが、昔は若い者が上げたという（三鬼哲〈昭和十八年生まれ〉談）。

南島町阿曽浦では、日帰り漁のときは、カツオ船が帰ると、子どもがカツオのヘソ（心臓）とアライネ（米と小豆を入れて洗ったもの）を持って、阿曽神社に供えたという（橋本吉平〈大正十九年生まれ〉談）。

宮城県雄勝町の明神では、船が帰港すると、船主が塩と酒を持って出迎え、近所の人たちも「いい、あんばいだってね……」と言いながら船主に祝いに行き、サシミを御馳走になったという（石巻市小竹浜・阿部菊夫〈大正五年生まれ〉談）。

同町の大浜では、陸《オカ》に着いてから、カツオを二匹かついで、船主の神棚に上げるのは、カシキの役割であった。この魚のことをエビスシロ、あるいはエビスヨともいい、大浜ではエビスシロを乗せた俎板に血が付くと大漁するという言い伝えもあった（千葉嘉平〈明治四十一年生まれ〉談）。また、大浜では、入港したときに、カシキが船主と村の神社にオエビショを二本持っていくが、その帰りに必ずバケツに水をいっぱい汲んできたという。このことを「入港水」と呼び、これで御飯を炊いたという。

カツオのホシとハラス

気仙沼市大島のカツオ船では、漁をしてきた帰りには、カツオのホシ（心臓）を抜き、それに蕈のミゴを通して、御崎神社のある岬の前で、「トゥー、エビス！」と語って上げた。一番立派なカツオをネノヨウとしてオエビスさんに供えたという（高野武男〈明治三十三年生まれ〉談）。

唐桑町の鮪立では、カツオのハラスに三〇センチほどの藁ミゴを通し、薪を燃やした後の燃えさしにつるし、船上から、御崎神社（唐桑町）や大島の寄木明神、オヤマサマ（金華山）へ向かって、それを海に投じた。鮪立湾に入ってからは、右舷の方からエビスダナ（屋号名）の氏神であるオエビスへ向け、左舷からは古館《こだて》（屋号名）の氏神である天神様へ向かって、それを投じた。それらを投げるときは、「トゥエビス、お天神様！」などと、必ず「トゥエビス！」と語るものとしていたという（浜田徳之〈明治三十四年生まれ〉談）。

同じ鮪立の古館（屋号名）のカツオ船千代田丸では、入港のたび、カツオのホシに藁ミゴを通し、それを三個くらいお箸にかけてから、古館の天神様の前を通るときに、「トエビス！」と言って投げ上げた。もう一つの方法は、カツオの頬ケタを二つに割って両手で持ち、タツの前に行って頬ケタでたたいてから拝み、両手を開いてそれらを海に投じた。これには、両手を交叉させて投げたり、交叉した状態で両手に持ったまま開いて投げたり、さまざまな投げ方があったという（唐桑町馬場・川村亀佐雄〈昭和七年生まれ〉談）。

唐桑町宿の畠山徳吉翁（大正元年生まれ）によると、帰港するときは、薪にカツオのホッケ（頬）を藁ミゴを一本通して付け、御崎神社に近づいたときに、オモカジから「トー、ヨベス！」と言って上げた。着岸してから、船主に上げるカツオ（一～三本）のことをエビッショ、あるいはエビスザカナと呼び、ドウマワリが村の神社である早馬神社へ上げるカツオのこともエビッショと呼んだ。

気仙沼のカツオ船では、大漁をして帰港するとき、気仙沼湾の北の入口で、神様にカツオのエラブタ

（ハラス）に藁を結んで上げた。右側のエラブタは「御崎さん」へ、左側のエラブタは「大島さん」に上げた（唐桑町中井・小山利喜男〈大正十四年生まれ〉談）。唐桑町の鮪立では、入港祝いのことを、「サオ祝い」と呼び、船主が船員に御馳走をしたという（菅野茂一〈大正六年生まれ〉談）。

岩手県大船渡市三陸町の綾里では、出船のときに、カシキがオフナダマにサシミを上げ、漁があると、ホシコを三個、オフナダマへ上げた。綾里港に入船するときには、船の右舷からはオエビス様に向かって「トーヤ、オエビス様！」と言ってホシを上げ、左舷からは稲荷様へ向かって「トーヤ、オエビス様！」と言ってホシを上げたという（館下金太郎〈明治四十年生まれ〉談）。

これらの例では、湾内へ入港するときに、両舷から見えてくる神様へ向かって手向けていることがわかる。

カツオの頭と骨

カツオ船が一航海を終えて入港してくるときには、以上のように各地の船にさまざまな儀礼があった。唐桑町神の倉の千葉輝夫氏（昭和八年生まれ）から聞いた話では、次のようなものであった。

千葉氏が乗ったカツオ船では、気仙沼湾に入港するときには、まず、カツオの頭だけを縦に二つに切って、マナク（目）に藁を通してしばっておき、それを二つ作っておいた。それから、鉛筆の長さくらいのホッパシ（ワッツァキ）の先を焼いておき、これも二本用意して、オフナダマの込められているタツの前に、カツオの頭と共に供える。船が御崎の神様が見えるヒナタガマエというところに近づいたときに、左舷と右舷から、それぞれカツオの頭と燃えさしを「トー、エビス！」と言って海に投げた。

船では先に左舷から神様に投げ与えることになっていた。以前は航海ごとにこれを行なっていたといい、夜中でも必ず海に投じた。この役はドウマリカシラが当たったという。

船によっては、カツオを丸ごと上げる船から、ホシ（心臓）を抜いて上げる船までさまざまである。千葉氏の父親の勝郎翁（明治四十二年生まれ）が乗ったカツオ船では、御崎神社の前に船を留めて、「神様のお授けで大漁してきました」と言って、カツオ一本を、そのまま海に投じた。このカツオを拾う船もあったというが、丸ごと一本を上げるのは一尺五寸の小さなカツオで、大きなカツオになると、そのハラスや中にあるホシを上げたという。

和歌山県の有田では、「鰹の頭脳ヲ切割リ其一片ハ腹身一個頬一個此三個ヲ山中ニ持行キ大喝一声大漁ト唱ヘ捨置キテ帰ル」という［農林省水産局、一九六頁］。つまり、「鰹の頭を切りとり、その一片と腹の身とを山、野に持つて行き、大声一番、『大漁』とどなつて帰る」ことである［前田、三三二―三三三頁］。

カツオの頭は、静岡県西伊豆町の田子のニアイ（初漁）のときにも注意がされる。カツオのオナマ（心臓）を十二個くらい用意してから、伊豆半島先端の石廊崎《いろう》から始め、二番目は浅間さん、と田子まで船から陸《オカ》の神様へ向かってニアイを海に投げ込んでいった。カツオの頭は船のミヨシに付け、ミヨシにはカツオの血を塗ったという（山本佐一郎〈昭和五年生まれ〉談）。

このカツオの頭は、カツオを調理するときに、まっ先に切り落とす部分であるが、この頭には深い意味が詰っていた。鹿児島県の坊津では食料以外にも、次のような利用のされかたがあった。坊津町坊の市之瀬是氏（昭和十四年生まれ）によると、坊のカツオ船では、カシキなどの若い衆が、佐多岬や潮岬の前を通るときは、「手を合わせて拝め！」とか「踊れ！」と言われ、カツオのビンタ（頭）を下げて踊ったりしたという。これなどは、儀礼に利用されたものであるが、前述した気仙沼地方の入港儀礼と、おそらく直結する、カツオの頭に対する信仰的要素である。

三重県南島町阿曽浦では、「鰹漁から帰って来ると安乗明神に、カツオの肉を取り去った、骨と尾頭を供へることになつてゐた」［竹田、二七頁］という。これをオヅツと言うが、同様に、カツオの骨などを上げる儀礼は三陸沿岸にも伝えられている。

また、神奈川県鎌倉市の腰越では、「ナマヲアワセル」と表現される、次のような儀礼があった。

カツオを船で刺身などにする時、いらない処をすぐに捨てないでエサ鉢に入れておく。そして帰ってきた時に港の入口でナマヲアワセル。それは船玉様に海の水をあげてエサ鉢の中の頭やワタを一緒に入れ、ひれを鎮守様と竜宮様にあげるのだ。すなわち海に流すのである。そこまで来た時に「ナマヲアワセロ」という。漁の御礼と次の漁を願うのだ。これは二人でする。船玉様に水をあげるというのは海の水をかけること。船玉様にマミズをかけると叱られたものだ。［土屋、六頁］

岩手県三陸町の綾里のカツオ船でも、綾里湾に入ってから、船から見える神様へは、沖で食べてきたカツオの頭の骨を、「トーヤ、オエビス様、オナマス！」などと言って上げたという〈村上栄之助〈明治四十年生まれ〉談〉。

石巻市桃浦の後藤市之助翁（大正九年生まれ）から聞いた話でも、桃浦のカツオ船では、カツオを捕ってきたときは、ワキロシなどの若い衆がカツオを二本、船主の家に持っていくが、その魚のサシミをつくるときには、カツオの頭を切り、ホシを抜いて、それらを海に返しにいったという。

この場合の、「海に返す」という表現が重要と思われる。これは、海の神に感謝をして、カツオの中で信仰的に大事な部分を海に返すことによって、次の大漁も願うことであったからである。

カツオの再生儀礼

カツオ船などでマンボウが捕れた場合も、気仙沼地方では、船のカシキがウチワビレをタツ（オフナダマ様）に上げた後、頭だけになったマンボウを海に流す。このときには、カシキは御飯を嚙んだものをマンボウの口に供え、「マンボウさん、あと、大漁させらいんや」とか「友連れて出はれ！」と声をかけてから流したという。「友」とは、この場合はマンボウではなく、カツオのことを指しているが、もともとはマンボウの再生を願ったものであった。

アイヌがマンボウを捕ったときにも、マンボウの上にあがって、肉や腹の中から腸や肝臓をとって、耳のところに欠木幣（チメシユ・イナウ）をつけて、「神様の木幣をやるから、生まれ変わってたくさんでやっておいで」と言って流したという［更級、五〇五頁］。マンボウは、内臓が取られて肉がなくなっても、まばたきなどをするために、すぐに生き返る魚と思われていたらしい。

アイヌはサケ漁のときも、捕獲後に食べたサケの、上顎の歯が付いた骨を取っておき、漁期が終わったあとで、新酒とともに川に持っていき、「来年また、たくさん来ておくれ」と言って川に流したという［更級、四四一頁］。これも、再生を願う「サケ送り」の儀礼であった。

また、庄内地方においても、初サケのことをオセンニンイヲと呼んで、肉を細かく刻み、川へと流すという［藤山、五四頁］。北米インディアンのサケ漁においても、「サケを料理したり保存するときにはかならずヒレや骨をはずし、すぐ海に返すのがしきたりになっている。さもないとサケは翌年帰ってこないと信じられている」［NHK取材班、一九二頁］という。カナダ・インディアンたちも、トナカイを捕獲して食べても、魂は死ぬことなく、それはもう一度生きかえり、新しいトナカイの姿をとって自分たちのところへ来ると考えている。そのためにトナカイの骨をていねいに取り扱うという［煎本、一五一頁］。

北海道の地では縄文時代の遺跡からは、クジラやイルカの頭骨を並べた遺物が発見された［山下、二七頁］。アイヌのイヨマンテ（熊祭り）にも、熊の頭が用いられている。

これらの生物の再生儀礼は、主に北半球の環太平洋岸に沿うように分布している。そのことを考えると、カツオの頭を聖化したり、それを海に投じる儀礼なども、北太平洋の再生儀礼の一つと捉えることが可能である。つまり、グローバルな位置付けを試みるとすれば、「カツオ送り」とも呼べる儀礼であった。

唐桑のカツオ船では、陸《オカ》に着いてからも、神社に「ネノヨウ」と呼ばれるカツオを別に一本上げる。そのことからも、御崎神社の前で船の上から海に投じたカツオや、その頭は、再びの大漁を願う再生儀礼のためのカツオであったと思われる。

漁撈と子ども

カツ下げとホシコ抜き

岩手県大船渡市三陸町下甫嶺《しもほれい》の菓沢《からむしざわ》耕一翁（大正四年生まれ）によると、下甫嶺には大正末から昭和七～八年まで、カツオ船が四艘あった。カツオ船が大漁をして戻ってくるときは、マツ島のあたりからゴイワイと呼ばれる大漁唄を歌ってくるが、櫂をたたく音と「ヨイトコラサ」という囃し言葉が沖から聞こえてくると、「カツ船だ！」と言いながら浜に集まった。ハシケ（伝馬船）が二～三艘あり、その船がカツオ船と石がガラガラしている浜とを往復した。十四～十五歳くらいの少年たちにはカツ下げという仕事があり、一〇〇メートル以上先まで両手にカツオを持って、ナツボ（魚坪）というカツオを入れておく場所まで運んだ（写18）。

ナツボは、三陸町の根白にもあったが、ここでは、良質のカツオ節を作るために、戻りガツオの油を抜く方法として用いられた。カツオの油は皮にあるので、まずは、板に釘を打ったものを持って、戻りガツオの皮をたたいた。それから、それを真水の水槽でもあるナツボに漬けると、カツオの身がしまってくるという（寺沢三郎〈大正二年生まれ〉談）。

ナツボは、三×四メートルの広さで、深さが一メートル三〇～四〇センチくらいであった。納屋まえ稼ぎの人たちは、ナツボに入れたカツオを、足で動かしながらカツオを上げて切り方を始めた。少年たちはお礼に、カツオのハラスやホシコをもらったが、それらはカボチャの葉に包んだり、ヨモギにさして持ち帰った。大人たちがカツ下げを手伝った場合は、子どもの倍をもらった。

写18　ナツボの跡（岩手県大船渡市三陸町下甫嶺，2005.1.24）

下甫嶺には昭和二年（一九二七）にカツオ船が四艘あり、カツオ節の製造場もそれに対応して三カ所があり、残りのカツオ船はカツオのタテ売りをした。節削り職人は渡り歩く人もいて、カツオ節の出荷は暮れになってからであった。七月から十月までが最盛期であったという。九月になると漁場が近いために、一日に三艘くらいは甫嶺沖に入ったという。四艘のカツオ船は、永徳丸・八幡丸・千秋丸・熊野丸の四艘で、永徳丸は共同で経営した船、八幡丸は最後まで経営していた三〇トンくらいのカツオ船で、沖縄まで行った船である。下甫嶺では、天然氷も二十軒共同で田に作っていて、船に積んだ。

宮城県雄勝町名振のカツオ船でも、すぐにもカツオ節に加工するために、他の土地の市場に揚げることはなく、自分たちの浜に揚げた。沢の水を止めて、そこに水揚げされたばかりのカツオを揚げて、冷やしておいた。それからナマギリと呼ばれるカツオの解体作業が始まるが、子どもたちも手伝いにきて、ホシコを抜く仕事をした。抜いたホシコは、子どもたちのものになるからである。女たちは鎌を持って山へ行き、青カヤ（ススキ）を刈って束ねて帰り、それを煮カゴに敷いて、カツオ節を上に並べたという（藤野敏夫〈大正四年生まれ〉談）。

井田の漁業と子ども

遠藤和江の「女性と漁業信仰――伊豆半島西海岸漁村の調査報告」（一九七六年）には、戸田《へた》村井田の事例として、次のような報告がされている。

井田では、六～九月のカツオ漁期に毎日子供たちが、学校から帰ると集落内の神社をまわって大漁を祈った。大漁があると子供たちに魚が与えられる。子供たちは塞の神の石像に魚の血を塗り「南無妙法蓮華経」を唱えてから、その魚を売り歩いて小遣銭にした。子供たちに大漁祈願の役目が課せられているのは「子供は悪気がないから神さんが信じてくれる」からであると言われている。〔遠藤、一七六頁〕

戸田《へた》村の井田《いた》は、駿河湾に面し、三方を急峻な山に囲まれた、約四〇戸の集落である（写19）。『静岡縣水産誌』巻三（一八九四年）によると、漁家に接するところにカツオの漁場があって〔静岡縣漁業組合取締所、二〇一頁・図5〕、旧暦の六月から九月のあいだ、二張の大網によってカツオを捕獲していた。

井田の浜野重蔵翁（大正九年生まれ）の話では、子どものころに浜で漁があると、魚をもらいにいった経験があるが、もはやカツオ網ではなく、ボラ網の時代になっていたという。カツオが井田のすぐ前まで

写19（上）　菜の花畑に囲まれた井田の集落（2003.1.2）
図5（下左）　明治27年（1894）の「井田接岸之漁場」図（『静岡縣水産誌』）
写20（下右）　子どもたちが大漁祈願にカツオの血を塗った井田のサイノカミ（2003.2.16）

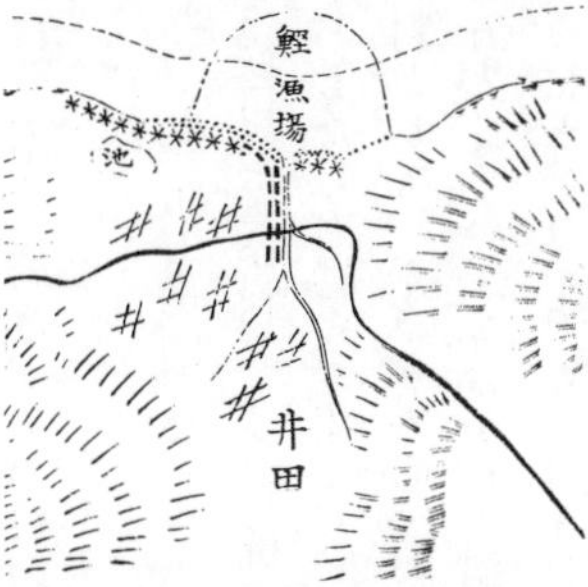

来ることはなくなっていたのである。

ボラ網は、沖に新敷、陸《オカ》に近いところに旧敷の二張があった。漁があると、六年生を中心となって十人くらいグループを組んで浜へ行き、「サイノカミ、もらいにきました！」と語ると、数匹のボラをもらった。それから塞の神（写20）へ行き、その石像にボラの血をこすりつけた後、「南無妙法蓮華経」と唱えたという。

サイノカミを管理するのは、どの地方でも子どもたちであるが、「南無妙法蓮華経」と唱える理由は、井田の唯一の寺が妙田寺という日蓮宗の寺院だったことによる。血を塗りつけるのは、「また漁をさせてくれ」という意味だったと、浜野翁は語っている。

子どもたちは、その後、もらったボラを、漁をしていない家に売り、その金を皆で分けた。浜でボラをもらうときに、大人たちに、その日のボラの相場を聞いておいてから、その値段で売ってあるいたものだという。

井田の山本鶴子媼（昭和二年生まれ）も、小さい頃にそのような体験をした一人である。ボラの大きな群れが近づくと、「山先」と呼ばれる役目の者が村じゅうに聞こえるような大声で教え、松の木に登って、集まってきた人たちを采配した。子どもたちも喜んで集まり、大人たちに交じって、石を海に投げながら、ボラを網に追い込んだ。その手伝い料として、ボラをもらったのである。

男の子と女の子のグループが、十五人くらいずつ分かれて組み、ボラのエラから血を出して、それぞれのサイノカミの石像に、漁があるようにと塗りつけた。井田は、カツオやボラの大漁祈願を子供たちに委ねていた浜であった。

子どもの悪口

子どもに大漁祈願を任せていた浜では、子どもが語る言葉にも大きな意味合いを見いだしていた。

岩手県大船渡市蛸ノ浦の鳥沢チトセ媼（明治四十一年生まれ）によると、子どものころに浜にカツオ船が入ると、子どもたちが組んで、魚ならぬ、船に積んでいる米を貰いに行ったという。その中で、くれない船があったりすると、子どもたちが声をそろえて、「あの船、沖さ行ったらヘビ釣れ！　あの船ヘビ釣れ！」と囃したてたという。ヘビという言葉は、船上で禁句であったために、子どもの口から、このような縁起の悪いことを語られるのを嫌ったのである。

和歌山県東牟婁郡の下里でも、カツオ船が大漁をして浜に着いたときに、子どものせがみに気前よく魚をくれないと、子どもは「沖のみはまでとんぼせとんぼせ」と囃したという。「とんぼせ」は、「ひっくりかえってしまえ」ということで、この不吉な囃しをきくと、漁師はたっぷりとカツオをくれたという〔前田、三二頁〕。

沖縄県でカツオ漁が盛んであった渡名喜島でも、「漁に出かける人に、子どもらがからかって『ボージスティクンショーレー』（理髪して下さい）と言うと、ボージということばが坊主と同じ音だから、えんぎが悪いとおこり、時には漁を見合わす人さえあった」〔渡名喜村、三九九頁〕という。

それは、子どもが語る言葉には呪力があり、語られた言葉のままに現実化すると思われていたからである。井田の子どもたちがカツオやボラの血を石像に塗りつけ、「南無妙法蓮華経」と唱えた、その言葉の質と同等のものである。

子どもたちが浜や港で、大人と交じって働いたり、遊んでいる風景が失われつつある今日では、漁撈と子どもとが大事な関わりをもっていたことを思い起こすのも困難な時代を迎えている（写21）。

写21　カツオを手に持つ子ども（高知県東洋町甲浦，2002.7.21）

不漁を祓う

エビスさんを起こす

鹿児島県の坊津では、不漁のときには、「ユベスさんを起こせ！」と言われ、ニセなどの若い衆が氷を割るカケヤを手に持って、船の要所を真上からたたかせた。船のツナトリから始め、右舷でたたき、トモの右舷でまたたたき、トモの左舷・

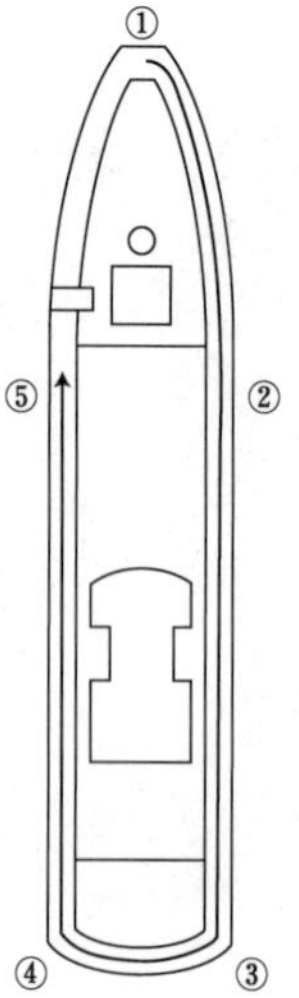

図6　漁を招くためにカケヤでたたく場所と順番（鹿児島県坊津町）

左舷と五カ所をたたいて、船上を一周りすることになる（図6）。たたくときは「エビスさま！」と言って、たたくという（市之瀬是〈昭和十四年生まれ〉談）。

また、鹿児島県枕崎のカツオ船では、漁がないとき、カツオ船から船員を全員下してから、十八～十九歳の娘を一人、船に上げて、フナダマ様を拝ませたという（和歌山県田辺市芳養・浜中十吉〈大正十一年生まれ〉談）。

宮崎県日南市大堂津では、漁がないときには、年輩者が「シオバライ」といって、塩をオモテから吹いてあるいた。フナダマ様へは、砂糖でできた飴玉などを上げたという（金川寛〈昭和二年生まれ〉談）。

同県南郷町の目井津でも、不漁が続いているときは悪霊が憑いているとされ、シオバライと呼ばれる不浄祓いを行なった。それは、海に塩と飴玉を撒くもので、これは出港のたびに、船主の奥さんが撒いたという（渡辺治美〈昭和七年生まれ〉談）。

土佐の「漁招き」

土佐清水市の戎町では、大漁しないときには、船頭の奥さんなどが、臼碆《うすばえ》の竜宮様へ参詣してから沖へ向き、裾をまくってチラッと見せ、「漁したときは全部見せます」と言って悋気《りんき》を焦がしたという。これを「漁招き」ともいう。この臼碆の竜神様は、出港するときにお酒と米を持って、大漁祈願の参詣をする場所であった（植杉豊〈昭和十四年生まれ〉談、写22）。

土佐清水市の貝ノ川では、出港してから漁のないときは、マンナオシとして、女の人が竜宮さんへ行っ

写22　家を守る女性たちの参詣が多かった臼碆の竜宮様（高知県土佐清水市、99・12・25）
写23　着岸した場所に塩を撒いて不漁を祓う高知県のカツオ船（宮城県気仙沼港にて、00・9・17）

た。竜宮さんに対してスバエルというが、「スバエル」とは猫が玉にじゃれることにも利用されることから、そのような行為を指すものと思われる。「漁招き」と呼んで、海へ向かって歌を歌うこともあったという（小泉鋭三郎〈大正二年生まれ〉談）。

土佐市宇佐のカツオ船では、不漁が続いたときは、女の恥毛をフナダマさんに上げるといいという。また、「漁招き」は年に一回くらい、定期的に宇佐で行なわれた。松岡の竜宮さんのところで、相撲をとるが、始まる前に、女の人を沖に向かわせて立たせてから、前のものを開けさせたりしたという（浜口徳吉〈大正十二年生まれ〉談）。

室戸市の津呂にも、「古くカツオ船などが不漁続きになった時、乗り組みの漁師たちの女房がかい、こ（にぎりめし）を作って船霊さまに供え、ひょうげた姿で船霊さまに前を見せるふりをする。そうすると船霊さまが浮かれてマンナオシになるという」［桂井、一九九頁］習わしがあった。

室戸市の奈良師でも、不漁が続いたときは「漁招き」を行なった。その酒盛りのときに、男と女のかたちをしたマンジュウを作って祀った。総じて、性と死に関わることは、船では吉兆とされた。フナダマさんには、女の腰巻や船主の奥さんの下の毛を抜いて祀ればよいという。また、「カンコ」という言葉は「棺おけ」も「魚槽」のことも指すが、ボイデンという語も「弔旗」にも「延縄の目印」にも言われるという。その弔旗を吹流しに用いていたマグロ船もあったという（福吉博敏〈昭和四年生まれ〉談）。

高知県と隣接する愛媛県城辺町深浦でも、不漁が続いたときは、船中から船員を下ろし、深夜に女の人を乗せて、フナダマ様の前に立たせ、女の前のものを少し見せると漁をすると言われた。処女のオケケ（陰毛）をフナダマに祀っても、漁をするという。浜田伊佐夫氏（昭和十二年生まれ）は、これらのことを、船主の母親から教えられたことがあったという。

東洋町甲浦のカツオ船では、不漁が続いているときに、オヤカタ（船主）の家に船方（船員）が集まり、「漁招き」の宴を開いたという（竹林保〈大正九年生まれ〉談）。

奈半利町加領郷のカツオ船は、台風などで不漁が続いた船などは、寄港して陸《オカ》に繋ぐ歩み板を下したところに、船員が塩をまくことなどもしている（写23）。

室戸のシットロト踊り

高知県の室戸市は今でこそマグロ船の基地であるが、昭和三十年代までは近海カツオ漁も続けてきた土地である（写24）。国の無形民俗文化財に指定されている「シットロト踊り」は、そのカツオ漁の「夏枯れ」のころの旧暦六月十日、恵比寿神社の祭りに、カツオの供養と漁招きとを兼ねて漁師たちが踊ったことに始まるという。

「シットロト」という言葉の意味はわからず、踊りのときにかぶる蓑笠や、昔は手に持って踊ったという、色紙を付けた棒のことを「シトロ」と呼んだとも言われる。蓑笠には色とりどりの小さなサルの人形

写24　高知県室戸市金剛頂寺のカツオを持った魚籃観音（2003.7.8）
写25　高知県室戸市のシットロト踊り（2003.7.9）

が一面にぶら下がっているが、かつては小さな幟旗（大漁旗）を笠に挿し、紙製の魚などをつるしたという。

シットロト踊りは室戸市奈良師の三蔵という漁師が江戸時代に創始したというが、カツオ漁の衰微とともに長いあいだ中絶していた。それを、発動機漁船の出現と、室戸岬の沖に、後に「大正磯」と名づけられるカツオの漁場を発見したことによって、大正二年（一九一三）に再び、室戸漁協が中心となって復活することになった。奈良師の松本房美媼（昭和三年生まれ）は、大正二年にシットロト踊りを復活させた功労者、松本梅之助翁（明治二十三年生まれ）の嫁であるが、彼女の話によると、昔は踊り手の男たちは、皆、女性のユカタを借りて、これを着て踊ったものだという。

また、カツオ釣り漁とマグロ縄漁とを、同じ船で操業していたころには、「シットロト踊り」の時期は、ちょうどカツオ漁からマグロ漁への切り替えのときであり、室戸の船主たちが競って踊り手を出し合った。昭和三十年代後半には、船が百艘くらいあったので、シットロト踊りが船主の家を軒ごとに踊り歩くと、午前一時半ころから午後の十一時ころまでかかったという。このシットロト踊りの当番をすると漁が当たるともいわれた。

現在の「シットロト踊り」では、朝の四時ころから元《もと》のエビスさんの前から踊り始め、途中の三十一カ所を回って、町中の後免《ごめん》のエビスさんで終えるのが、夕方の六時ころである。もともとは奈良師だけの踊りであったものが、室戸中を回り歩く門付け芸のようになったわけである。

シットロト踊りの発祥の地である奈良師ではエビスさんの前で踊られた後（写25）、浜へ下りて、潮風を受けながら、そこでも踊られる。漁を招くにふさわしい場所であった。

音頭一名、太鼓打ち一名、鉦たたき一名を入れた総勢二十七名で、二重も三重も丸い輪になって踊られ、東北地方の鹿踊と同様に踊念仏の流れを組んだ芸能のように思われる。

シアワセという言葉

徳島県海部《かいふ》町鞆《とも》浦の乃《の》一大《いちまさる》氏（昭和十七年生まれ）から教えられた言葉に、シアワセという使い方がある。それは、神信仰によって漁に恵まれることを指し、「シアワセが良い」とか「悪い」と表現される「漁師の独り言」のようなものという。幸福の意味の「幸せ」とは、少し意味合いが違うようである。

宮崎県南郷町の大堂津では、沖で水死体を上げるときは、「助けてあげるから、シアワセくれよ！」と声をかけてから上げるという（金川寛〈昭和二年生まれ〉談）。

高知県土佐清水市中浜《なかのはま》では、「シアワセ直し」として、船の上に女の人を乗せ、フナダマ様のそばを女の前のものを見せて通らせたりしたという。その後に、ドウノマで船員たちが飲んだ（今津一雄〈昭和五年生まれ〉談）。

中土佐町の久礼では、「シアワセが悪い」と言って、不漁が続いたときなどには、「調子直し」として大きな旅館で酒を飲んだりした。太夫さんが船に来て、船を祓ってもらうこともするという（岩本鶴太郎〈大正四年生まれ〉談）。

ヒボアワセ

三重県尾鷲市古江のカツオ船では、船に訃報をもらったときとか、不漁のときには、船頭から「清めよ！」と言われ、稲藁を燃やしたものとか、竹の先に重油に浸したボロを付けて燃やしたものを、ヘノリとオモカジヘノリとが手に持って、船内を祓ってあるいた。ヘノリは舳先からトリカジを、オモカジヘノリは舳先からオモカジを祓い、トモで出会ってから、それらを海に流したという（熊野市二木島・浜戸楢夫〈昭和六年生まれ〉談、図7）。

また、不漁が続くと、次に出港するという前に船員を皆下ろして、若い者が二人残って、火を付けた藁を一杷ずつ手に持って、トモカジの中央からオモテとトモに二手に分かれて船を祓い歩き、オモカジの中央から海へ流した（図7）。これは、死者が出たばかりの乗組員が乗船するときにも行なわれたという（大川広務〈大正十五年生まれ〉談）。

海山町の引本では、不漁が続いたときは、船のフラウ（大漁旗）を寺社に持っていって清めてもらったり、藁を二把持ってきて、火を付け、若い衆が二人、一把ずつ手に持って、トモからオモテへ向け、祓ってあるいた。最後に、塩を振り、お神酒を与えてから海に捨てた。これを「ハイトウを引く」という（坂長平〈昭和二年生まれ〉談、図7）。

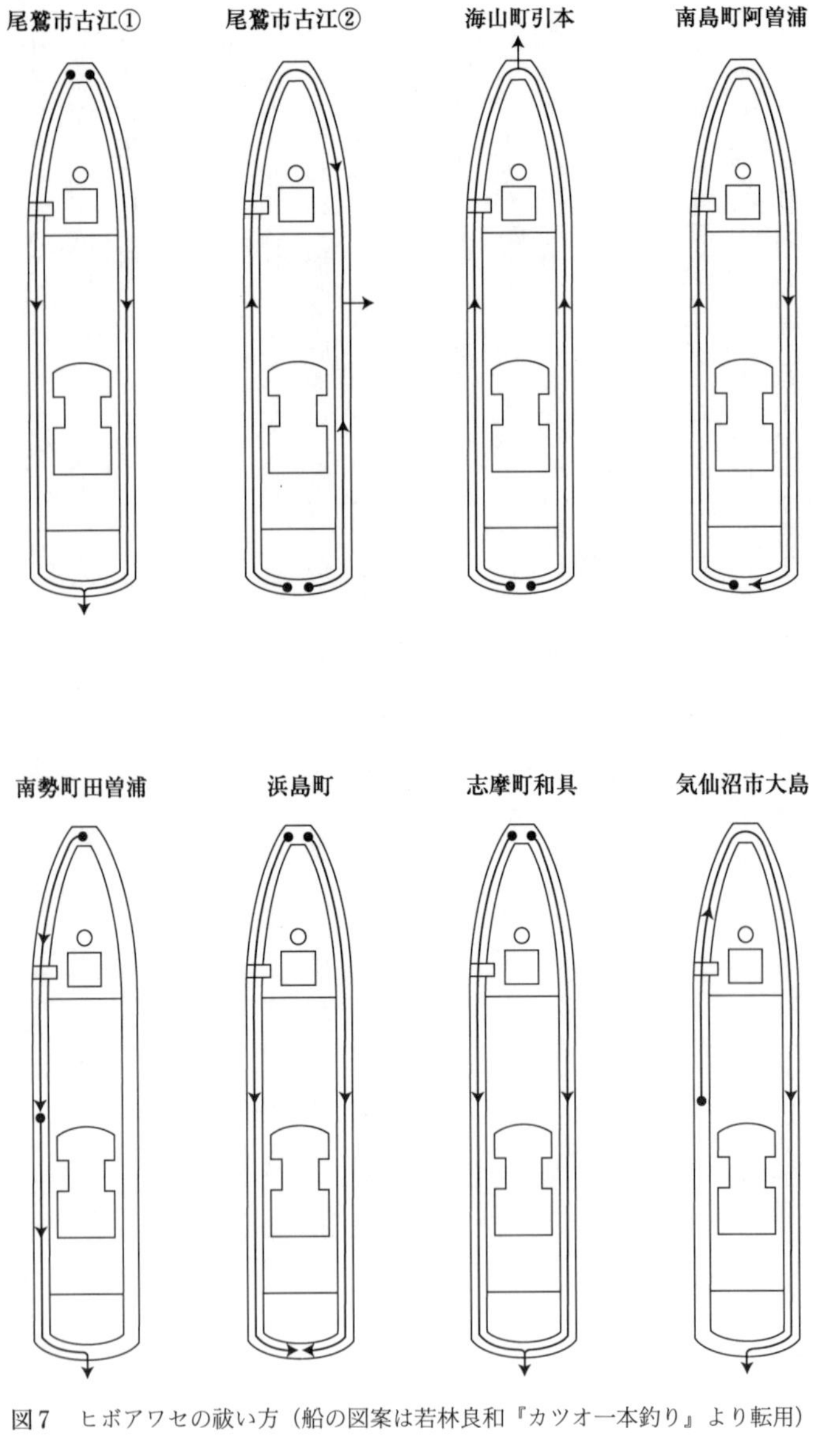

図7　ヒボアワセの祓い方（船の図案は若林良和『カツオ一本釣り』より転用）

南島町の阿曽浦のカツオ船では、身内に亡くなった人ができたときには、そのことがわかった時点で船を清めることがあった。このときは海水で船を洗った後で、ヘノリが藁に火を付けたものを持ち、船を祓った。左トモ↓左↓オモテ↓右↓右トモの順で一回だけ祓ったという（小川司〈昭和九年生まれ〉談、図7）。同町の慥柄浦では、不漁のときはカシキが主役で、火替えなどをした。鍋尻や食器も洗い、新しい飯を食べたという（小林俊一〈大正十一年生まれ〉談）。

南勢町の田曽浦では、不漁が続いたときは、カシキがカマドの火や灰を入れ替えた。また、藁火を用いたヒボアワセも行なった。ヘノリがオモテからトリカジの中央まで藁火で清め、後はトモシに渡し、トモまで祓い、洗米と御幣と一緒に流した（図7）。ヘノリがツルベに入れた海水でミヨシを清め、「ツヨ！」と言って流す場合もあった。ヒボアワセは乗組員の家でのお産や、死亡の知らせが来たときも行なった。人が亡くなったときは、トモからトリカジ、オモカジへと右回りでまわり、トモから藁火を流したという（郡義典〈昭和二年生まれ〉談）。

浜島町のカツオ船では、不漁のときに船のカマドも掃除することがあり、終了後に塩をまいた。これをヒガエ（火替え）という。不漁が続くと船頭がカシキに「ヒガエせ！」と言うが、「引き返せ」と言われたと誤解して戻ってきた初心者もあったという。ヒガエの後で、藁に火を付け、オモテから二人がそれぞれトリカジとオモカジに分かれてトモに出会うというかたちをとった（松尾忠七〈昭和六年生まれ〉談、図7）。

志摩町の和具では、不漁が続いたときには、「船をタテル」といい、「シア（ワ）セナオシ」ということを行なった。それは、船のミヨシからヘノリとオモカジへノリが火を付けた藁を持ち、ヘノリは左舷に沿い、オモカジへノリは右舷に沿って、祓ってあるき、トモで合流して、海に塩や洗い米とともに「ホイッー!」と言って流した(図7)。これは初航海のときにも行なった。船員の身内の者が亡くなったときには、全員を船から下し、海水で船を洗った。このことも「船をタテる」と称したという(山本憲造〈昭和五年生まれ〉談)。

宮城県女川町の江島では、不漁が続いているときは、オハライとかマッカナオシということを行なった。左舷の方から潮水を汲んで、タツに三回かけ、塩を振った後で、藁を束ねて火をつけたものとシキビをもって、船首の方からトモへ向かってそれを振りながら歩き、トモから海へ捨てたという(中村勝治〈明治三十七年生まれ〉談)。この地方で、カツオ船の出港前に行なわれているオオバヤシと同様の儀礼であった。

宮城大島(気仙沼市)の駒形浜での船タデは、不漁が続くなどの、マワリが悪いときに行なった。船の中で、船員が麦藁を三把持ち、トリカジ→オモテ→オモカジ→トモの順番で流し、流してからは後ろを見るなと言われた(気仙沼市要害・小野寺熊治郎〈明治二十八年生まれ〉談)。大島の崎浜では、船タデは一漁期五カ月のあいだに、三回くらい行なったが、船タデした船で船クラ(競漕)をするものではないと言われたという(村上清太郎〈明治二十六年生まれ〉談、図7)。

同県の唐桑町鮪立では、マワリナオシは、「神様参詣」をして、「中祝い」と称して餅をついてドブロクと共に御馳走をいただいた。旧暦六月十五日は御崎神社の祭日であり、この日に上架する船も多かったという。上架がマワリ直しに通じることがあったからである(唐桑町鮪立・鈴木政蔵〈明治二十九年生まれ〉談)。

気仙沼市の小々汐でも、このことをヒボアワセと呼び、麦藁を十字に組んだままで、火をすこし付けてから消し、トリカジ→ミヨシ→オモカジ→トモの順番で船の中を回って流した。その後に塩をまいたものだという。同じことは「ヤッパライ」(焼き祓い)とも呼ばれ、三重県のカツオ船が三陸に来て、マンカが悪いとなると、昼間から、サオとかバンジョウとかの漁具を陸《オカ》に上げ、船を南の方角へ向けて行なった。それまで船に積んでいた魚も、全部売り払い、それでヤッパライの費用に当てたという（尾形栄七〈明治四十一年生まれ〉談）。

船霊を祀り直す

三重県尾鷲市の古江のカツオ船では、フナダマさんを祀り直すと調子がいいといわれ、わざわざ船大工を呼んできて、乗組員を下ろしてから、入れ直した。古江ではこれを昼間行なうが、三陸の大船渡では夜に入れ替えたという。男女の人形を抱き合わせ、これにサイコロなどを入れて、フナダマの御神体としている（大川広務〈大正十五年生まれ〉談）。

古江のフナサマには、クロマツの木で作ったサイコロが二つ離れていないものと、十二単《ひとえ》・麻の苧《お》・十円十二枚を納めてある。船頭とヘノリが他人の山でクロマツを伐ってきて納めるが、漁の調子が悪いときも、クロマツを伐ってきて入れ直しをしてからお神酒を上げたという（大川文左衛門〈昭和五年生まれ〉談）。

尾鷲市の三木浦では、「船をたてる」ことは、不漁のときにも行なうが、火の付いた藁で祓った。その後、「性根《しようね》入れ」と称して、竹で横の外板を三回たたいた。その、たたいた竹は海に捨てるものではない、と言われた。捨てた竹に海草などが付くと船が沈むという。不漁のときは、他に、三木浦の龍泉《りゆうせん》寺《じ》や稲荷様で御祈禱をしてもらったり、船大工にフナダマ様を取り替えてもらったりした。そのときは、麻と米一升を船大工に渡したものだという（大門弥之助〈明治三十七年生まれ〉談）。

南勢町の相賀でも、漁のないときは、「性根入れ」と言って、船大工がやり直す船もあった。フナダマが祀られているところは生の松の木で作られ、そこには、御神体として、船頭か船主の奥さんの頭髪や麻、一銭硬貨六枚か十円玉六枚、木で作ったサイコロを入れてある。入れるときは、船大工が誰にも見せないで入れる。松の木の部分は自分の家で作った。船にテントをかけ、その中で半時間をかけて、船大工がフナダマ様に細工をしたという（畑正之〈昭和六年生まれ〉談）。

同県の浜島町では、不漁のときには、ドック（上架）時に青竹でもって、オフナダマの込められているケロリ（陸とロープで結ぶ小柱、三陸地方のタツのこと）をたたき、小豆とセンマイ（洗い米）にイワシを供えた。漁労長は自分の頭がたたかれているような気がしたともいう（松尾忠七〈昭和六年生まれ〉談）。

志摩町の和具でも、昔はシャダツ（ツナトリ）にオフナダマ様が祀られていて、そこを殴ったりした。鷹の巣のあった木を、フナダマ様を入れる木にすることは、縁起がよいこととされている（山本憲造〈昭和五年生まれ〉談）。

三重県のカツオ船は、不漁のときは、総じて「オフナダマの目を覚まさせる」と称して、その込められている場所をたたくことが多い。デッキブラシでたたき、その後にお神酒を上げるという（宮城県唐桑町岩井沢・加藤孝男〈昭和八年生まれ〉談）。

静岡県の焼津市のカツオ船では、不漁が続くときはオフナダマを替えたが、これを「アンバイ直し」とか「ゲン直し」と言った（鈴木兼平〈大正四年生まれ〉談）。

宮城県雄勝町の立浜では、漁がないときに「オフナダマ祀り」ということを行なった。それは、夜中の丑三つ時に、棟梁（船大工）と船頭、それから魚見などが、オフナダマが祀られているタツの前にゴザを敷き、お神酒や塩などでオフナダマにアゲホカイ（供物を上げること）をして拝むことを言う（末永俊二郎〈大正十五年生まれ〉談）。同町の大浜でも、不漁のときは、オフナダマを取り替えたという（千葉嘉平〈明治四十一年生まれ〉談）。
カツオの曳き縄漁の盛んな千葉県銚子市の外川では、不漁が続くと、お宮から若い衆がお神輿を担いでくる。これをシオマツリと呼んだ（田村勝夫〈昭和六年生まれ〉談）。同県天津小湊町の小湊では、シオマツリには、船の神様でもある誕生寺から仏像を借りてきて、壇を作って魚を上げて祀っている。この後にホテルなどで会食するという（石渡誠市〈昭和二十二年生まれ〉談）。

ナマスナもらい

宮崎県日南市の大堂津では、不漁のときは、大漁を続けているカツオ船からカツオを一匹もらい、自分たちが釣ったカツオと一緒に並べておいた。マン（シアワセ）をもらうという意味があり、これを「友呼ぶ」と語ったという（金川寛〈昭和二年生まれ〉談）

宮城県女川町桐ヶ崎のカツオ船では、逆に大漁が続いているときに、他の船へカツオを呉れるときには、カツオの目に塩を振ったり、ホシ（心臓）を取ってから渡した。アヤ（漁運）を取られないようにするという（女川町江島・宮淵八太郎〈明治三十四年生まれ〉談）。

同県雄勝町の大浜では、不漁のときには、大漁をしている船からナマスナをもらってきて、マワリを取り返すことをした。逆に、ナマスナをもらいに来る船もあったが、オエビッショを上げてしまえば、マワリは外へ行かないので、呉れてもいいと言われた（同町大須・阿部勝三郎〈大正三年生まれ〉談）。

このようにして、もらう魚を志津川町の藤浜ではカマザカナとも言った（後藤彦八〈明治四十三年生まれ〉談）。また、オツケグサのことをナマグサともいうが、唐桑町の鮪立では、「他人《ひと》に渡すナマグサは切り下げろ！」といって、他の船に与えるカツオは、頭の方から切ってサシミを作ったものだという。普通

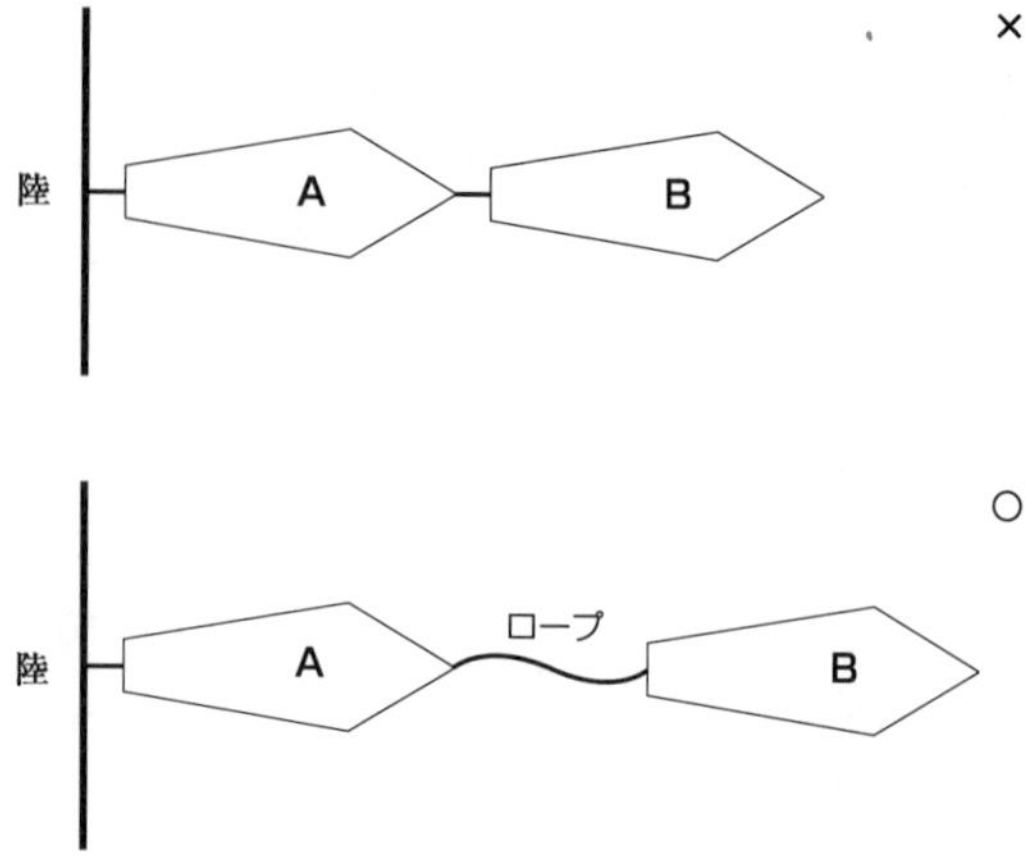

図8　船と船のつなぎ方で避ける例（高知県宿毛市鵜来島）

は尾の方から「切り上げる」ことが一般的だったからである（小松勝三郎〈明治四十三年生まれ〉談）。

唐桑町の小鯖では、沖でマンカ（運）が悪いと、大漁している船に故意に近づいて「オツケグサけ（呉れ）ろ！」と言ってカツオをねだることがある。頼まれた船では、自分の船のマンカが他の船に出て行かないように、必ずホシを抜いてからカツオを渡したという（唐桑町鮪立・菅野茂一〈大正六年生まれ〉談）。同じ小鯖の梶原平治翁（明治三十九年生まれ）によると、ナマスナを上げるときには、自分の釣ったものを、そのまま上げると、他の船にシアワセを付けてしまうので、必ずカツオのホシコを抜いて渡したと表現している。

高知県の鵜来島（宿毛市）でも、カツオの大漁が続いているときは、人にカツオを上げるにも、必ずカツオの尾を歯でかみ切ってから渡した。そうしないと、そのカツオを通して自分の大漁運が他へ逃げてしまうからだという。また、たとえば陸《オカ》にA船とB船が縦につないで着岸した場合、A船を船橋にしてB船に通り抜けた場合には、A船が大漁していたときには翌朝からB船の方がよくなると語っている。そのために、必ず長いロープでつないで着岸するようにしたという（出口和〈大正十五年生まれ〉談、図8）。同県室戸市の奈良師でも、他の船にカツオを丸ごと上げるときは、必ずシッポを切って上げたという。他の船にブニ（漁運）を取られないようにするためである（福吉博敏〈昭和四年生まれ〉談）。

カツオを他の船に渡す場合は、三陸では心臓を抜き、土佐では尾を取って渡せば、自分の船の運も渡さずに済むという考え方であったらしい。

儀礼的盗み

不漁が続いている場合は、他の船からカツオをもらってくるだけでなく、積極的に大漁をしている船から、積んでいるあるものを知られずに盗んでくることも各地に見られる。

たとえば、八重山の鳩間島のカツオ船では、「船の中で飯を炊く時のカマドの湯や灰を、他人の船から盗んできて、自分の船のカマドに移すと、盗まれた船の漁獲量が減少し、自分の船の漁獲量が増加するといわれていた。漁獲量が減少したと思うと、停泊中の船にこっそりと入って、灰や湯を盗んできたものだ」［戸川、五頁］という。竹富町の波照間島でも、不漁のときは、カツオの大漁をしている船の竈から灰を盗んできて、自分の船の灰に混ぜておいた。このことを「釜の灰を盗んで借りを付ける」といい、漁をしている船はコック（ボーイ）に船番をさせたという（本比田順正〈昭和十七年生まれ〉談）。

静岡県西伊豆町田子のカツオ船では、不漁のときは、大漁をしている船から魚をもらってくるだけでなく、盗むこともした。もらうだけでは効き目がないと言われ、大漁をしている船のバケ（擬餌鉤）やサオなど漁に関するものを盗んだ。船の責任者が若い衆へ命令して盗みをさせるが、なかばスポーツのようなものだったという（山本政治〈昭和七年生まれ〉談）。

同じように、不漁のときに、他人の船などからモノを「盗む」という行為は、三陸地方のカツオ船でも行なわれていた。

宮城県雄勝町の大浜では、不漁のときは、寺からゴザを盗んできて、船頭の寝ているところに敷かせるといいと伝えられている（千葉嘉平〈明治四十一年生まれ〉談）。同町の名振でも、建前に使用した旗を、もらっただけでは利き目がないとされ、旗を盗んでくることが吉兆とされたという（和泉久吾〈大正十三年生まれ〉談）。縁起の良いモノを「もらう」ことより、「盗む」ほうが効力があると信じられていたものらしい。

唐桑のカツオ船では、不漁のときには、カシキなどが、船頭から「漁をしている船へ行って、魚のキモを盗んで来い！」と言われ、カツオの心臓を三個盗んできたという。初漁や大漁のときに、心臓を三個フナダマに上げるためである。盗んだ心臓は、カシキが食べるものとされた。また、「包丁を盗まれると魂が盗まれる」とも言われ、競争相手のカツオ船といっしょになったときなど、包丁を米の中に入れて隠しておいたという（唐桑町岩井沢・加藤孝男〈昭和八年生まれ〉談）。

岩手県の広田町のカツオ船でも、不漁のときは、大漁をしている船からハチを持ってくればいいと言われた（気仙沼市新王平・水上祐一〈大正十五年生まれ〉談）。同じ広田町泊の第三越高丸では、不漁のときには、マワリの良い（大漁している）船からヘラを盗んできたりしたという（志田高七〈明治三十七年生まれ〉談）。その他には、ヒシャクやシャモジや食器、建前のときの旗などを、カシキが盗んできたが、これらは、もらっては効果がないという。逆に、船のものがなくなることは良いこととはされず、唐桑の船頭などは、出船のときに薪の灰を捨てることさえ嫌ったという（広田町泊・佐々木藤太郎〈昭和七年生まれ〉

談〉）。この灰の禁忌は、遠く八重山の鳩間島の事例と重なるものである。主に、炊事道具やそれに付随する物が、盗みにねらわれていることに注意をしておきたい。

同県大船渡市三陸町の綾里では、不漁のときは、船のトモで、年寄りたちに囲まれたカシキが、鍋の蓋とシャモジを持って踊らされた。また、「漁している船から箸やブラシを盗んで来い」と言いつけられるのもカシキであり、逆に「このワラス、箸一本でも盗まれるなよ」と他の船への警戒を指図されるのもカシキであったという（村上栄之助〈明治四十年生まれ〉談）。同じ綾里では、不漁のときは、漁をしている船からナマスナ（おかず）を借りにいったり、漁をしている船に貼ってある「成田のお不動さん」のお札を盗んだりしたという（館下金太郎〈明治四十年生まれ〉談）。

同県釜石市の室浜でも、カツオ船に積み込んで吉相となるものは、寺にある物で、鵜住居《うのすまい》（釜石市）の常楽寺のタツガシラを盗み、フロシキに包んで、オフナダマの後ろに置いたという（佐々春松〈明治四十四年生まれ〉談）。

これらの、不漁を祓うために行なわれる「盗み」は、「儀礼的盗み」の一種と捉えられるものであるかと思われる。「半ば公然と「盗み」を認める機会が、私たちの民俗生活の中で存在していた」［高桑、二九七頁］のである。

カシキと船頭

宮城県の田代島（石巻市）のカツオ船では、不漁が続くと、オモテの若い衆に、縁起をかためるためにチョウハン（花札）をやらせた。チョウ（偶数）は大漁を意味し、ハン（奇数）は不漁を意味していたという（津田佐男〈大正元年生まれ〉談）。また、同島の他のカツオ船では、不漁のときには、ボタ餅を搗いて、漁師に食わせたという（小谷清〈明治二十三年生まれ〉談）。気仙沼市の大島では、不漁が続くと、「オモテで相撲とってこい」と若い衆が言われ、トモの仲間とオモテの仲間とが相撲をとったという（伊藤熊吉〈明治三十二年生まれ〉談）。

同県女川町桐ヶ崎のカツオ船では、不漁が続いたり、群れがないようなときは、夕方、船の上でアヤナオシを行なった。カシキと船頭がツルベで潮水を汲み、「お潮《しお》とる」と言って、水垢離をとって、裸のままオフナダマを拝んだ。カシキは「オフナダマの前でウタ（甚句）を歌っていけ！」とも言われた。オフナダマの前には一寸のゴミも置くなとも言われていた（女川町江島・宮淵八太郎〈明治三十四年生まれ〉談）。

静岡県西伊豆町の田子では、不漁が続くと、「ケツ（尻）洗え！」と言われて、船員に塩水がかけられた。逆に若い衆から船頭（漁労長）が塩水をかけられるときもあった（山本佐一郎〈昭和五年生まれ〉談）。

宮城県雄勝町分浜のカツオ船では、沖に行って漁がないときは、カシキにザルを背負わせ、顔に墨を塗って、トモ→トリカジ→ミヨシ→オモカジの順で、ぐるっと船内を回らせた。カシキをからかうために、イワシのエサ桶に水を汲んで持たせ、「船頭さんのシナモノ（性器）、こいづで洗うと大漁すっから」などと語って、船頭の元へ行かせたりしたという。この分浜では、不漁になると女たちも活躍した。女たちが集まり、焼米を作った。石臼を回すために「回りがよくなる」という意味合いで行なったという（同県歌津町寄木・畠山吉雄〈昭和二年生まれ〉談）。

カツオ船が不漁のときに女性が活躍する例は、福島県いわき市の中之作にもあった。中之作の坂部万蔵翁（明治十三年生まれ）の手記によると、「あまり漁に恵まれないときは水夫の妻女がまわり直しといって多勢《ママ》して二升入れの酒樽を船主の家に持ち込んでねじり鉢巻、或いは手拭を首に巻き、皿や茶碗などを叩きながらはやし立て、唄や踊りで大変賑やかであった」〔坂部、八頁〕という。

雄勝町の明神では、漁が少ないときは、薪を削って、それに石油をかけてお灯明を作り、唱え言をしながら、船内に塩を撒いてあるいた。唱え言は「オキの国、蔵王権現様に上げます……」という言葉で始まり、アラシオ（潮水）をオモテとタツにかけてから、トリカジ→オモテ→オモカジ→トモの順に回った。お灯明は主に二番口と三番口の仕事であり、不漁が続くと「お灯明上げろ！」と言われたという。また、不漁が続いて「アヤ悪い」ときは、陸《オカ》の風呂に行くこともあった（石巻市小竹浜・阿部菊夫〈大正五年生まれ〉談）。「お灯明」は、そもそもカツオ船が沖泊《おきと》まりをするときの就寝時の儀礼である。

同町の大浜では、不漁のときには、マッカ直しとして、カシキに唄を歌わせたり、踊りをさせた。逆に、漁があると、「漁のあるカシキだ」とカシキがほめられたという（同町大須・阿部勝三郎〈大正三年生まれ〉談）。

唐桑町では、不漁のときには船頭が水をかぶった。カシキは「日和祀り」と称して、ザルをフライキ（大漁旗）で背負って、年寄りの囃しに合わせて大黒舞を踊ったという（同町岩井沢・加藤孝男〈昭和八年生まれ〉談）。また、唐桑町では、不漁が続いたときは「船頭替え」と言って、アヤナオシに船頭を交代して、一航海か二航海を試してみたりしたともいう（宿浦・村上友太郎〈大正七年生まれ〉談）。これは船頭の技量を問題にして交替されるわけではない。

静岡県西伊豆町の田子でも、不漁のときは縁起直しとして、漁労長を休ませ、他の漁労長に頼むことがあったという（山本政治〈大正七年生まれ〉談）。船頭（漁労長）は、カツオ船に対して実際の技量以上のものを付加されている存在であったと思われる。

不漁にさせる呪い

漁師さんたちが、浜に比べて陸方《オカ》の特徴を述べたときに、ときどき耳にする言葉がある。それは「陸《オカ》の方ではいつまでたってもユルシイ（裕福な）家はユルシイし、そうでない家はいつまでも小さな家に住んでいる」と評した言葉である。浜方はそれに比べて漁に対する工夫と投機心さえあれば家を富ますことができ、村における家の盛衰は日常的な出来事であったからである。そのために、大漁をしている船を妬《ねた》み、それを呪《のろ》うことも多く見られた。

宮城県唐桑町上鮪立の鈴木政蔵翁（明治二十九年生まれ）の話では、カツオ船の船頭をしていたころ、大漁をし続けると、他の者に妬まれて、不漁に陥れるための数々の呪いを受けたものだという。船を岸につなぐ杭（ジョウガエデ）は信仰的にも大切なものとされていたが、その杭に針を打たれていたことがあったという。また、船上でカツオを食べたときの残りの骨は、各自の鉢に入れたものだが、ある日、その鉢を河岸前《かしまえ》に置き忘れ、紛失してしまった。一カ月ほど経った大雨の日に、山の麓の高い場所から自分の屋号を印したその鉢が、土の中から流れ出てきたという。おそらく、誰かが埋めたものに相違なかったが、同様のことは他にもう一件あった。鈴木翁の畑を皆で耕していたとき、畑の中に一本の生のカツオが北に頭を向けて埋まっていたという。同町上鮪立の佐々木秀男氏（昭和五年生まれ）の話でも、漁のない船の者が、漁のある船のカツオのホシを土に埋めることがあったという。

写26　三重県鳥羽市の青峰山正福寺と流し札（03・1・1）

船に積むもの・避けるもの

青峰山の流し札

宮城県気仙沼市大島のカツオ漁師、村上清太郎翁（明治二十六年生まれ）から、沖で風雨が強いときに唱える言葉として「アオイ、アオイ」と語ることを、かつて教えられたことがある。不思議な思いを感じながら、ある日、それが三重県の青峰信仰と関わる言葉であることを知ったのは、密かな驚きであった。

青峰山（鳥羽市松尾）に対する信仰圏はかなり広く、「北海道から九州まで全国にまたがり、小樽・釧路・焼津・阿南などに分営所をもっているが、概して太平洋岸に多い」［亀山、一二五頁］という。気仙沼港に水揚げする、三重や土佐のカツオ船が青峰山の青い旗を立てているのも珍しいことではない。

伊豆の漁師のあいだにも青峰山の信仰があるが、熱海市網代の杉野若次郎氏（大正四年生まれ）によると、父親の吉太郎翁（明治十八年生まれ）は、海が時化《しけ》で船が危ないときには、自分の弱気心に打ち勝ち、じっと気を落ちつけるために、「アオイ、アオイ」と語ったという。「これは青峰さんを信仰しているから、こ

写27　安徳天皇を祀る東京都の水天宮とそのお札（00・7・1）

う言うと波が次第におさまってくるものだ」と言われたという［静岡県教育委員会文化課、一五―一六頁］。

青峰山正福寺では、今でも遭難除けの「流し札」を売っており、時化に遭ったときは、この札を海に流せば助かるといわれている（写26）。

おそらく、「アオイ、アオイ」という呪いの言葉は、三重県などのカツオ船を通して、宮城県の大島の清太郎翁の耳にも入ったものではなかっただろうか。

水天宮のお札

同じ村上清太郎翁の手記には、延縄の上げ下ろしについて、次のような記述がみられる。

うじ錨と云って小さな錨で大体の勘で錨をおろし、静かに北と思へば南へ、南と思へば北に引くのですが、不思議なもので勘一つで掛け上げるものです。うじを下げる時は海水で口をそそぎ清めて海底におろすものです。百尋の水深であれば二百尋のロープを以って引くのですが、たつとなると全身の力でドッコイショーと声をかけ合って引き上げるのです。

たまに切断して落とすことはあるものですが、自信はあってない時はあるもので、その時どうしても神に頼るしかありません。その時、水天宮様の御守りを御願するもので、錨に結び付け、海底におろして何卒御願申上げますと祈るものですが、不思議にもかかって揚がるもので実際に私等は覚えはあります。念の為、申し添えておきます。漁師にして海上に於いて奇跡的なことは数々あるものです。

この記述からは、漁師は延縄を上げるときさえも、口をゆすいで神信心をしてから行なったことが読みとれる。しかも、ロープを切断して海底に下してしまったときには、錨に「水天宮」の守り札を結びつけ、沈めると、落としたものが引っかかってくるという（写27）。

清太郎翁の話では、大島の浦ノ浜にも水天宮があるが、本社は東京の水天宮で、東京湾に入った船の漁師は、よく参詣しにいったという。小さな錨に守り札を付けるときは、竹のツボケに守り札を入れ、「安徳天皇頼む」と語ったという。東京の水天宮は、壇ノ浦で入水した安徳天皇を祀っているからである。

一方で、気仙沼市小々汐の尾形栄七翁（明治四十一年生まれ）の話では、海の中に落としたものを拾うときは、レーキのような道具で海底を引っぱるが、このロープの中ほどに木を十字に組んだものを付けたという。この木のことを「水天宮様」と呼び、口を塩水でゆすいでお願いするというから、清太郎翁の伝承と重なってくる。

青峰山や水天宮のお札の他に、三重県の紀伊長島町では、出港する前に、氏神の長島神社などから「流し札」を五〜十枚ほど、もらい受けてくるという。これは、カツオが来ても食いが悪いときに、お札で船内を右回りに祓い、「ツヨ、ツヨ」と言ってトモから流したものである。港に着いてから、船を洗い、船内をオモテからトモへとお札で撫でることもした。大漁をしている家から、わからないようにしてカツオを売らせ、それを食べて不漁を祓うこともあったという（石倉義一〈昭和九年生まれ〉談）。

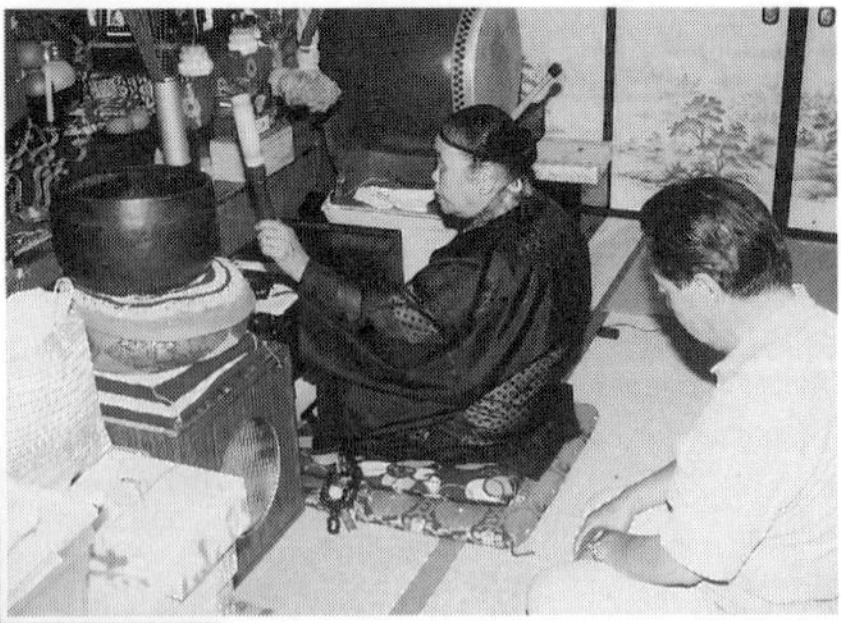

写28　上：宮城県唐桑町の巫女によるフナギトウ（2003.9.12）．下：小野寺さつき巫女と不動明王のお札（1999.12.20）

船祈禱のお札

宮城県唐桑町の小鯖のオカミサン、小野寺さつき巫女（大正十三年生まれ）は、出船の朝などに船頭に「オフナダマ（御船霊）さんを拝んで下さい」と依頼されると、フナギトウ（船祈禱）を行ない、漁に当たるように船が進む方角などを定めてあげたりしている（写28）。

小野寺巫女が、フナギトウを終えてから船頭に渡すものは、「船玉大明神」の木札と紙札を一枚ずつ、他に不動明王を描いた紙のお札がある。不動明王は、小野寺巫女が巫女として一人前になるときに憑いた「憑き神様」であり、船頭がこの紙札に米と塩を入れて包み、沖で船から海に流すと漁が授かるといわれている。

「船玉大明神」の木札は船に、紙札は船頭の家の神棚に納めておくものだという。唐桑町では、遭難にあった船が、この木札を海に流し、それが流れる方に船を進めていったら、大島に出て助かったという話もある。これも一種の「流し札」であった。

前述した清太郎翁の手記に「漁師にして海上に於い

て奇跡的なことは数々あるものです」とあるように、漁師の不可思議な体験譚は、そのままオカミサンなどの巫女に伝えられ、解読されて、豊かな信仰世界を漁師と巫女の双方から育んできたのである。

大漁を招くもの

漁師さんは、「枕絵」（現在のエロ本）のことを「枕草子《まくらのそうし》」と呼ぶが、三重県尾鷲市の三木浦では、このような本をカツオ船に持ち込むと漁に当たるという（三鬼福二〈大正二年生まれ〉談）。高知県土佐清水市戎町の植杉豊氏（昭和十四年生まれ）によると、「枕草子」（枕絵・エロ本）はフナダマさんの中に込められているという。フナダマさんは女の神様で、今はブリッジの中の、四〇センチ四方の箱の中に入っている。御神体は宮司が入れるが、「枕草子」の写真と女の人の毛が納められているという。船下ろしに海に下してから餅を撒く前に、宮司が「フナダマさんに性根を入れる」と称して、オモカジから菊の花・御幣・オニギリを持って船に乗り、性根を入れた。毎航海、フナダマさんにカツオの血を塗ると大漁に恵まれるともいう。カシキは毎朝、このフナダマさんに、ウスゴロと呼ばれるカツオの心臓を上げたという。

高知県奈半利町加領郷の安岡重敏氏（昭和三年生まれ）によると、渡り鳥やウグイスをつかまえて糸で括り、フナダマさんの欄干に祀ったら漁をすると言われた。昔は言葉に気をつけたもので、「取り（鳥）込む」といって喜ばれた。なかなか手に入らないものを得て、船に積み込むと大漁するという言い伝えもあり、卵の入った鷹の巣を箱に入れて、フナダマさんのそばに置いたという。

同県土佐清水市の中浜でも、船に持ち込んで吉兆とされるのはウグイスの巣やヘビの抜け殻であり、積み込んで嫌がられるものは生花であったという（今津一雄〈昭和五年生まれ〉談）。宮城県の気仙沼地方でも、船上に積むことができなかったものに、四足の肉・ネギ・桜や椿などがあった。桜の花も「パッと散る」ということで嫌われ、椿の花も「首が曲る」ということで嫌われたという（気仙沼市片浜・小野寺武夫〈昭和八年生まれ〉談）。また、オニギリは丸くしないで持って行き、オフルマエ（婚礼）に用いたお神酒は嫌われた。梅干を船に持たないのは、菅原道真が流刑にあったときに、手に梅干をあずけられたためだという（気仙沼市小々汐・尾形栄七〈明治四十一年生まれ〉談）。

他には、三重県南勢町の礫浦では、赤い細紐を持って乗船すると漁に当たるともいわれ、港々からの出港前に、女郎さんに作ってもらったという（福田仁郎〈大正八年生まれ〉談）。宮城県女川町桐ヶ崎のカツオ船では、六月一日に作る「ハガタメ」と呼ばれる餅は、カツオ船に持っていき、着物などを入れる箱に入れておいた。時化にあったときに、その「ハガタメ」を食べるとよいといわれたという（女川町江島・宮淵八太郎〈明治三十四年生まれ〉談）。

高知県宿毛市の沖ノ島に住む近田清一氏（昭和四年生まれ）によれば、カツオ船によって船上の風習もまちまちで、たとえば、出港のときに船上で豆腐を食べるのが室戸のカツオ船、陸《オカ》で食べるのさえ嫌うのが三重県の相賀の船であったという。豆腐は「どっちにも転ばぬ」と言って縁起ものとしているのが室戸の船、豆腐は「崩れるから」と言って嫌ったのが三重の船である。カツオ船の漁師の特徴として、各地を相対的に捉える力を持っていることを、しばしば感じるのだが、近田氏も例外ではなかった。

海上の禁忌

禁句と口笛の禁忌

森彦太郎の『南紀土俗資料』（一九二四年）には、「西口及び由良」（和歌山県由良町）の例として、「漁夫、出漁中、誤って船より海中に陥るときは、暫く不漁続くといふ。此事鰹漁に特に甚だし」［森、五三頁］とある。カツオ漁は、同じ漁場で操業していても、大漁するときもあれば、逆に不漁になることもあり、そのために船上ではさまざまな禁忌が伴った。

高知県宿毛市の鵜来島では、カツオ船の上で、四足を忌み嫌い、「ネコ」や「サル」という言葉を語ることも嫌った。「ネコ」は「シャミタ」、「サル」は「お山の大将」とか「エテ公」と言い換えた。陸《オカ》でも、午前中に「サル」という言葉は禁句であった。「ネコ」という言葉を嫌うのはフナダマさんで、オフナダマさんは非常に拗《す》ねやすく、「フナダマさんでなくて、スネダマさんだ」と、漁師たちは語り合った（出口和〈大正十五年生まれ〉談）。

また、宮城県唐桑町のカツオ船では、「濁り言葉」も禁止され、たとえば「海上安全」などは「カイショウアンセン」と語ったりしたという（小山利喜男〈昭和五年生まれ〉談）。

各地の海上の禁句とその代替語は表1に示した。船の上では口笛の禁忌もあるが、徳島県宍喰町竹ヶ島の島崎正男翁（大正十四年生まれ）は、カツオ船での口笛の禁忌の理由を語っている。その理由はオフナダマ（御船霊）様の泣く声に似てい

表1　船上の禁句と代替語の事例

禁句	伝承地	代替語
ヘビ	岩手県釜石市箱崎	（親指を出す）
	宮城県唐桑町鮪立	ナガムシ
	宮城県気仙沼市崎浜	ナガモノ
	〃　本浜町	タツ
サル	岩手県大船渡市根白	ヤエン
	宮城県気仙沼市崎浜	マサル
	〃　唐桑町鮪立	ヨウボウ
	宮城県石巻市田代島	モンキィ
	徳島県宍喰町竹ケ島	ヨツアシ
	高知県宿毛市鵜来島	お山の大将・エテ公
	宮崎県日南市大堂津	エンコ・マス・先生
	〃　南郷町外浦	アンチャン
ウシ	宮崎県南郷町大堂津	ベブ
ネコ	岩手県釜石市箱崎	ヨコダ・ヨツアシ
	高知県宿毛市鵜来島	シャミタ
ザル	宮城県女川町江島	ハヤモノ
	〃　牡鹿町網地島	ハヤモノ

るからだという。夜に船上で寝ているときに、「チッチッチッ……」と聞こえるのがオフナダマ様の泣き声であり、この声を聞くことは、あまり良くないことが起きる前兆だといわれた。口笛のような、まぎらわしい音は禁物だったのである。

鵜来島でも口笛を夜吹くと何かが来ると言われて禁じられ、刃物やお金を海に落とすことも嫌われた。あとで、易者さんが、「海神様」に向かってものを落としたなどと占うこともあった。沖でこれらのものやタモなどを落としたときなどは、すぐに彼の元に電話をして、「海神さんに断わりしてくれ」と頼んだ。易者の話では、海神は鉄を一番嫌うものだという（出口和〈大正十五年生まれ〉談）。

全国的にも易者や巫女などの宗教的職能者が、以上のような海上禁忌の伝承に深く関わっている。

前祝いを避ける

鹿児島県では、「漁の出がけに『たくさん釣って来い』と言葉をかけると全然釣れない」［北山、二〇六頁］という。

高知県中土佐町で発行した『土佐のカツオ漁業史』（二〇〇一年）によると、「窪川町興津では大漁のときにはカタフネ（僚船）の者を招いてオキアガリと呼ぶ大漁祝いをしていたが、このときに大漁した魚を分けてやるのはよいけれども、他人から先に「分けてくれ」といわれるのを嫌う。これをサキフネニノルといい、以後は不漁になるといわれていた」［『土佐のカツオ漁業史』編纂事務局、五七二頁］という。これは、前述した、不漁のときの「ナマスナもらい」と関わる禁忌であろう。

和歌山県田辺市芳養のカツオ船では、「前祝いをするとカツオが釣れなくなる」と言われて、このことを避けたという（浜中十吉〈大正十一年生まれ〉談）。

静岡県賀茂村の安良里もカツオ漁が行なわれていた港であるが、ここでは「前祝に関しては、これを戒めるものとして『安良里のクジラはするな』ということばがある。これは、以前、安良里でクジラの群を見つけた時、港に追いつめ入口を網で仕切ったが、すぐにとらずに、やれやれということで、前祝に酒宴を開いた。ところが、その間にクジラは網を破って、すべて逃げてしまっていた。このことから、前祝を戒めるのに、『安良里のクジラはするな』と言われるようになった」という（山中豊、「民俗学実習調査報告」、一九七六年）。

宮城県唐桑町の津本では、船で「凪がいい」などという話をするなと言われたという。凪の後には時化が来るので、禁句とされたという（三浦清六〈大正五年生まれ〉談）。同町の神の倉でも「日和と嫁ゴほめるもんでない」というタトエ（諺）があった。また「明日こそ魚取ってこいよ」などと言われると取れる魚も取れないといい、「明日の魚を注文するな」と戒められた。このことを「明日という浜はない」というタトエにも表わした（千葉輝夫〈昭和八年生まれ〉談）。

寝ガツオ

沖縄県の座間味島の宮平勇作翁（大正三年生まれ）によると、カツオ漁が不漁になると、村のカミンチュに占いをたててもらいにいったという。すると、カミンチュは、たとえば「水揚げをしないで置き忘れたカツオが一匹、船にあるために漁がないのだ」と語った。「神様がカツオを上げたのに、陸揚げしなかった」ことが不漁になった理由だという。海の神がカツオを所有していたのである。

宮崎県南郷町外浦でも、このように船の上に置き忘れて、腐れかけた魚のことをシキウオと言って避けた。このシキウオは、包丁でていねいに傷をつけて海に捨てた。手を入れて捨てることで、「いただきました」という意味があったという（贄田太一郎〈昭和五年生まれ〉談）。

三重県尾鷲市の古江では、不漁が続くと、「ネガトないか見てみ！」と言われた。船内にネガト（寝ガツオ）があるときは、ナブラ（カツオの群れ）をつかんでも食いが悪いと言われ、そのカツオを見つけてから、頭をちぎって海に放り、その場所に塩をかけて清め、さらにお神酒をついで「ツイヨ！」と言って清めた。ちぎると、カツオでなくなり、単なる食べ物になるからであるという。釣ったカツオを無駄にしないことで、カツオも喜ぶだろうと考えられ、盆の二十日には魚の供養もしたという。

カツオを無駄にしないことと共に、カツオの一本釣りは、そもそも一度に釣りきらずに、間引いて釣ることに意味があるという。近海一本釣り漁においてカツオを釣り過ぎることのない理由は、カツオが船の周りにいる時間が三十分もなく、ナムラの二割を釣り上げたころにはカツオが散ってしまうからだという（大川文左衛門〈昭和五年生まれ〉談）。一方で、静岡県西伊豆町仁科の藤井洋一氏（昭和十八年生まれ）によると、カツオは気分の悪いときは食いつかないために、一本釣りは資源を残す方法だと語っている。これらは、一つの資源管理のありかたを表現した言葉であると思われる。

産忌と死忌

赤不浄と黒不浄

昭和二十四年（一九四九）の『海村生活の研究』（日本民俗学会）の「葬制」には、「服務者の慎むべきこと」として、「沖縄平良町」（宮古島）では「刳舟漁業は別として鰹釣、漁舟に乗ることを慎む」、「鰹節製造工場に出入することを禁ぜられる」［柳田、二六一頁］とある。カツオ漁が特別に、この忌みというものを嫌っていたものと思われる。

宮崎県日南市大堂津では、子供ができたときの「アカフジョウ」（赤不浄）は漁があるといわれ、特に船主の嫁が子供を身ごもったときとか産んだときは喜ばれた。逆に「クロフジョウ」（黒不浄）は嫌われ、葬式を終えてから船に乗るときには、コップに水を入れて、そこに火を入れて消してから乗船したという（金川寛〈昭和二年生まれ〉談）。

三重県尾鷲市の三木浦のカツオ船では、産忌は女の子が生まれた場合は一週間、男子の場合は三日間、沖の仕事を休んだという（三鬼福二〈大正二年生まれ〉談）。また、三木浦では、親が死ぬと、「忌がかかる」といって七十五日はカツオ船に乗れなかった。父方のおじさんの場合は三十日、母方の場合は十日であり、それぞれ「三十日のおじさん」とか「十日のおじさん」という呼びかたもあったという（大門弥之助〈明治三十七年生まれ〉談）。

宮城県女川町の江島では、産忌や死忌は、カツオ船によって、乗ってはいけない日数が違っていた。親が亡くなったあとに櫓をこぐと、なかなかこげないことがあり、「死んだオヤジが櫓にすがっていたな」と言われたりしたという（中村勝治〈明治三十七年生まれ〉談）。

各地の産忌と死忌

高知県宿毛市の鵜来島では、「産忌食い交える」と言って、産忌（赤忌）を嫌い、忌のある者と御飯や味噌汁を共に食べることも避けた。死忌（黒忌）もよくなく、「黒忌」と「赤忌」が交わることは最も嫌ったという（出口和〈大正十五年生まれ〉談）。

同県土佐清水市の貝ノ川では、カツオ船の中では肉を食えず、産忌も一週間あり、日当を出して、お産のあった家の船員に休んでもらうほどで「有給休暇」に等しいものであったという（小泉鋭三郎〈大正二年生まれ〉談）。

同県室戸市奈良師の福吉博敏氏（昭和四年生まれ）によると、女性の生理やお産は嫌われ、不漁が続くと、「赤いオカア（生理中の夫人）とやってきたのはいないか?」」、家族に「腹の太いもの（妊娠中の女性）はいないか?」と船員たちのあいだに探りを入れられた。子ができたという電報さえ、船には打てなかったという。

千葉県天津小湊町の天津では、カツオ曳き縄漁で、奥さんが生理のときにブリッジに上がったために不漁になったという。人がなくなったときは「死ボク」、お産のときは「血ボク」と呼んで、どちらも避けた。血ボクのときは、「血ボクが付いた」と言って沖の漁は一日休み、赤飯をふるまったという（片山繁夫〈昭和十八年生まれ〉談）。

宮城県唐桑町鮪立の浜田徳之翁（明治三十四年生まれ）によると、カツオ船で静岡県の焼津まで行ったときに、船員仲間の一人に、子供の出産の電報が入ったので、その者を裸にして皆で水をかけてから乗船させたという。カツオ船をかけている鮪立では、ことのほか産忌について、やかましく言い、お産のあった家では一週間も村の共同の井戸を使えないので、近所の者たちが井戸から水を汲み上げては、その家の前に置きに行ってあげたという。子を孕んだときも、その女性は神様参詣をしなかった。孕んだ家にはカツオのホシ（心臓）を持っていくなと言われ、必ずホシを抜いて渡した。三重県のカツオ船では、逆にマワリナオシに孕んだ女性を乗せるという。

唐桑町の小鯖では、以前の死忌では、親が死んだときは一年間カツオ船には乗れなかった。産忌は子どもが産まれて一週間後のオビアケ（忌の期間の終了）まで船に乗れず、その後に乗るときは、ミハライ

（身祓い）酒と呼ばれる一合壜か二合壜の酒を乗船前にその船員を呼んできて飲ませてから出港した。また、船員の家族が子を産んだときには、お産のあった家で、藁を燃やして海へ流したりしたという（梶原甲三〈大正十二年生まれ〉談）。

同町只越のカツオ船の例では、村のどこかで出産があっただけで、船は気仙沼に着けて、只越には戻らなかったという（伊藤美雪〈大正十三年生まれ〉談）。

岩手県大船渡市三陸町の根白では、不漁が続くと、ミコサンと呼ばれる巫女に相談するが、「産忌がいろっている（障《さわ》っている）」などと言われることがあり、すぐにも「産忌祓い」や「除《よ》け祓い」などをしてもらった。お産をする家では、前もって産忌祓いの塩をシンセキに配って歩いたものだともいう（寺沢三郎〈大正二年生まれ〉談）。

産忌由来譚

気仙沼地方の漁師さんたちからの聞き書きを始めたころ、一番先に気をつけなければならないと思ったことは、「お産」の話である。漁にとっては、その話をすることとさえ縁起の悪いこととされていたからである。

特に、この地方のカツオ船では、「産忌《さんぴ》」と呼んで、ことのほか嫌った。カツオ船の漁師が産忌などによって不漁が続いた場合などには、カツオの「食《く》いが悪い」と言われた。万一、産忌に関わるようなことがあった場合には、船に乗る前にミアライ酒を飲んでから乗船したという。

なぜカツオ船では産忌に気をつけるのか、という理由については、唐桑町神の倉の千葉富嘉雄翁（明治四十一年生まれ）から、次のような話をしていただいたことがある。

写29　本吉町の岩倉神社に奉納された神功皇后・武内宿禰とカツオの絵馬．嘉永6年（1853）にカツオ船の船主が奉納している．（2002.4.7）

カツ（鰹）ついう名前を誰が付けたかといえば、神功皇后がいくさへ行ったとき、帰る途中に、その魚が飛び込んだんだと。そんで、「皆さん、この魚、何という魚か知ってますか？」って言ったらば、「わかんね」っつんだね。「ふんで、勝って帰ってきたんだから、カツ（勝つ）っついう名を付けますから」って、神功皇后が付けたんだそうです。

そして、その神功皇后が、いくさに行ったとき、そのどき妊娠して行ったもんなんだか、わかんねが、船で来る途中にっさ、子どもが産まれそうになったっつんだね。そんどき、家来ども、たくさん行ったべけんとも、一番近しい武内宿禰《すくね》っついう人がね、「まだお前が出てわかんねから出るな！　家に帰ってから出べし」って、その弓の先でもって、押し込んでやったっつんだね。そして、それが麻糸ね、弓の糸、そんで子ども産まれたときね、ヘソをつむときは麻糸でヘソの緒つむんだ。そして、昔は、女がお産すっとき、必ずその麻で頭、結ったもんだ。そうして、家に帰ってから産まれた子どもが応神天皇様なんだと。（一九九〇年六月九日採録・写29）

唐桑の千葉富嘉雄翁は、この話を、カツオ船に乗った祖父の源左衛門から伝えられている。千葉家には、神功皇后の掛軸を所蔵していたそうで、その掛軸には、武内宿禰が産まれたばかりの赤子を抱いている絵も描かれていたという。

産忌と帰港

前述した唐桑町只越の産忌の事例のように、気仙沼市大島の崎浜でも同様の言い伝えがある。昭和三十二年（一九五七）に宮城大島（気仙沼市）の崎浜の「忌」を調査した岡田重精は、「部落構造と儀礼――宮城県大島字崎浜の場合」の中で、崎浜の産忌について次のように述べている。

> 出稼漁業の家でも出漁中はかなり稀薄であり、最も忌が強烈に表れるのは出港からの帰港の場合であり、自宅に出産があり未だ「オビアケ」前であることを知ると当の乗組員は下船をしないか、しても自宅には入らず親類等に宿泊し出漁する。但し「オビアケ」まで滞在し得ることが確実ならば自宅に入り忌籠りに参加する。〔岡田、四六二頁〕

写30　秋田県協和町の船玉神社に奉納された神功皇后の絵馬．お腹が大きく描かれている（2002.6.24）

つまり、カツオ船では、帰港のときの産忌に、一番気をつけたものらしい。前述した神功皇后は、航海の守護神である住吉大神が憑いてから身ごもったという伝承があるように、船や魚の伝承に関わることが多い（写30）。唐桑町の千葉富嘉雄翁の伝承では、神功皇后の帰港のときに、カツオの命名譚や産忌の由来譚が設定されていたが、これらの伝承が生まれる以前から、帰港と産忌には大きな関わりをもたせていたものと思われる。

さて、この話だけでは、なぜ、カツオ船では産忌に気をつけるのかが釈然としないが、産まれそうになった子を押し込んだという弓の先に関しては、もう一つのカツオの伝承とつながっていくような気がする。

「高橋氏文」によると、イワカムツカリノミコトが船で安房にある浮島を目ざしているとき、船尾を群れになって追いかけてくる魚があった。試みにミコトが角弭《はず》（弓の端の弦をかける先端の鹿角部分）を群れの中に差し入れると、たちまちに喰らいついてきたという。それが、鹿の角を用いるカツオ釣りの起源だという。もう一説は「三島大明神縁起」に記されている。三島大明神が船首から、あやまって法華経を落としてしまった。それを角弭でかきよせて拾い上げようとしていたら、その角弭にカツオが喰らいついてきたので、釣り上げて船中に投げこんだという話である（本書第二章参照）。

いずれも、現代のカツオ漁でも用いられているツノと呼ばれる擬餌鉤の起源譚でもある。ツノは船頭やヘノリなどの技術の優れた者が、三島大明神がいたという同じ場所である船首にいて、そこからカツオを釣るときに用いる擬餌鉤のことである。

先の産忌の由来譚で、産まれ出ようとした子を押し込んだ弓の先は、一方の伝承では、逆にカツオを呼び寄せる道具でもあったわけである。

前述の産忌由来譚で、カツオが船に「飛び込んだ」ということと、子どもが出たがるのを「押し込んだ」こととは、おそらくこの話の中で対立的に扱われている要素である。同じ様に、弓先にカツオが「集まる」という伝承と、弓先で子どもを「押し込む」という伝承も、対称的な性格をもっている。

伝承の中で登場する麻の弓糸にも注意をしなければならない。以前はカツオ漁の釣り糸は麻糸を用いた。沖縄のカツオ漁では、芭蕉の繊維を縒《よ》って釣り糸に用いたが、雨季に腐敗し始めると、カツオを釣った途端に糸が切れて海に落としてしまうこともあった。そのために、麻糸に代えたという。

カツオは血深い魚

その沖縄県の本部町には、本島で唯一のカツオ船、第一徳用丸が操業しているが、船主兼船頭の具志堅用権氏（昭和四年生まれ）から興味深い話を聞いた。不漁が続いたときには漁を休み、船をきれいに洗って、フナダマ様にお神酒を上げるという。その理由は、船にカツオの血が付着して、その匂いを嫌ってカツオが寄り付かなくなるためではないかと説明をしている。船を洗った翌日には、すぐに大漁をして戻ってくることが多かったという。

沖縄のカツオ船での、この説明は、逆に産忌の問題についても一石投じてくれるだろう。気仙沼地方には、産忌を食った者が釣るカツオはナマ（血）を吹くという伝承がある。岩手県普代村では「鰹釣には血忌を嫌ひ血忌のある人が釣ると鰹が血を吐く」［柳田、三五四頁］といっている。神奈川県鎌倉市の腰越では、「普通の魚の血は朝ついたのを夕方洗っても落ちる。カツオのナマは家に帰ってしきいをまたぐと落ちない、それが舟で洗うと落ちる」［土屋、六頁］。つまり、カツオ漁には、他の漁に比べて、魚が出す血の連想が強いのではないかと思われる。魚の血のことをナマと言うのも、主にカツオの血についてのみ用いられている。

「カツオは血深い魚」という言い方もあり、一本釣りの最中には、カシキやドウマワリなどの役の少年たちが、エサ運びをするのに、カツオの血でぬるぬるしている甲板を歩くことがたいへんだった話も、よく耳にしている。

気仙沼地方の漁家では、身ごもった女性に対しては忌むことをせずに、逆に「満船」にたとえて、船に乗せたりすることがあるが、子どもが産まれてからは、産んだ家を含めて一週間は接触しないようにした。千葉県の銚子市外川でも、嫁さんの腹が大きくなると漁をするという言い伝えがある（田辺勝雄〈昭和八年生まれ〉談）。産忌がすぐにも「血忌み」と結びつくわけでもないが、カツオ漁の産忌の強さと、このカツオのナマには、大きな関係があったものと思われる。

気仙沼地方においては、特に漁師の家でお産をするときに、一軒の家の中で二人の妊婦をもつことを忌んだために、必ずどちらかの女性が納屋や蔵の中で産んだそうである。それは「勝ち負け」ができるから、別の建物で出産するのだ、と言われている。出産の血とカツオのナマとの連想が、双方を避けたものではないかとも思われる。

貨幣でケガレを防ぐ

前述したように、同じような状況のものが接触すると「勝ち負け」ができるという言い方は、船同士にもある。東京都の三宅島の例では「出漁中の船は、他の船とクイアワセをせぬ、即ち一方が大漁し、他方が漁をしない、と云う風に食べ合せると負け勝ちがつくので、他の船の人には食物は勿論水も飲ませぬ」［柳田、三五八頁］と言われている。

そのこととも関わりがある伝承として、気仙沼地方では、大漁をしている最中に他の船からカツオを乞われたときには、カツオを通してマンカ（運）が逃げていくことを恐れて、カツオのホシ（心臓）を抜くほかに、次のような儀礼的な言葉を語るという。それは、たとえ無料で上げるとしても、「これは売るんだからな！」と語ってから、渡すという。これは、言葉の上だけでも貨幣を介して、マンカが逃げるのを遮断する必要があったことを、ものがたっている。

たとえば、気仙沼地方では、旧暦の十月二十日は「エビス講」であり、家々でドンコ（エゾイソアイナメ）と呼ばれる魚を神棚に上げて祝うものであるが、私もある漁師さんの家で祝ったときに、次のような経験をしたことがある。

私が帰る間際になって、ドンコをいただくことになり、神様に上げた魚をもらい受けることになった。そのとき、その家のおじいさんが、やにわに財布を出して、「どれ、その魚、俺が買うから！」と言い出した。同じ家の者同士で商売まがいのことをしてから、私に魚を渡したのを見て、何のことかわけがわからず、とまどうばかりであった。

後で、そのわけを尋ねたところ、神様に上げた魚は只で呉れてやることはしないそうであり、特に差し上げる相手が産忌でけがれている場合には、神様に上げた魚を通してケガレが、呉れる方にも移ることを恐れたものだと教えられた。つまり、いくらでもよいから金銭を介することで初めてケガレを遮断できると考えたわけであり、私がエビス講で見たことも、その一つの儀礼的な仕草にほかならなかった。

この例のような貨幣のもつ呪術的な機能は、次のような禁忌からもうかがうことができる。たとえば、ボウスリ（デッキブラシ）などの船を洗う道具は、船同士で譲ったり貰ったりはしない。家でもホウキなどは同じことを言われ、必ず金を出して買うものとされた。それは、洗ったり掃いたりする道具は、ゴミだけでなく、ケガレや悪運も祓うことができると見なされていたためであり、他の家や船から譲られた道具には、どんな悪いものが付いてまわっているのか、わからないから避けるのである。金を出して買った、新しい道具でさえあれば、そのような心配は無用となるわけであった。

カツオの血と産の血とが合わさることを避け、船同士の食い合わせを避ける習俗と同様の考え方が、このようなところにも伝えられていたものと思われる。

写31　渡嘉敷島の「鰹漁業創業五十周年記念碑」(2003.9.26)

巫女とカツオ漁

ユタとカツオ漁

沖縄の伊良部島佐良浜のニガィンマは、カツオ船の船長(漁労長)の家族や親戚などの女性のなかから、特に生まれつき信仰深い人が選ばれたという。池間島でも、カツオ船の船長の妻は、ニガィンマになる〔野口、二一七頁〕。たとえば、伊良部町の奥原隆治氏(昭和六年生まれ)の場合は、姉に当たる池間治子さん(大正十四年生まれ)がニガィンマであった。遠方で漁をしていて、不漁が続いたりしたときに、すぐにニガィンマに電報を打つ。佐良浜で待つニガィンマは、それをすぐにユタと呼ばれる宗教的職能者に相談をする。

ユタは「占い」のような行為をすることで、不漁の理由が「船に残された魚が隠れていて腐っているせいだ」とか「サオを海に落としたせいだ」とか「包丁を海に落としたためだ」とかいう、一種の〈判断〉をニガィンマに与えて、さらに彼女が船へと結果を知らせる。

ユタは女性のシャーマンであり、目は不自由ではないが、漁業に対して東北地方のイタコやオカミサンと同様の職能を果たしている。奥原氏も次のような経験をしている。

パプア・ニューギニア沖で漁をしていたときに、あまり漁にめぐまれなかった。いつものようにニガィンマを通して、ユタに判断を仰いだところ「鳥を捕って、いじめている」ということを語られた。奥原氏には、すぐに思いあたることがあった。自分の船でカツオ鳥を捕獲してペットのように養っていたからだ。

早速、鳥を飛ばしてやったところ、漁運に当たり始めたという。

池間治子巫女は、ニガィンマからユタへ宗教的に成長した一人である。幼いころから霊感が働き、長じてからは、ニガィンマの役割を果たすとともに、伊佐ツル巫女というユタのもとに通ううちに、信仰を深めていったという。

二十歳ころには病気がちになり、床に伏して起きられず、わが子に与えるために用意をしていた御飯に鳥が来てついばむのを、情けない気持ちで床から見続けていたこともあったという。その子が一人前になり、あるとき尖閣諸島にカツオ漁に行こうとするときに、胸騒ぎがして乗船を引き止めたことがあった。そのときには、出かけた船員が皆、下痢をして漁をせずに戻ってきたという。

「カツオ船が南方などの、どんなに遠くへ行っていても、伊良部島で一番高い牧山にいる神様が教えてくれる」と、池間巫女は語っている。また「弟は、ずっと私の言うことは聞き入れてくれました」と語る、その一言には、沖縄に今でもオナリ神が生きていることを確信させられる。オナリ神とは、南島において兄弟を守護するといわれる姉妹の霊のことである。

カミンチュの役割

沖縄県の渡嘉敷島も、明治三十七年（一九〇四）にカツオ一本釣り漁を創始しているが（写31）、座間味島でカツオ漁を止めた時期よりも一世代前、おそらく戦後にはほとんどが釣竿を捨てている。

カツオ節の削り師の多くは女性たちであったが、他にカツオの不漁が続いた場合に、船頭が女性たちに頼むことが一つあった。それは、彼女たちがノロやカミンチュ（神人）と呼ばれる巫女に頼み、海のウグワン（拝み）ということを行なってもらうことである。海神祭もカミンチュが主催したという。

写32　悪石島の遠景．断崖絶壁が人を寄せつけない印象を与える（2000.8.15）

カミンチュのことは座間味島でも聞いた。座間味の宮平勇作翁（大正三年生まれ）によると、カツオ漁が不漁になると、村のカミンチュに占いをたててもらいにいったという。一年に一〜二回は、このカミンチュにもカツオを上げたが、この魚のことをウタカベモンと呼んだ。

このカミンチュは、座間味の村に四〜五名はいる。小さいころから体の弱い子がいると、那覇のユタ（巫女）などに、カミンチュにならないと駄目だと言われ、神に仕える身となるという。ただし、結婚は自由であった。

渡名喜島でも、不漁が続くとカミンチュにお願いした。たとえば、水揚げを忘れたカツオを船にそのままにしているために不漁になった場合には、そのカツオを見つけて七つに切り、オモカジから捨てた後、マンナオシはカミンチュが取りはからう。カツオ船には女性一人を乗せられなかったので、カミンチュ二人をまず、テンマ船に乗せて、そのカツオ船の周囲をオモカジ回りに七回まわった後、トリカジから乗せる。二人のカミンチュは、ススキを手に持ち、オモテからトリカジとオモカジに分かれてトモまで船をたたいた後で、オモカジからテンマ船へ下りる。そのススキは船の上に乗せておき、次に出港するときにボースンが後ろ向きにそれらを投げたという（大城樽〈昭和四年生まれ〉談）。カツオ船上のこの不漁祓いは、三重のカツオ船におけるヒボアワセに似ている。

ネーシとカツオ漁

鹿児島県十島村は、口之島・中之島・平島・諏訪之瀬島・悪石島・小宝島・宝島など七島があり、戦後、これらの島は米占領区域に入った。そのために、北の三つの島、竹島・硫黄島・黒島は三島村として、十にならない七つの島の十島村とともに、現在もその名がある。これらの島々はトカラ列島と呼ばれ、沖縄本島の西側を北上した黒潮は、このトカラ列島を横断して屋久島・種ケ島の南を通る黒潮本流と、九州の西側を北上して日本海に流れる対島海流とに、ここで分かれることになる。トカラ列島がカツオの好漁場であった理由である。

船着場は離島のシンボルであり、これによって島の隔絶性が、ある程度推察されるという［竹田、口絵］。トカラ列島のすべての島は、下の桟橋と山にある集落とが、かなりの高度差をもった風景として立ち現われてくる。

たとえば、トカラ列島の一つ、悪石島は、海上から見ると、人を簡単には寄せつけない、急峻な姿で近づいてくる（写32）。その集落も、桟橋から急な山道を歩いて五十分はかかる。両脇からガジュマルの樹木が蔭をつくる、ゆるやかな道なりに集落が現われる。この島で高いところにある集落はからは、どこからが海で、どこからが空か判別しにくい。夏には、ただ青い空気に囲まれたまま、暑い午後を過ごさなければならない。ただし、海岸に結ばれている村の道は、すべて風の通り道になる。午後になると、海から山の集落へ向けて、何度も繰り返すように、ときおり涼しい風が運ばれてくる。

この悪石島には、ネーシとか「ネーシ婆」と呼ばれる宗教的力能者がいた。多くは女性で、シケという神がかりの体験を経てから信仰活動に従事するという。ネーシの託宣のことを「クチボコった」と言うが、東北地方にも神口のことをクチブクというところがある。カツオ漁が盛んなころ、大漁時には各船から最も大きなカツオを「カミヤクダマス」としてネーシに捧げたものだという。

悪石島の宮永広翁（大正三年生まれ）によると、昔は正月十一日の「漁まつり」のときに、ネーシから一年間の漁を占ってもらったという。「漁まつり」もそうであったが、島の祭りにはカツオ節を捧げるのが習わしであった。

もともと、この島の周辺はカツオの好漁場で藩政時代の年貢は米でなく、鰹節で納められている。明治の初めには、一年に一万五〇〇〇尾か二万三〇〇〇尾を釣り上げており、カツオ節工場も海岸に二十一軒も建てられていた。それが、内地の船が進出してくるようになって、急に島民の船の漁獲高が減ったという［宮本、二九〇頁］。カツオの漁場に近い小さな島は、皆、このような運命をたどっている。

ユタ・カミンチュ・ネーシに対する信仰は、カツオ漁の始まりよりも、はるかに古い、沖縄や南九州独自のシャーマニズムである。沖縄のカツオ一本釣り漁は、確かに明治時代から始まった後発の産業であった。しかし、ユタやカミンチュとカツオ漁との関わりは、遠く三陸沿岸のオカミサンやイタコと漁業との関わりかたに等しいものがある。

なぜ、東北と南島にシャーマニズムが現在でも生きているかというテーマは大問題であるが、少なくともカツオ漁を介して見えてくる南島の信仰世界は、沖縄のカツオ漁が後発の産業であることを越えて、魅力のある世界を開いてくれている。

沖縄の池間島では、以前はカツオを「神の使い」として、八重山への旅中にカツオの群れにあうと、恐れて手を合せて通っていたという［野口、一二七頁］。それは、カツオを一種の寄り物として、カミが授けてくれる魚として、漁師たちによって捉えられてきたからに違いない。

引用・参考文献

〈引用文献〉

はじめに

山本鹿州「山本鹿州遺稿一」、『釜石郷土文化資料』第六集、土曜会、一九五四年
山本鹿州「山本鹿州遺稿五」、『釜石郷土文化資料』第十集、土曜会、一九五八年
守随一「陸前漁村見聞記」、『水産界』一九三七年一一月号
野村純一『昔話の森』、大修館書店、一九九八年、
東洋大学民俗研究会『小泉の民俗――宮城県本吉郡本吉町小泉村』、一九八二年
鳥羽市史編さん室編『鳥羽市史』下巻、鳥羽市、一九九一年
柳田国男『国史と民俗学』、ちくま文庫、一九九〇年（初版一九四四年）

第一章

小山亀蔵『和船の海』、唐桑民友新聞社（宮城県唐桑町）、一九七三年
川島秀一編「浜田徳之翁漁業資料(1)」、『漁村』第五六巻第四号、漁村文化協会、一九九〇年
高倉淳「大島崎浜部落の民俗」、『昭和四十一年度気仙沼市新城地区民俗調査報告書』、宮城県鼎が浦高等学校（気仙沼市）、一九六六年

小野寺正人「弘化四年の大時化と鰹船の難船」、『東北民俗』第一九輯、東北民俗の会、一九八五年
二野瓶徳夫『日本漁業近代史』（平凡社選書）、平凡社、一九九九年
柳田国男「一目小僧」、『一目小僧その他』、角川文庫、一九七四年（初版一九三四年）
宇野修平『陸前唐桑の史料』、日本常民文化研究所、一九五五年
『宮城県漁業基本調査報告書』第3巻「漁業組織及漁場漁礁」、宮城県水産試験場、一九一一年
宮田登「金華山信仰とミロク」、和歌森太郎編『陸前北部の民俗』、吉川弘文館、一九六九年
里見藤右衛門「封内土産考」、『大船渡市史』三I、大船渡市、一九七九年
土屋秀四郎「伊勢吉漁師聞書（三）――鎌倉市腰越」、『民俗』第二八号、相模民俗学会、一九五八年
町頭幸内「鰹群を追って」、『南日本新聞』、一九七九年六月一日〜八月二十二日

第二章

内海延吉『海鳥のなげき――漁と魚の風土記』、いさな書房、一九六〇年
河岡武春『海の民――漁村の歴史と民俗』（平凡社選書）、平凡社、一九八七年
宮下章『鰹節』（ものと人間の文化史）、法政大学出版局、二〇〇〇年
土屋秀四郎「伊勢吉漁師聞書（三）――鎌倉市腰越」、『民俗』第二九号、相模民俗学会、一九五八年
北窓時男『地域漁業の社会と生態――海域東南アジアの漁民像を求めて』、コモンズ、二〇〇〇年
ホーネル・J「漁撈文化人類学」、藪内芳彦『漁撈文化人類学の基本的文献資料とその補説的研究』、風間書房、一九七七年
農商務省水産局編『日本水産補採誌』、水産書院、一九二六年
菅江真澄「はしわのわかば続」、『菅江真澄全集』第十二巻、未来社、一九八一年
柳田国男「大正九年八月以後東北旅行」、『民俗学研究所紀要』第二四集別冊、成城大学民俗学研究所、二〇〇〇年
西川恵与市『土佐のかつお一本釣り』、平凡社、一九八九年

小山亀蔵『和船の海』、唐桑民友新聞社（宮城県）、一九七三年
町頭幸内「鰹群を追って」、『南日本新聞』、一九七九年六月一日〜八月二十二日
岩崎敏夫「漁村の生活聞書」、『村の生活聞き書き』（岩崎敏夫著作集4）、名著出版、一九九一年
野口武徳『沖縄池間島民俗誌』、未来社、一九七二年
宮本常一『屋久島民俗誌』（宮本常一著作集16）、未来社、一九七六年
柳田国男編『海村生活の研究』、日本民俗学会、一九四九年
農林省水産局『旧藩時代の漁業制度調査資料』、農業と水産社、一九三四年
竹内利美「近世の紀州漁浦と他国出漁」、『民俗文化』創刊号、近畿大学民俗学研究所、一九八九年
宇野修平『陸前唐桑の史料』、日本常民文化研究所、一九五五年
石巻市史編纂委員会編『石巻の歴史』第九巻資料編3近世編、石巻市、一九九〇年
田島佳也「近世紀州漁法の展開」、葉山禎作編『日本の近世第4巻生産の技術』、中央公論社、一九九二年
中田四朗・高田俊士「近世前期における志摩国の鰹釣漁業」、『三重史学』第16号、三重史学会、一九七三年
釜石市誌編纂委員会編『釜石市誌』史料編一、釜石市、一九六〇年
大槌町漁業史編纂委員会編『大槌町漁業史』、大槌町漁業共同組合、一九八三年
「土佐のカツオ漁業史」編纂事務局編『土佐のカツオ漁業史』、中土佐町（高知県）、二〇〇一年
座間味村史編集委員会編『座間味村史』上巻、座間味村役場（沖縄県）、一九八九年
座間味村『座間味村鰹漁業一〇〇年誌』、仲村三雄（沖縄県座間味村）、二〇〇二年
池澤夏樹編『オキナワなんでも事典』、新潮文庫、二〇〇三年
金子光晴『マレー蘭印紀行』、中公文庫、一九七八年（初版一九四〇年）

第三章

土屋秀四郎「伊勢吉漁師聞書（二）――鎌倉市腰越」、『民俗』第二八号、相模民俗学会、一九五八年

服部照子・神野善治・野元昌子「静岡県における伝統的仕事着の様式II」、『日本大学三島学園生活科学研究所報告』第3号、日本大学三島学園生活科学研究所、一九八〇年
岩崎敏夫「漁村の生活聞書」、『村の生活聞き書き』（岩崎敏夫著作集4）、名著出版、一九九一年
渡辺兼雄『角屋敷九助覚帳』、共和印刷企画センター、一九九三年
アンドレア・フェッラーリほか『サメガイドブック――世界のサメ・エイ図鑑』、TBSブリタニカ、二〇〇一年
竹内利美「鼎の脚」、『みちのくの村々』、雪書房、一九六九年
高木正人『方言にちなんだ日本の魚』、高木正人、一九八一年
後藤亮一・川俣馨一『古事類苑』動物部十八、後藤亮一・川俣馨一発行、古事類苑刊行会、一九三四年
斎藤月岑編著・金子光晴校訂『贈訂武江年表』（東洋文庫）、平凡社、一九六八年
武井周作・平野満解説『魚鑑』（生活の古典双書）、八坂書房、一九七八年
柳田国男『妖怪談義』、講談社学術文庫、一九七七年（初版一九五六年）
小山亀蔵『和船の海』、唐桑民友新聞社（宮城県唐桑町）、一九七三年
新沼政之進「海の神様甚平怪魚」、『三陸のむかしがたり』第5集、三陸町老人クラブ連合会、一九八四年
柳田国男編『海村生活の研究』、日本民俗学会、一九四九年
奥寺正『釜石地方　海のむかし話』、岩手東海新聞社、一九七七年
木下利次「ジンベイサマ」、『民俗学』第三巻第十号、民俗学会、一九三一年
守随一「ジンベイとサカ」、『民間伝承』第三巻第十号、一九三八年
南方熊楠「南方随筆」、『南方熊楠全集』第二巻、平凡社、一九七一年
柳田国男・倉田一郎、『分類漁村語彙』、一九三八年
雑賀貞次郎「鮫付の鰹群をエビスといふこと」、『南紀の俚俗』第一冊、田辺地方文献刊行会、一九四九年
大船渡市史編集委員会編『大船渡市史』第四巻、大船渡市、一九七九年
若林良和『カツオ一本釣り――黒潮の狩人たちの海上生活誌』、中公新書、一九九一年

山本鹿州「山本鹿州遺稿五」『釜石郷土文化資料』第十集、土曜会、一九五八年
矢野憲一『鮫』（ものと人間の文化史）、法政大学出版局、一九七九年
斎藤健次『まぐろ土佐船』、小学館文庫、二〇〇三年（初版二〇〇〇年）
鈴木兼平『焼津漁業絵図』、近藤和船研究所、一九九五年
内海延吉『海鳥のなげき——漁と魚の風土記』、いさな書房、一九六〇年
浜口卯喜男『生き残りを賭けた漁業の変貌』、私家版（三重県鳥羽市）、一九九五年
川島秀一「海からの賜物——人間と海洋生物」、中路正恒編『地域学』、京都造形芸術大学、二〇〇五年

第四章

亀山慶一「漁民における産忌の問題」、『漁民文化の民俗研究』、弘文堂、一九八六年
細井計「近世後期における三陸漁村と商品流通」、『宮城の研究』第四巻近世篇II、清文堂出版株式会社、一九八三年
千葉忠右衛門「気仙沼地方の変った行事」、『仙台郷土研究』第二巻第三号、一九三二年
佐藤次男「明治四十四年三月十二日」、『茨城民俗』2号、一九六四年
町頭幸内「鰹群を追って」、『南日本新聞』、一九七九年六月一日〜八月二十二日
小野寺正人「弘化四年の大時化と鰹船の難船」、『東北民俗』第一九輯、東北民俗の会、一九八五年
菅江真澄「はしわのわかば続」、『菅江真澄全集』第十二巻、未来社、一九八一年
岡田重精「部落構造と儀礼——宮城県大島字崎浜の場合」、『東北文化研究室紀要』第1集、東北大学文学部東北文化研究室、一九五九年
田村馨「東北の講集団——特に「ケイヤク講」について」、『民間伝承』第十四巻第十二号、一九五〇年
西川恵与市『土佐のかつお一本釣り』、平凡社、一九八九年
農林省水産局『旧藩時代の漁業制度調査資料』、農業と水産社、一九三四年

岩崎敏夫「漁村の生活聞書」、『村の生活聞き書』（岩崎敏夫著作集4）、名著出版、一九九一年
秋道智彌「カツオをめぐる習俗」、『海と列島文化』第十巻　海から見た日本文化、小学館、一九九二年
柳田国男編『海村生活の研究』、日本民俗学会、一九四九年
二野瓶徳夫『日本漁業近代史』（平凡社選書）、平凡社、一九九九年
宮本常一『屋久島民俗誌』（宮本常一著作集16）、未来社、一九七六年
高倉淳「大島崎浜部落の民俗」、『昭和四十一年度気仙沼市新城地区民俗調査報告書』、宮城県鼎が浦高等学校（気仙沼市）、一九六六年
竹内利美「鼎の脚」、『みちのくの村々』、雪書房、一九六九年
二野瓶徳夫『明治漁業発達史』（平凡社選書）、平凡社、一九八一年
竹内利美『漁村と新生活——気仙沼地区基礎調査』、気仙沼市教育委員会、一九五九年

第五章

高倉淳「大島崎浜部落の民俗」、『昭和四十一年度気仙沼市新城地区民俗調査報告書』、宮城県鼎が浦高等学校（気仙沼市）、一九六六年
佐藤次男「明治四十四年三月十二日」、『茨城民俗』2号、一九六四年
枕崎市誌編さん委員会編『枕崎市誌』上巻、枕崎市（鹿児島県）、一九八九年
野本寛一『生態民俗学序説』、白水社、一九八七年
小山亀蔵『和船の海』、唐桑民友新聞社（宮城県唐桑町）、一九七三年
北杜夫『どくとるマンボウ航海記』、新潮文庫、一九八七年（初版一九六〇年）
高木正人『方言にちなんだ日本の魚』、高木正人、一九八一年
菅江真澄「えぞのてぶり」、『菅江真澄全集』第二巻、未来社、一九七一年
菅江真澄「かたゐぶくろ」、『菅江真澄全集』第十巻、未来社、一九七四年

松田伝十郎『北夷談』、『日本庶民生活史料集成』第四巻　探検・紀行・地誌（北辺篇）、三一書房、一九六九年
更級源蔵・更科光『コタン生物記』II野獣・海獣・魚族篇、法政大学出版局、一九七六年
斎藤月岑編著・金子光晴校訂『贈訂武江年表』（東洋文庫）、平凡社、一九六八年
竹内若校訂『毛吹草』、岩波文庫、一九四三年（原文は一六四五年）
栗本丹州「翻車考」、手稿本、国立国会図書館蔵、一八二五年
宮城県農商課編『宮城県漁具図解』、山口徳之助、一八八八年
気仙沼町誌編纂委員会編『気仙沼町誌』、気仙沼町、一九五三年
奥寺正『釜石地方　海のむかし話』、岩手東海新聞社、一九七七年
早坂和子「岩手県北部漁村の信仰」、『東北民俗資料集（十）』、萬葉堂出版、一九八一年
内海延吉『海鳥のなげき――漁と魚の風土記』、いさな書房、一九六〇年
静岡県教育委員会文化課編『伊豆における漁撈習俗調査I』、静岡県文化財保護協会、一九八六年
倉光設人「マンザイは縁起魚」、『民間伝承』第十四巻第三号、一九五〇年
南方熊楠「昭和一〇年（一九三五）一二月四日付岩田準一宛南方熊楠書簡」、『南方熊楠全集』第九巻、平凡社、一九七三年
藤井弘章「マンボウの民俗――紀州藩における捕獲奨励と捕獲・解体にまつわる伝承」、『和歌山地方史研究』36、和歌山地方史研究会、一九九九年
農林省水産局『旧藩時代の漁業制度調査資料』、農業と水産社、一九三四年
和歌山県田辺市教育委員会編『紀州田辺万代記』第十一巻、清文堂出版、一九九三年（引用図版は一八〇三年）
宇井縫蔵『紀州魚譜』、濱中辰吉、一九二四年
佐藤孝徳編著『昔あったんだっち――磐城七浜昔ばなし三〇〇話』、いわき地域学會出版部、一九八七年
福井正二郎『紀州魚歳時記』、ゆのき書房、一九八三年
桂井和雄『俗信の民俗』（民俗民芸双書）、岩崎美術社、一九七三年

三峰舘寛兆「蕪島之記」、『浮木寺誌』、浮木寺（青森県八戸市）、一九八八年
浜口彰太「亀の浮木」、『民間伝承』第三巻第三号、民間伝承の会、一九三七年
丹野正「亀のしょい木、亀のしょい石」、『民間伝承』第十五巻第十一号、日本民俗学会、一九五一年
山本鹿洲「お船霊様」、『郷土研究』第五巻第四号、一九三一年
鈴木棠三『日本俗信辞典』、角川書店、一九八二年
沢内勇三『鍬浦史話』、郷土史同好会（岩手県宮古市）、一九五五年
菅原雪枝ほか翻刻「奥州里諺集」巻之四、『仙台領の地誌』、今野印刷、二〇〇一年
小島孝夫「漁業の近代化と漁撈儀礼の変容――千葉県銚子市川口神社ウミガメ埋葬習俗を事例に」、『日本常民文化研究所紀要』二三、二〇〇三年
川島秀一『漁撈伝承』（ものと人間の文化史）、法政大学出版局、二〇〇三年
野尻抱影『日本星名辞典』、東京堂出版、一九七三年
内田武志『星の方言と民俗』（民俗民芸双書）、岩崎美術社、一九七三年
野尻抱影『日本の星――星の方言集』、中公文庫、一九七六年（初版一九五七年）
唐桑町史編纂委員会編『唐桑町史』、唐桑町（宮城県）、一九六八年
神野善治『木霊論――家・船・橋の民俗』、白水社、二〇〇〇年
梶原丈太郎『ふるさと物語』、私家版（長崎県奈良尾町）、一九七七年
松岩地区老人クラブ連合会編『松岩百話集』、松岩地区老人クラブ（宮城県気仙沼市）、一九七三年
日高旺『黒潮のフォークロア――海の叙事詩』、未来社、一九八五年
町頭幸内「鰹群を追って」、『南日本新聞』、一九七九年六月一日～八月二十二日

第六章

渡名喜村編『渡名喜村史』下巻、渡名喜村（沖縄県）、一九八三年

静岡縣漁業組合取締所『静岡水産誌』、静岡縣漁業組合取締所、一八九四年
守随一「陸前漁村見聞記」、『水産界』一九三七年一一月号
西川恵与市『土佐のかつお一本釣り』、平凡社、一九八九年
川島秀一『漁撈伝承』（ものと人間の文化史）、法政大学出版局、二〇〇三年
気仙沼市役所総務部庶務課編『気仙沼市勢要覧』、気仙沼市、一九五四年
萩原龍夫「祭り方」、『日本民俗学大系』第8巻信仰と民俗、平凡社、一九五九年
宮本常一『屋久島民俗誌』（宮本常一著作集16）、未来社、一九七六年
土屋秀四郎「伊勢吉漁師聞書（五）――鎌倉市腰越」、『民俗』第三二号、相模民俗学会、一九五八年
農林省水産局『旧藩時代の漁業制度調査資料』、農業と水産社、一九三四年
前田正名「紀南漁村聞書――西牟婁郡田並村附近」、『民間伝承』第十四巻第十号、一九五〇年
竹田旦「阿曽の漁神――三重県度会郡中島村阿曽」、『民間伝承』第十四巻第二号、一九五〇年
土屋秀四郎「伊勢吉漁師聞書（二）――鎌倉市腰越」、『民俗』第二八号、相模民俗学会、一九五八年
藤山豊編『山形縣漁業誌』（鶴岡市立図書館蔵、年不詳）
更級源蔵・更科光『コタン生物記』Ⅱ野獣・海獣・魚族篇、法政大学出版局、一九七六年
NHK取材班ほか『海と川の狩人たち――人間は何を食べてきたか』、日本放送出版協会、一九九二年
煎本孝『カナダ・インディアンの世界から』、福音館書店、二〇〇二年（初版は一九八三年）
山下渉登『捕鯨Ⅰ』（ものと人間の文化史）、法政大学出版局、二〇〇四年
遠藤和江「女性と漁業信仰――伊豆半島西海岸漁村の調査報告」、『沼津市歴史民俗資料館紀要』1、沼津市歴史民俗資料館、一九七六年
桂井和雄『俗信の民俗』（民俗民芸双書）、岩崎美術社、一九七三年
高桑守史「儀礼的盗みとムラ」、『村と村人――共同体の生活と儀礼』（日本民俗文化大系第八巻）、小学館、一九八四年

坂部万蔵『人生航路八十年』、坂部武男（福島県いわき市）、一九六二年
亀山慶一「志摩の漁業と漁業民俗」、『漁民文化の民俗研究』、弘文堂、一九八六年
静岡県教育委員会文化課編『伊豆における漁撈習俗調査II』、静岡県文化財保存協会、一九八七年
森彦太郎『南紀土俗資料』、名著出版、一九七四年（初版一九二四年）
北山易美『黒潮からの伝承――鹿児島漁村夜話』、南日本新聞開発センター、一九七八年
「土佐のカツオ漁業史」編纂事務局編『土佐のカツオ漁業史』、中土佐町（高知県）、二〇〇一年
山本豊「民俗学実習調査報告」、一九七六年
柳田国男編『海村生活の研究』、日本民俗学会、一九四九年
岡田重精「部落構造と儀礼――宮城県大島字崎浜の場合」、『東北文化研究室紀要』第1集、東北大学文学部東北文化研究室、一九五九年
土屋秀四郎「伊勢吉漁師聞書（二）――鎌倉市腰越」、『民俗』第二八号、相模民俗学会、一九五八年
野口武徳『沖縄池間島民俗誌』、未来社、一九七二年
竹田旦『離島の民俗』（民俗民芸双書）、岩崎美術社、一九六八年
宮本常一『日本の離島』、未来社、一九六〇年

〈参考文献〉

『漁村田子』、静岡県賀茂郡田子尋常高等小学校、一九三九年
山本高一『鰹節考』、筑摩書房、一九八七年（初版一九四二年）
伊豆川浅吉『日本鰹漁業史』上・下巻、日本常民文化研究所、一九五八年
青野寿郎『漁村水産地理学研究』第一〜二集、古今書院、一九五三年
神奈川県教育庁社会教育部文化財保護課編『相州のカツオ漁』（神奈川県民俗シリーズ12）、神奈川県教育委員会、

一九七五年
宮下章『鰹節』上・下巻、社団法人日本鰹節協会、一九八九年・一九九六年
静岡県教育委員会編『石津の民俗――焼津市』(静岡県民俗調査報告書第十八集)、静岡県、一九九三年
若林良和『水産社会論――カツオ漁業研究による「水産社会学」の確立を目指して―』、御茶の水書房、二〇〇〇年
吉野清勇『カツオと共に一〇〇年――大熊鰹漁業一〇〇年のあゆみ』、宝勢丸鰹漁業生産組合(鹿児島県名瀬市)、二〇〇一年
植杉豊『漁師という生き方』、廣済堂出版、二〇〇二年
焼津市総務部市史編さん室編『浜当目の民俗』(焼津市史民俗調査報告書第二集)、焼津市、二〇〇三年
山本佐一郎『田子の漁業史　資料集』、私家版(静岡県西伊豆町)、二〇〇三年
若林良和『カツオの産業と文化』、成山堂書店、二〇〇四年
焼津市総務部市史編さん室編『浜通りの民俗』(焼津市史民俗調査報告書第三集)、焼津市、二〇〇四年
藤林泰・宮内泰介『カツオとかつお節の同時代史――ヒトは南へ、モノは北へ』、コモンズ、二〇〇四年

あとがき

一

生まれたときから目の前には海が開かれていた。朝には海からの反射光がきらきらと天井に映っていたのが幼いころのわが家であった。父母のあいだに寝ていた就学前のころなので判然とはしないが、目を開けたままの姿勢で、天井に揺れ動く光の束を見ながら、この家が船であるような、あるいは船であってほしいような、海辺で育った者のみがもつ特有の憧れを抱いていたものである。

冬には暗闇の中で、すぐ上の道を通る、寒行の法華太鼓の音で目が覚め、夏には対岸から響いてくる魚市場のざわめきで目をこすった。カツオ漁のころに現れ始めるのでカツ虫と呼ばれた船虫は、脅かすとパッと四方に散るので、友にでも会うように喜んで河岸へ走ったものである。ガラス瓶の中に手紙を入れて海に流せば、必ずアメリカに着くと思い、今日はどこまで行ったろうかと、毎晩寝床で考えていた。海にはプランクトンなる生物がいると友人から教えられると、ガラス瓶に今度は海水を入れ、人目につかぬ場所に隠しておいた。学校から帰ると、毎日そっと瓶の中をうかがいにいった。プランクトンなるものが成長すると思っていたからである。目の前の、海の果てや海の底から多くの夢を与えられた。

家の前の岸には、遠方からの漁船が繋いであったが、ある日、酔いつぶれた船員が船と陸とをつなぐ歩み板から足を踏みはずして海に落ち、帰らぬ人になったことがある。潜水夫が何度も潜って捜していたが、岸にはその船員の夫人と思われる女性が土の上に座り込み、夫が海から上がる前からハンカチを手に握って泣きくずれていた。僕ら子どもたちの前で、海に落ちた船員が引き上げられてきた。顔は灰色の蠟人形のようになり、両腕は直角に硬直したままであった。それを見た女性はいっそう号泣し、死体が運ばれてしまった後も泣きくずれていた。人に立ち上げられ、よろよろと去っていったが、その白いスカートについた土埃の色とともに、私には忘れ去ることができない目前の海の出来事だった。

私の少年時代、昭和三十年代後半の気仙沼は、カツオやサンマの豊漁に沸いた。サンマを山と積んだトラックが土けむりをあげながら行き交い、カーブの付近ではサンマを道路にボタボタと落としていく。子どもたちは面白がって拾いに行き、それはそのまま夕食の食卓にのぼった。気仙沼地方では豊漁のときに「今日は猫またぎだ」と呼んだ。海岸に上がった魚を猫までが食いあきて、魚をまたいで歩いていたからである。海岸に並んだ日本各地の漁船のラウドスピーカーからは、一日いっぱい、都はるみの「アンコ椿は恋の花」や映画音楽の「太陽はひとりぼっち」などを音高く流していた。港のそばの、神社の杜で忍者ごっこをしていた僕たちは、遊びながらこれらの大人の音楽を耳にした。

僕ら子どもたちは、港を肩で風を切って闊歩する各地の船方たちとすれ違いながら、彼らを怖れ、そして敬いながら、まだ見ぬ海上の世界に憧れたものである。本書は、その遠洋で操業する漁師に対して怖れと敬いをそのまま持ち続けた少年の心が、全国の漁師さんたちに会って編集した「カツオ漁」の民俗誌である。

二

本書はあくまでカツオ漁の文化を担っている漁師の立場からの記述であるために、数表を用いた定量的な分析は力不足のため至らなかった。もし私に、単なる書き癖ではなく、意識的な文体というものを目ざしたとしたなら、今回ほどこれに心を尽した仕事はなかったろうと思う。一人よがりな情趣たっぷりの文章と、無味乾燥な資料の羅列とが、それぞれの独自性を保ちながら補い合い、無理なく融合できていたとしたら、半分はその苦労が報われたと思われる。

本書の『カツオ漁』に、前著の『漁撈伝承』（法政大学出版局、二〇〇三年）における、第四章の「カシキと船霊」・第六章「大漁旗と大漁祝着」・第七章「大漁の祭り」を加えるならば、ほぼカツオ漁に関する民俗は出揃ったと思われる。

また、本書では、カツオ船などの遠洋漁船を通してしか出会えない海洋生物についても、ていねいに記述を試みた。クジラ・ジンベエザメ・マンボウ・ウミガメなどを、カツオ漁師がどのように捉えているかという図式（一二〇頁）などは、聞き書きを通してしか作れなかったものである。大漁の縁起物として、東日本ではマンボウを、西日本ではウミガメを捕獲することや、カシキが一人前になった祝いを、東日本では漁期が終わったときに行ない（「初乗り」）、西日本では初めてカツオを釣ったときに行なう（「初釣り」）など、全国のカツオ漁師に出会ったことで初めて俯瞰的に見えてきた事柄もある。沖で出会う実際の海洋生物とともに、船幽霊などの怪異譚などにも詳しく触れたかったが、これに関しては拙著の『憑霊の民俗』（三弥井書店、二〇〇三年）の第一章「漁師の伝承」を参照してもらいたい。

カツオ船の民俗の大半は、近世の廻船からの伝承が多く、カツオ船が「沖船」の象徴であったことを示している。その伝承はゆるやかに行なわれてきたと思われるのだが、近代の機械船の普及により、むしろその培っていた伝承は消失するどころか、またたくまに全国に普及した。カツオ船の船主と船頭と船員とが、太平洋岸の別な土地の出身者であることも多く、カツオ漁師はそのために、自分の故郷も含めて、各地の習慣を相対的に捉える視点を鍛えられている。それは、そのまま私の方法論となった。

また、漁船としての特有の民俗もあるが、「産忌」や禁句などは、山の猟師や炭焼きなどの山仕事にたずさわる者たちにも伝えられている。本書で扱った産忌は、カツオ漁という枠内だけで考えてみたものであり、もう少し広い視点で捉えてみるべき課題も抱えていると思われる。

三

今、日本のカツオ漁の漁獲量は、昭和四十年代から五十年代にかけてのピークを過ぎて減少している。オイルショックや二百海里問題などの大きな波を乗り越えてはきたものの、自国他国も含めて、巻網船によるカツオ漁は、その資源の枯渇に関して大きな問題を投げかけている。高知県の加領郷で聞いた話では、南太平洋における巻網の操業時間は、一回につき四〜五時間はかかり、カツオの半分は腐ってしまうために海に捨てているという。昭和五十年代後半、巻網船で一網上げるカツオの量(三〇トン)は、カツオ一本釣り船の一航海と等しかった。一本釣りはナムラの三割しか釣らなかった。一方で巻網で揚げられる冷凍カツオは鮮魚の半分の値段であり、浜値は値くずれを起こし続けて、一本釣り船はこの時期から激減し始めている。

静岡県田子の山本佐一郎氏によると、カツオは本来、群れの動きとしては回り続けることがなく、マグロと違って巻網では捕れないとされていたという。それが網も大きくなり、かつ柔らかくなったために可能になったそうである。奄美大島や沖縄のカツオ漁では、パヤオ（魚礁）を作ってカツオを寄せてはいるが、カツオはマグロとは違って畜養されることはないであろう。カツオの「エサ投げ」のことを「エサ飼い」という地方もあるが、カツオを飼うのではなく、エサイワシを飼うという表現が、この魚の特徴を表わしていると思われる。

つまりカツオは、より自然の側に、ひいてはカミに近い魚であったからこそ、逆に人間の側で、他の魚類に比べ飛びぬけて多くの民俗文化を育んできたのではないだろうか。資源問題や環境問題が顕在化している現代において、再度「漁業」という人間の営みを、経済効率や機械技術だけでなく、「文化」として組みなおすことで、根源から問い直していかなければならないものと思われる。土佐カツオ一本釣りの漁労長、植杉豊氏は、著書『漁師としての生き方』（二〇〇二年）の中で、「左手には昔からの風習、右手には合理的な精神、これがなければいかんと思う」と語っている。

四

本書は先行の研究から多くの刺激を受けている。詳しくは参考文献に挙げておいたが、カツオ漁の歴史学では伊豆川浅吉の『日本鰹漁業史』、カツオ漁の地理学では青野寿郎の『漁村水産地理学研究』は基本文献であろう。『鰹節』という大著があり、一昨年急逝された宮下章先生に本書を読んでいただけなかったことだけは心残りの一つである。田島佳也氏の「近世紀州漁法の展開」からは、カツオ漁をめぐる紀州と三陸の関わりについて多くのことを学んだ。今後は、カツオ船の基地、乗組員を育てた港、水揚げ港、エサイワシの供給地（餌場）など、それぞれの地域社会とカツオ漁との関わりを、より究めていきたいと考えている。一方で、太平洋の北限に位置する日本のカツオ漁の民俗を、世界各地との比較の中で相対化していく作業も必要と思われる。

昨年（二〇〇四年）には、カツオ漁に関する二冊の好著が出版された。若林良和氏の『カツオの産業と文化』（成山堂書店）と、「カツカツ研」（カツオ・かつお節研究会）の『カツオとかつお節の同時代史――ヒトは南へ、モノは北へ』（コモンズ）である。前者には「これまで、カツオをめぐる民俗が取り上げられているが十分とはいえず、再度、太平洋岸の漁村地域にみられるカツオの民俗をつぶさに整理して検討する必要がある」［七七頁］と述べられている。後者には残された課題として「かつお節製造とカツオ漁にまつわる民俗学的視点」［三〇三頁］を挙げられている。本書が、これらの課題に十分応えられたかどうかは、いささか心もとないが、新しい漁場の発見にも似た、数々の驚きの現場に立ち会うことができた喜びだけは伝え得たと思う。その調査の現場で心躍らされる言葉で語ってくれた、全国のカツオ船の船頭（漁労長）さんや漁師さんへ、先に感謝の気持ちを伝えたい。

今回の『カツオ漁』の編集も、法政大学出版局の松永辰郎氏にたいへんお世話になった。未知の世界へ向けて大海原の荒波の中に乗り出してしまったような私の船に、常に陸から信号を出して進路を調整していただいた。多くの経験を積んで無事に帰港できたことを共に喜びたい。ありがとうございました。

二〇〇五年五月一日

加計呂麻島でカツオの模擬釣りを見た日に

川島秀一

索　引

〈た行〉

〈な行〉

著者略歴

川島秀一（かわしま　しゅういち）

1952年，宮城県気仙沼市生まれ．法政大学社会学部卒業．東北大学附属図書館，気仙沼市市史編纂室などを経て，現在，リアス・アーク美術館勤務．宮城教育大学非常勤講師，日本口承文芸学会理事．著書に『ザシキワラシの見えるとき——東北の神霊と語り』（三弥井書店，1999），『漁撈伝承』（ものと人間の文化史109）（法政大学出版局，2003），『憑霊の民俗』（三弥井書店，2003）などがある．

ものと人間の文化史　127・カツオ漁

2005年8月1日　初版第1刷発行

著　者©川　島　秀　一

発行所 財団法人 法政大学出版局

〒102-0073 東京都千代田区九段北3-2-7
電話03(5214)5540／振替00160-6-95814
印刷／平文社　製本／鈴木製本所

Printed in Japan

ISBN4-588-21271-0

ものと人間の文化史

★第9回梓会出版文化賞受賞

文化の基礎をなすと同時に人間のつくり上げたもっとも具体的な「かたち」である個々の「もの」について、その根源から問い直し、「もの」とのかかわりにおいて営々と築かれてきたくらしの具体相を通じて歴史を捉え直す

1 須藤利一編

船

海国日本では古来、漁業・水運・交易はもとより、大陸文化も船によって運ばれた。本書は造船技術、航海の模様の推移を中心に、漂流、船霊信仰、伝説の数々を語る。四六判368頁・'68

2 直良信夫

狩猟

人類の歴史は狩猟から始まった。本書は、わが国の遺跡に出土する獣骨、猟具の実証的考察をおこないながら、狩猟をつうじて発展した人間の知恵と生活の軌跡を辿る。四六判272頁・'68

3 立川昭二

からくり

〈からくり〉は自動機械であり、驚嘆すべき庶民の技術的創意がこめられている。本書は、日本と西洋のからくりを発掘・復元・遍歴し、埋もれた技術の水脈をさぐる。四六判410頁・'69

4 久下司

化粧

美を求める人間の心が生みだした化粧―その手法と道具に語らせた人間の欲望と本性、そして社会関係。歴史を遡り、全国を踏査して書かれた比類ない美と醜の文化史。四六判368頁・'70

5 大河直躬

番匠

番匠はわが国中世の建築工匠。地方・在地を舞台に開花した彼らの造型・装飾・工法等の諸技術、さらに信仰と生活等、職人以前の独自で多彩な工匠的世界を描き出す。四六判288頁・'71

6 額田巌

結び

〈結び〉の発達は人間の叡知の結晶である。本書はその諸形態および技法を作業・装飾・象徴の三つの系譜に辿り、〈結び〉のすべてを民俗学的・人類学的に考察する。四六判264頁・'72

7 平島裕正

塩

人類史に貴重な役割を果たしてきた塩をめぐって、発見から伝承・製造技術の発展過程にいたる総体を歴史的に描き出すとともに、その多彩な効用と味覚の秘密を解く。四六判272頁・'73

8 潮田鉄雄

はきもの

田下駄・かんじき・わらじなど、日本人の生活の礎となってきた伝統的はきものの成り立ちと変遷を、二〇年余の実地調査と細密な観察・描写によって辿る庶民生活史　四六判280頁・'73

9 井上宗和

城

古代城塞・城柵から近世代名の居城として集大成されるまでの日本の城の変遷を辿り、文化の各領野で果たしてきたその役割を再検討。あわせて世界城郭史に位置づける。四六判310頁・'73

10 室井綽
竹
食生活、建築、民芸、造園、信仰等々にわたって、竹と人間との交流史は驚くほど深く永い。その多岐にわたる発展の過程を個々に辿り、竹の特異な性格を浮彫にする。四六判324頁・'73

11 宮下章
海藻
古来日本人にとって生活必需品とされてきた海藻をめぐって、その採取・加工法の変遷、商品としての流通史および神事・祭事での役割に至るまでを歴史的に考証する。四六判330頁・'74

12 岩井宏實
絵馬
古くは祭礼における神への献馬にはじまり、民間信仰と絵画のみごとな結晶として民衆の手で描かれ祀り伝えられてきた各地の絵馬を豊富な写真と史料によってたどる。四六判302頁・'74

13 吉田光邦
機械
畜力・水力・風力などの自然のエネルギーを利用し、幾多の改良を経て形成された初期の機械の歩みを検証し、日本文化の形成における科学・技術の役割を再検討する。四六判242頁・'74

14 千葉徳爾
狩猟伝承
狩猟には古来、感謝と慰霊の祭祀がともない、人獣交渉の豊かで意味深い歴史があった。狩猟用具、巻物、儀式具、またけものたちの生態を通して語る狩猟文化の世界。四六判346頁・'75

15 田淵実夫
石垣
採石から運搬、加工、石積みに至るまで、石垣の造成をめぐって積み重ねられてきた石工たちの苦闘の足跡を掘り起こし、その独自な技術の形成過程と伝承を集成する。四六判224頁・'75

16 高嶋雄三郎
松
日本人の精神史に深く根をおろした松の伝承に光を当て、食用、薬用等の実用の松、祭祀・観賞用の松、さらに文学・芸能・美術に表現された松のシンボリズムを説く。四六判342頁・'75

17 直良信夫
釣針
人と魚との出会いから現在に至るまで、釣針がたどった一万有余年の変遷を、世界各地の遺跡出土物を通して実証しつつ、漁撈によって生きた人々の生活と文化を探る。四六判278頁・'76

18 吉川金次
鋸
鋸鍛冶の家に生まれ、鋸の研究を生涯の課題とする著者が、出土遺品や文献・絵画により各時代の鋸を復元・実験し、庶民の手仕事にみられる驚くべき合理性を実証する。四六判360頁・'76

19 飯沼二郎／堀尾尚志
農具
鍬と犂の交代・進化の歩みとして発達したわが国農耕文化の発展経過を世界史的視野において再検討しつつ、無名の農具たちによる驚くべき創意のかずかずを記録する。四六判220頁・'76

20 額田巌
包み
結びとともに文化の起源にかかわる〈包み〉の系譜を人類史的視野において捉え、衣・食・住をはじめ社会・経済史、信仰、祭事などにおけるその実際と役割とを描く。四六判354頁・'77

21 阪本祐二
蓮
仏教における蓮の象徴的位置の成立と深化、美術・文芸等に見る人間とのかかわりを歴史的に考察。また大賀蓮はじめ多様な品種とその来歴を紹介しつつその美を語る。四六判306頁・'77

22 小泉袈裟勝
ものさし
ものをつくる人間にとって最も基本的な道具であり、数千年にわたって社会生活を律してきたその変遷を実証的に追求し、歴史の中で果たしてきた役割を浮彫りにする。四六判314頁・'77

23-I 増川宏一
将棋I
その起源を古代インドに、我国への伝播の道すじを海のシルクロードに探り、また伝来後一千年におよぶ日本将棋の変化と発展を盤、駒、ルール等にわたって跡づける。四六判280頁・'77

23-II 増川宏一
将棋II
わが国伝来後の普及と変遷を貴族や武家・豪商の日記等に博捜し、遊戯者の歴史をあとづけると共に、中国伝来説の誤りを正し、将棋宗家の位置と役割を明らかにする。四六判346頁・'85

24 金井典美
湿原祭祀 第2版
古代日本の自然環境に着目し、各地の湿原聖地を稲作社会との関連において捉え直して古代国家成立の背景を浮彫にしつつ、水と植物にまつわる日本人の宇宙観を探る。四六判410頁・'77

25 三輪茂雄
臼
臼が人類の生活文化の中で果たしてきた役割を、各地に遺る貴重な民俗資料・伝承と実地調査にもとづいて解明。失われゆく道具のなかに、未来の生活文化の姿を探る。四六判412頁・'78

26 盛田嘉徳
河原巻物
中世末期以来の被差別部落民が生きる権利を守るために偽作し護り伝えてきた河原巻物を全国にわたって踏査し、そこに秘められた最底辺の人びとの叫びに耳を傾ける。四六判226頁・'78

27 山田憲太郎
香料 日本のにおい
焼香供養の香から趣味としての薫物へ、さらに沈香木を焚く香道へと変遷した日本の「匂い」の歴史を豊富な史料に基づいて辿り、我国風俗史の知られざる側面を描く。四六判370頁・'78

28 景山春樹
神像 神々の心と形
神仏習合によって変貌しつつも、常にその原型＝自然を保持してきた日本の神々の造型を図像学的方法によって捉え直し、その多彩な形象に日本人の精神構造をさぐる。四六判342頁・'78

29 増川宏一
盤上遊戯
祭具・占具としての発生を『死者の書』をはじめとする古代の文献にさぐり、形状・遊戯法を分類しつつその〈進化〉の過程を考察。〈遊戯者たちの歴史〉をも跡づける。四六判326頁・'78

30 田淵実夫
筆
筆の里・熊野に筆づくりの現場を訪ねて、筆匠たちの境涯と製筆の由来を克明に記録しつつ、筆の発生と変遷、種類、製筆法、さらには筆塚、筆供養にまで説きおよぶ。四六判204頁・'78

31 橋本鉄男
ろくろ
日本の山野を漂移しつづけ、高度の技術文化と幾多の伝説とをもたらした特異な旅職集団＝木地屋の生態を、その呼称、地名、伝承、文書等をもとに生き生きと描く。四六判460頁・'79

32 吉野裕子
蛇
日本古代信仰の根幹をなす蛇巫をめぐって、祭事におけるさまざまな蛇の「もどき」や各種の蛇の造型・伝承に鋭い考証を加え、忘れられたその呪性を大胆に暴き出す。四六判250頁・'79

33 岡本誠之
鋏（はさみ）
梃子の原理の発見から鋏の誕生に至る過程を推理し、日本鋏の特異な歴史的位置を明らかにするとともに、刀鍛冶等から転進した鋏職人たちの創意と苦闘の跡をたどる。四六判396頁・'79

34 廣瀬鎮
猿
嫌悪と愛玩、軽蔑と畏敬の交錯する日本人とサルとの関わりあいの歴史を、狩猟伝承や祭祀・風習、美術・工芸や芸能のなかに探り、日本人の動物観を浮彫りにする。四六判292頁・'79

35 矢野憲一
鮫
神話の時代から今日まで、津々浦々につたわるサメの伝承とサメをめぐる海の民俗を集成し、神饌、食用、薬用等に活用されてきたサメと人間のかかわりの変遷を描く。四六判292頁・'79

36 小泉袈裟勝
枡
米の経済の枢要をなす器として千年余にわたり日本人の生活の中に生きてきた枡の変遷をたどり、記録・伝承をもとにこの独特な計量器が果たした役割を再検討する。四六判322頁・'80

37 田中信清
経木
食品の包装材料として近年まで身近に存在した経木の起源を、こけら経や塔婆、木簡、屋根板等に遡って明らかにし、その製造・流通に携った人々の労苦の足跡を辿る。四六判288頁・'80

38 前田雨城
色 染と色彩
わが国古代の染色技術の復元と文献解読をもとに日本色彩史を体系づけ、赤・白・青・黒等におけるわが国独自の色彩感覚を探りつつ日本文化における色の構造を解明。四六判320頁・'80

39 吉野裕子

狐　陰陽五行と稲荷信仰

その伝承と文献を渉猟しつつ、中国古代哲学＝陰陽五行の原理の応用という独自の視点から、謎とされてきた稲荷信仰と狐との密接な結びつきを明快に解き明かす。　四六判２３２頁・'80

40-I 増川宏一

賭博I

時代、地域、階層を超えて連綿と行なわれてきた賭博。――その起源を古代の神判、スポーツ、遊戯等の中に探り、抑圧と許容の歴史を物語る。全III分冊の〈総説篇〉。　四六判２９８頁・'80

40-II 増川宏一

賭博II

古代インド文学の世界からラスベガスまで、賭博の形態・用具・方法の時代的特質を明らかにし、夥しい禁令に賭博の不滅のエネルギーを見る。全III分冊の〈外国篇〉。　四六判４５６頁・'82

40-III 増川宏一

賭博III

聞香、闘茶、笠附等、わが国独特の賭博を中心にその具体例を網羅し、方法の変遷に賭博の時代性を探りつつ禁令の改廃に時代の賭博観を追う。全III分冊の〈日本篇〉。　四六判３８８頁・'83

41-I むしゃこうじ・みのる

地方仏I

古代から中世にかけて全国各地で作られた無銘の仏像を訪ね、素朴で多様なノミの跡に民衆の祈りと地域の願望を探る。宗教の伝播、文化の創造を考える異色の紀行。　四六判２５６頁・'80

41-II むしゃこうじ・みのる

地方仏II

紀州や飛騨を中心に草の根の仏たちを訪ねて、その相好と像容の魅力を探り、技法を比較考証して仏像彫刻史に位置づけつつ、中世地域社会の形成と信仰の実態に迫る。　四六判２６０頁・'97

42 岡田芳朗

南部絵暦

田山・盛岡地方で「盲暦」として古くから親しまれてきた独得の絵解き暦を詳しく紹介しつつその全体像を復元する。その無類の生活暦は、南部農民の哀歓をつたえる。　四六判２８８頁・'80

43 青葉高

野菜　在来品種の系譜

蕪、大根、茄子等の日本在来野菜をめぐって、その渡来・伝播経路、品種分布と栽培のいきさつを各地の伝承や古記録をもとに辿り、畑作文化の源流とその風土を描く。　四六判３６８頁・'81

44 中沢厚

つぶて

弥生投弾、古代・中世の石戦と印地の様相、投石具の発達を展望しつつ、願かけの小石、正月つぶて、石こづみ等の習俗を辿り、石塊に託した民衆の願いや怒りを探る。　四六判３３８頁・'81

45 山田幸一

壁

弥生時代から明治期に至るわが国の壁の変遷を壁塗＝左官工事の側面から辿り直し、その技術的復元・考証を通じて建築史・文化史における壁の役割を浮き彫りにする。　四六判２９６頁・'81

46 小泉和子
箪笥 (たんす)
★第II回江馬賞受賞
近世における箪笥の出現＝箱から抽斗への転換に着目し、以降近現代に至るその変遷を社会・経済・技術の側面からあとづける。著者自身による箪笥製作の記録を付す。四六判378頁 '82

47 松山利夫
木の実
山村の重要な食糧資源であった木の実をめぐる各地の記録・伝承を集成し、その採集・加工における幾多の試みを実地に検証しつつ、稲作農耕以前の食生活文化を復元。四六判384頁 '82

48 小泉袈裟勝
秤 (はかり)
秤の起源を東西に探るとともに、わが国律令制下における中国制度の導入、近世商品経済の発展に伴う秤座の出現、明治期近代化政策による洋式秤受容等の経緯を描く。四六判326頁 '82

49 山口健児
鶏 (にわとり)
神話・伝説をはじめ遠い歴史の中の鶏を古今東西の伝承・文献に探り、特に我国の信仰・絵画・文学等に遺された鶏の足跡を追って、鶏をめぐる民俗の記憶を蘇らせる。四六判346頁 '83

50 深津正
燈用植物
人類が燈火を得るために用いてきた多種多様な植物との出会いと個々の植物の来歴、特性及びはたらきを詳しく検証しつつ「あかり」の原点を問いなおす異色の植物誌。四六判442頁 '83

51 吉川金次
斧・鑿・鉋 (おの・のみ・かんな)
古墳出土品や文献・絵画をもとに、古代から現代までの斧・鑿・鉋を復元・実験し、労働体験によって生まれた民衆の知恵と道具の変遷を蘇らせる異色の日本木工具史。四六判304頁 '84

52 額田巌
垣根
大和・山辺の道に神々と垣との関わりを探り、各地に垣の伝承を訪ねて、寺院の垣、民家の垣、露地の垣など、風土と生活に培われた生垣の独特のはたらきと美を描く。四六判234頁 '84

53-I 四手井綱英
森林I
森林生態学の立場から、森林のなりたちとその生活史を辿りつつ、産業の発展と消費社会の拡大により刻々と変貌する森林の現状を語り、未来への再生のみちをさぐる。四六判306頁 '85

53-II 四手井綱英
森林II
森林と人間との多様なかかわりを包括的に語り、人と自然が共生するための森や里山をいかにして創出するか、森林再生への具体的な方策を提示する21世紀への提言。四六判308頁 '98

53-III 四手井綱英
森林III
地球規模で進行しつつある森林破壊の現状を実地に踏査し、森と人が共存する日本人の伝統的自然観を未来へ伝えるために、いま何が必要なのかを具体的に提言する。四六判304頁 '00

54 酒向昇
海老《えび》
人類との出会いからエビの科学、漁法、さらには調理法を語り、めでたい姿態と色彩にまつわる多彩なエビの民俗を、地名や人名、詩歌・文学、絵画や芸能の中に探る。四六判428頁・'85

55-I 宮崎清
藁《わら》I
稲作農耕とともに二千年余の歴史をもち、日本人の全生活領域に生きてきた藁の文化を日本文化の原型として捉え、風土に根ざしたそのゆたかな遺産を詳細に検討する。四六判400頁・'85

55-II 宮崎清
藁《わら》II
床・畳から壁・屋根にいたる住居における藁の製作・使用のメカニズムを明らかにし、日本人の生活空間における藁の役割を見なおすとともに、藁の文化の復権を説く。四六判400頁・'85

56 松井魁
鮎
清楚な姿態と独特な味覚によって、日本人の目と舌を魅了しつづけてきたアユ——その形態と分布、生態、漁法等を詳述し、古今のアユ料理や文芸にみるアユにおよぶ。四六判296頁・'86

57 額田巌
ひも
物と物、人と物とを結びつける不思議な力を秘めた「ひも」の謎を追って、民俗学的視点から多角的なアプローチを試みる。『結び』、『包み』につづく三部作の完結篇。四六判250頁・'86

58 北垣聰一郎
石垣普請
近世石垣の技術者集団「穴太」の足跡を辿り、各地城郭の石垣遺構の実地調査と資料・文献をもとに石垣普請の歴史的系譜を復元しつつ石工たちの技術伝承を集成する。四六判438頁・'87

59 増川宏一
碁
その起源を古代の盤上遊戯に探ると共に、定着以来二千年の歴史を時代の状況や遊び手の社会環境との関わりにおいて跡づける。逸話や伝説を排して綴る初の囲碁全史。四六判366頁・'87

60 南波松太郎
日和山《ひよりやま》
千石船の時代、航海の安全のために観天望気した日和山——多くは忘れられ、あるいは失われた船舶・航海史の貴重な遺跡を追って、全国津々浦々におよんだ調査紀行。四六判382頁・'88

61 三輪茂雄
篩《ふるい》
臼とともに人類の生産活動に不可欠な道具であった篩、箕(み)、笊(ざる)の多彩な変遷を豊富な図解入りでたどり、現代技術の先端に再生するまでの歩みをえがく。四六判334頁・'89

62 矢野憲一
鮑《あわび》
縄文時代以来、貝肉の美味と貝殻の美しさによって日本人を魅了し続けてきたアワビ——その生態と養殖、神饌としての歴史、漁法、螺鈿の技法からアワビ料理に及ぶ。四六判344頁・'89

63 むしゃこうじ・みのる

絵師

日本古代の渡来画工から江戸前期の菱川師宣まで、時代の代表的絵師の列伝で辿る絵画制作の文化史。前近代社会における絵画の意味や芸術創造の社会的条件を考える。四六判230頁・'90

64 碓井益雄

蛙（かえる）

動物学の立場からその特異な生態を描き出すとともに、和漢洋の文献資料を駆使して故事・習俗・神事・民話・文芸・美術工芸にわたる蛙の多彩な活躍ぶりを活写する。四六判382頁・'89

65-I 竹内淳子

藍（あい）I 風土が生んだ色

全国各地の〈藍の里〉を訪ねて、藍栽培から染色・加工のすべてにわたり、藍とともに生きた人々の伝承を克明に描き、風土と人間が生んだ〈日本の色〉の秘密を探る。四六判416頁・'91

65-II 竹内淳子

藍（あい）II 暮らしが育てた色

日本の風土に生まれ、伝統に育てられた藍が、今なお暮らしの中で生き生きと活躍しているさまを、手わざに生きる人々との出会いを通じて描く。藍の里紀行の続篇。四六判406頁・'99

66 小山田了三

橋

丸木橋・舟橋・吊橋から板橋・アーチ型石橋まで、人々に親しまれてきた各地の橋を訪ねて、その来歴と築橋の技術伝承を辿り、土木文化の伝播・交流の足跡をえがく。四六判312頁・'91

67 宮内悊

★平成三年度日本技術史学会賞受賞

箱

日本の伝統的な箱（櫃）と西欧のチェストを比較文化史の視点から考察し、居住・収納・運搬・装飾の各分野における箱の重要な役割とその多彩な文化を浮彫りにする。四六判390頁・'91

68-I 伊藤智夫

絹I

養蚕の起源を神話や説話に探り、伝来の時期とルートを跡づけ、記紀・万葉の時代から近世に至るまで、それぞれの時代・社会・階層が生み出した絹の文化を描き出す。四六判304頁・'92

68-II 伊藤智夫

絹II

生糸と絹織物の生産と輸出が、わが国の近代化にはたした役割を描くと共に、養蚕の道具、信仰や庶民生活にわたる養蚕と絹の民俗、さらには蚕の種類と生態におよぶ。四六判294頁・'92

69 鈴木克美

鯛（たい）

古来「魚の王」とされてきた鯛をめぐって、その生態・味覚から漁法、祭り、工芸、文芸にわたる多彩な伝承文化を語りつつ、鯛と日本人とのかかわりの原点をさぐる。四六判418頁・'92

70 増川宏一

さいころ

古代神話の世界から近現代の博徒の動向まで、さいころの役割を各時代・社会に位置づけ、木の実や貝殻のさいころから投げ棒型や立方体のさいころへの変遷をたどる。四六判374頁・2900円 '92

71 樋口清之
木炭
炭の起源から炭焼、流通、経済、文化にわたる木炭の歩みを歴史・考古・民俗の知見を総合して描き出し、独自で多彩な文化を育んできた木炭の尽きせぬ魅力を語る。 四六判296頁・'93

72 朝岡康二
鍋・釜（なべ・かま）
日本をはじめ韓国、中国、インドネシアなど東アジアの各地を歩きながら鍋・釜の製作と使用の現場に立ち会い、調理をめぐる庶民生活の変遷とその交流の足跡を探る。 四六判326頁・'93

73 田辺悟
海女（あま）
その漁の実際と社会組織、風習、信仰、民具などを克明に描くとともに海女の起源・分布・交流を探り、わが国漁撈文化の古層としての海女の生活と文化をあとづける。 四六判294頁・'93

74 刀禰勇太郎
蛸（たこ）
蛸をめぐる信仰や多彩な民間伝承を紹介するとともに、その生態・分布・捕獲法・繁殖と保護・調理法などを集成し、日本人と蛸との知られざるかかわりの歴史を探る。 四六判370頁・'94

75 岩井宏實
曲物（まげもの）
桶・樽出現以前から伝承され、古来最も簡便・重宝な木製容器として愛用された曲物の加工技術と機能・利用形態の変遷をさぐり、手づくりの「木の文化」を見なおす。 四六判318頁・'94

76-I 石井謙治
和船I
★第49回毎日出版文化賞受賞

江戸時代の海運を担った千石船（弁才船）について、その構造と技術、帆走性能を綿密に調査し、通説の誤りを正すとともに、海難と信仰、船絵馬等の考察にもおよぶ。 四六判436頁・'95

76-II 石井謙治
和船II
★第49回毎日出版文化賞受賞

造船史から見た著名な船を紹介し、遣唐使船や遣欧使節船、幕末の洋式船における外国技術の導入について論じつつ、船の名称と船型を海船・川船にわたって解説する。 四六判316頁・'95

77-I 金子功
反射炉I
日本初の佐賀鍋島藩の反射炉と精練方＝理化学研究所、島津藩の反射炉と集成館＝近代工場群を軸に、日本の産業革命の時代における人と技術を現地に訪ねて発掘する。 四六判244頁・'95

77-II 金子功
反射炉II
伊豆韮山の反射炉をはじめ、全国各地の反射炉建設にかかわった有名無名の人々の足跡をたどり、開国か攘夷かに揺れる幕末の政治と社会の悲喜劇をも生き生きと描く。 四六判226頁・'95

78-I 竹内淳子
草木布（そうもくふ）I
風土に育まれた布を求めて全国各地を歩き、木綿普及以前に山野の草木を利用して豊かな衣生活文化を築き上げてきた庶民の知られざる知恵のかずかずを実地にさぐる。 四六判282頁・'95

78-II　竹内淳子
草木布（そうもくふ）II
アサ、クズ、シナ、コウゾ、カラムシ、フジなどの草木の繊維から、どのようにして糸を採り、布を織っていたのか――聞書きをもとに忘れられた技術と文化を発掘する。四六判282頁・'95

79-I　増川宏一
すごろくI
古代エジプトのセネト、ヨーロッパのバクギャモン、中近東のナルド、中国の双陸などの系譜に日本の盤雙六を位置づけ、遊戯・賭博としてのその数奇なる運命を辿る。四六判312頁・'95

79-II　増川宏一
すごろくII
ヨーロッパの鵞鳥のゲームから日本中世の浄土双六、近世の華麗な絵双六、さらには近現代の少年誌の附録まで、絵双六の変遷を追って時代の社会・文化を読みとる。四六判390頁・'95

80　安達巖
パン
古代オリエントに起ったパン食文化が中国・朝鮮を経て弥生時代の日本に伝えられたことを史料と伝承をもとに解明し、わが国パン食文化二〇〇〇年の足跡を描き出す。四六判260頁・'96

81　矢野憲一
枕（まくら）
神さまの枕・大嘗祭の枕から枕絵の世界まで、人生の三分の一を共に過す枕をめぐって、その材質の変遷を辿り、伝説と怪談、俗信と民俗、エピソードを興味深く語る。四六判252頁・'96

82-I　石村真一
桶・樽（おけ・たる）I
日本、中国、朝鮮、ヨーロッパにわたる厖大な資料を集成してその豊かな文化の系譜を探り、東西の木工技術史を比較しつつ世界史的視野から桶・樽の文化を描き出す。四六判388頁・'97

82-II　石村真一
桶・樽（おけ・たる）II
多数の調査資料と絵画・民俗資料をもとにその製作技術を復元し、東西の木工技術を比較考証しつつ、技術文化史の視点から桶・樽製作の実態とその変遷を跡づける。四六判372頁・'97

82-III　石村真一
桶・樽（おけ・たる）III
樹木と人間とのかかわり、製作者と消費者とのかかわりを通じて桶樽と生活文化の変遷を考察し、木材資源の有効利用という視点から桶樽の文化史的役割を浮彫にする。四六判352頁・'97

83-I　白井祥平
貝I
世界各地の現地調査と文献資料を駆使して、古来至高の財宝とされてきた宝貝のルーツとその変遷を探り、貝と人間とのかかわりの歴史を「貝貨」の文化史として描く。四六判386頁・'97

83-II　白井祥平
貝II
サザエ、アワビ、イモガイなど古来人類とかかわりの深い貝をめぐって、その生態・分布・地方名、装身具や貝貨としての利用法などを豊富なエピソードを交えて語る。四六判328頁・'97

83-Ⅲ 白井祥平
貝Ⅲ
シンジュガイ、ハマグリ、アカガイ、シャコガイなどをめぐって世界各地の民族誌を渉猟し、それらが人類文化に残した足跡を辿る。参考文献一覧／総索引を付す。 四六判392頁・'97

84 有岡利幸
松茸（まつたけ）
秋の味覚として古来珍重されてきた松茸の由来を求めて、稲作文化と里山（松林）の生態系から説きおこし、日本人の伝統的生活文化の中に松茸流行の秘密をさぐる。 四六判296頁・'97

85 朝岡康二
野鍛冶（のかじ）
鉄製農具の製作・修理・再生を担ってきた農鍛冶の歴史的役割を探り、近代化の大波の中で変貌する職人技術の実態をアジア各地のフィールドワークを通して描き出す。 四六判280頁・'98

86 菅 洋
稲
品種改良の系譜

作物としての稲の誕生、稲の渡来と伝播の経緯から説きおこし、明治以降主として庄内地方の民間育種家の手によって飛躍的発展をとげたわが国品種改良の歩みを描く。 四六判332頁・'98

87 吉武利文
橘（たちばな）
永遠のかぐわしい果実として日本の神話・伝説に特別の位置を占めて語り継がれてきた橘をめぐって、その育まれた風土とかずかずの伝承の中に日本文化の特質を探る。 四六判286頁・'98

88 矢野憲一
杖（つえ）
神の依代としての杖や仏教の錫杖に杖と信仰とのかかわりを探り、人類が突きつつ歩んだその歴史と民俗を興味ぶかく語る。多彩な材質と用途を網羅した杖の博物誌。 四六判314頁・'98

89 渡部忠世／深澤小百合
もち（糯・餅）
モチイネの栽培・育種から食品加工、民俗、儀礼にわたってそのルーツと伝承の足跡をたどり、アジア稲作文化という広範な視野からこの特異な食文化の謎を解明する。 四六判330頁・'98

90 坂井健吉
さつまいも
その栽培の起源と伝播経路を跡づけるとともに、わが国伝来後四百年の経緯を詳細にたどり、世界に冠たる育種と栽培・利用法を築いた人々の知られざる足跡をえがく。 四六判328頁・'99

91 鈴木克美
珊瑚（さんご）
海岸の自然保護に重要な役割を果たす岩石サンゴから宝飾品として知られる宝石サンゴまで、人間生活と深くかかわってきたサンゴの多彩な姿を人類文化史として描く。 四六判370頁・'99

92-Ⅰ 有岡利幸
梅Ⅰ
万葉集、源氏物語、五山文学などの古典や天神信仰に表れた梅の足跡を克明に辿りつつ日本人の精神史に刻印された梅を浮彫にし、梅と日本人の二〇〇〇年史を描く。 四六判274頁・'99

92-II 有岡利幸

梅II

その植生と栽培、伝承、梅の名所や鑑賞法の変遷から戦前の国定教科書に表れた梅まで、梅と日本人との多彩なかかわりを探り、桜との対比において梅の文化史を描く。 四六判338頁・'99

93 福井貞子

木綿口伝（もめんくでん） 第2版

老女たちからの聞書を経糸とし、厖大な遺品・資料を緯糸として、母から娘へと幾代にも伝えられた手づくりの木綿文化を掘り起し、近代の木綿の盛衰を描く。増補版 四六判336頁・'00

94 増川宏一

合せもの

「合せる」には古来、一致させるの他に、競う、闘う、比べる等の意味があった。貝合せや絵合せ等の遊戯・賭博を中心に、広範な人間の営みを「合せる」行為に辿る。 四六判300頁・'00

95 福井貞子

野良着（のらぎ）

明治初期から昭和四〇年までの野良着を収集・分類・整理し、それらの用途と年代、形態、材質、重量、呼称などを精査して、働く庶民の創意にみちた生活史を描く。 四六判292頁・'00

96 山内昶

食具（しょくぐ）

東西の食文化に関する資料を渉猟し、食法の違いを人間の自然に対するかかわり方の違いとして捉えつつ、食具を人間と自然をつなぐ基本的な媒介物として位置づける。 四六判290頁・'00

97 宮下章

鰹節（かつおぶし）

黒潮からの贈り物・カツオの漁法から鰹節の製法や食法、商品としての流通までを歴史的に展望するとともに、沖縄やモルジブ諸島の調査をもとにそのルーツを探る。 四六判382頁・'00

98 出口晶子

丸木舟（まるきぶね）

先史時代から現代の高度文明社会まで、もっとも長期にわたり使われてきた刳り舟に焦点を当て、その技術伝承を辿りつつ、森や水辺の文化の広がりと動態をえがく。 四六判324頁・'01

99 有岡利幸

梅干（うめぼし）

日本人の食生活に不可欠の自然食品・梅干をつくりだした先人たちの知恵に学ぶとともに、健康増進に驚くべき薬効を発揮する、その知られざるパワーの秘密を探る。 四六判300頁・'01

100 森郁夫

瓦（かわら）

仏教文化と共に中国・朝鮮から伝来し、一四〇〇年にわたり日本の建築を飾ってきた瓦をめぐって、発掘資料をもとにその製造技術、形態、文様などの変遷をたどる。 四六判320頁・'01

101 長澤武

植物民俗

衣食住から子供の遊びまで、幾世代にも伝承された植物をめぐる暮らしの知恵を克明に記録し、高度経済成長期以前の農山村の豊かな生活文化を愛惜をこめて描き出す。 四六判348頁・'01

102 **箸**（はし）　向井由紀子／橋本慶子

そのルーツを中国、朝鮮半島に探るとともに、日本人の食生活に不可欠の食具となり、日本文化のシンボルとされるまでに洗練された箸の文化の変遷を総合的に描く。　四六判334頁・'01

103 **採集**　ブナ林の恵み　赤羽正春

縄文時代から今日に至る採集・狩猟民の暮らしを復元し、動物の生態系と採集生活の関連を明らかにしつつ、民俗学と考古学の両面から山に生かされた人々の姿を描く。　四六判298頁・'01

104 **下駄**　神のはきもの　秋田裕毅

古墳や井戸等から出土する下駄に着目し、下駄が地上と地下の他界を結ぶ聖なるはきものであったという大胆な仮説を提出、日本の神々の忘れられた側面を浮彫にする。　四六判304頁・'02

105 **絣**（かすり）　福井貞子

膨大な絣遺品を収集・分類し、絣産地を実地に調査して絣の技法と文様の変遷を地域別・時代別に跡づけ、明治・大正・昭和の手づくりの染織文化の盛衰を描き出す。　四六判310頁・'02

106 **網**（あみ）　田辺悟

漁網を中心に、網に関する基本資料を網羅して網の変遷と網をめぐる民俗を体系的に描き出し、網の文化を集成する。「網に関する小事典」「網のある博物館」を付す。　四六判316頁・'02

107 **蜘蛛**（くも）　斎藤慎一郎

「土蜘蛛」の呼称で畏怖される一方「クモ合戦」など子供の遊びとしても親しまれてきたクモと人間との長い交渉の歴史をその深層に遡って追究した異色のクモ文化論。　四六判320頁・'02

108 **襖**（ふすま）　むしゃこうじ・みのる

襖の起源と変遷を建築史・絵画史の中に探りつつその用と美を浮彫にし、衝立・障子・屏風等と共に日本建築の空間構成に不可欠の建具となるまでの経緯を描き出す。　四六判270頁・'02

109 **漁撈伝承**（ぎょろうでんしょう）　川島秀一

漁師たちからの聞き書きをもとに、寄り物、船霊、大漁旗など、漁撈にまつわる〈もの〉の伝承を集成し、海の道によって運ばれた習俗や信仰の民俗地図を描き出す。　四六判334頁・'03

110 **チェス**　増川宏一

世界中に数億人の愛好者を持つチェスの起源と文化を、欧米における膨大な研究の蓄積を渉猟しつつ探り、日本への伝来の経緯から美術工芸品としてのチェスにおよぶ。　四六判298頁・'03

111 **海苔**（のり）　宮下章

海苔の歴史は厳しい自然とのたたかいの歴史だった——採取から養殖、加工、流通、消費に至る先人たちの苦難の歩みを史料と実地調査によって浮彫にする食物文化史。　四六判　頁・'03

112 原田多加司
屋根 檜皮葺と柿葺
屋根葺師一〇代の著者が、自らの体験と職人の本懐を語り、連綿として受け継がれてきた伝統の手わざを体系的にたどりつつ伝統技術の保存と継承の必要性を訴える。 四六判340頁・'03

113 鈴木克美
水族館
初期水族館の歩みを創始者たちの足跡を通して辿りなおし、水族館をめぐる社会の発展と風俗の変遷を描き出すとともにその未来像をさぐる初の〈日本水族館史〉の試み。 四六判290頁・'03

114 朝岡康二
古着（ふるぎ）
仕立てと着方、管理と保存、再生と再利用等にわたり衣生活の変容を近代の日常生活の変化として捉え直し、衣服をめぐるリサイクル文化が形成される経緯を描き出す。 四六判292頁・'03

115 今井敬潤
柿渋（かきしぶ）
染料・塗料をはじめ生活百般の必需品であった柿渋の伝承を記録し、文献資料をもとにその製造技術と利用の実態を明らかにして、忘れられた豊かな生活技術を見直す。 四六判294頁・'03

116-I 武部健一
道I
道の歴史を先史時代から説き起こし、古代律令制国家の要請によって駅路が設けられ、しだいに幹線道路として整えられてゆく経緯を技術史・社会史の両面からえがく。 四六判248頁・'03

116-II 武部健一
道II
中世の鎌倉街道、近世の五街道、近代の開拓道路から現代の高速道路網までを通観し、道路を拓いた人々の手によって今日の交通ネットワークが形成された歴史を語る。 四六判280頁・'03

117 狩野敏次
かまど
日常の煮炊きの道具であるとともに祭りと信仰に重要な位置を占めてきたカマドをめぐる忘れられた伝承を掘り起こし、民俗空間の壮大なコスモロジーを浮彫りにする。 四六判292頁・'04

118-I 有岡利幸
里山I
縄文時代から近世までの里山の変遷を人々の暮らしと植生の変化の両面から跡づけ、その源流を記紀万葉に描かれた里山の景観や大和・三輪山の古記録・伝承等に探る。 四六判276頁・'04

118-II 有岡利幸
里山II
明治の地租改正による山林の混乱、相次ぐ戦争による山野の荒廃、エネルギー革命、高度成長による大規模開発など、近代化の荒波に翻弄される里山の見直しを説く。 四六判274頁・'04

119 菅 洋
有用植物
人間生活に不可欠のものとして利用されてきた身近な植物たちの来歴と栽培・育種・品種改良・伝播の経緯を平易に語り、植物と共に歩んだ文明の足跡を浮彫にする。 四六判324頁・'04

120-I　山下渉登
捕鯨I
世界の海で展開された鯨と人間との格闘の歴史を振り返り、「大航海時代」の副産物として開始された捕鯨業の誕生以来四〇〇年にわたる盛衰の社会的背景をさぐる。　四六判314頁・'04

120-II　山下渉登
捕鯨II
近代捕鯨の登場により鯨資源の激減を招き、捕鯨の規制・管理のための国際条約締結に至る経緯をたどり、グローバルな課題としての自然環境問題を浮き彫りにする。　四六判312頁・'04

121　竹内淳子
紅花（べにばな）
栽培、加工、流通、利用の実際を現地に探訪して紅花とかかわってきた人々からの聞き書きを集成し、忘れられた〈紅花文化〉を復元しつつその豊かな味わいを見直す。　四六判346頁・'04

122-I　山内昶
もののけI
日本の妖怪変化、未開社会の〈マナ〉、西欧の悪魔やデーモンを比較考察し、名づけ得ぬ未知の対象を指す万能のゼロ記号〈もの〉をめぐる人類文化史を跡づける博物誌。　四六判320頁・'04

122-II　山内昶
もののけII
日本の鬼、古代ギリシアのダイモン、中世の異端狩り・魔女狩り等々をめぐり、自然＝カオスと文化＝コスモスの対立の中で〈野生の思考〉が果たしてきた役割をさぐる。　四六判280頁・'04

123　福井貞子
染織（そめおり）
自らの体験と厖大な残存資料をもとに、糸づくりから織り、染めにわたる手づくりの豊かな生活文化を見直す。創意にみちた手わざのかずかずを復元する庶民生活誌。　四六判294頁・'05

124-I　長澤武
動物民俗I
神として崇められたクマやシカをはじめ、人間にとって不可欠の鳥獣や魚、さらには人間を脅かす動物など、多種多様な動物たちと交流してきた人々の暮らしの民俗誌。　四六判264頁・'05

124-II　長澤武
動物民俗II
動物の捕獲法をめぐる各地の伝承を紹介するとともに、全国で語り継がれてきた多彩な動物民話・昔話を渉猟し、暮らしの中で培われた動物フォークロアの世界を描く。　四六判266頁・'05

125　三輪茂雄
粉（こな）
粉体の研究をライフワークとする著者が、粉食の発見からナノテクノロジーまで、人類文明の歩みを〈粉〉の視点から捉え直した壮大なスケールの〈文明の粉体史観〉　四六判302頁・'05

126　矢野憲一
亀（かめ）
浦島伝説や「兎と亀」の昔話によって親しまれてきた亀のイメージの起源を探り、古代の亀卜の方法から、亀にまつわる信仰と迷信、鼈甲細工やスッポン料理におよぶ。　四六判330頁・'05